# Dokumente zur Geschichte der Mathematik
## Band 4

# Dokumente zur Geschichte der Mathematik

Im Auftrag der
Deutschen Mathematiker-Vereinigung
herausgegeben von Winfried Scharlau

Band 1
## Richard Dedekind
Vorlesung über Differential- und Integralrechnung

Band 2
## Rudolf Lipschitz
Briefwechsel mit
Cantor, Dedekind, Helmholtz, Kronecker, Weierstraß

Band 3
## Erich Hecke
Analysis und Zahlentheorie

Band 4
## Karl Weierstraß
Einleitung in die Theorie
der analytischen Funktionen

Band 5
## Mathematische Institute in Deutschland
1800 – 1945

Dokumente zur Geschichte der Mathematik
Band 4

# Karl Weierstraß

# Einleitung in die Theorie der analytischen Funktionen

## Vorlesung Berlin 1878

in einer Mitschrift von
Adolf Hurwitz

bearbeitet von
Peter Ullrich

Deutsche Mathematiker-Vereinigung

Friedr. Vieweg & Sohn    Braunschweig / Wiesbaden

CIP-Titelaufnahme der Deutschen Bibliothek

**Weierstrass, Carl:**
Einleitung in die Theorie der analytischen
Funktionen: Vorlesung Berlin 1878 in e.
Mitschr. von Adolf Hurwitz/Karl Weierstrass.
Bearb. von Peter Ullrich. Dt. Mathematiker-
Vereinigung. – Braunschweig; Wiesbaden:
Vieweg, 1988
  (Dokumente zur Geschichte der
  Mathematik; Bd. 4)
  ISBN 3-528-06334-3

NE: Ullrich, Peter [Bearb.]; GT

Prof. Dr. *Winfried Scharlau* und Dr. *Peter Ullrich*,
Mathematisches Institut der Universität Münster

Der Verlag Vieweg ist ein Unternehmen der Verlagsgruppe Bertelsmann.

Druck und buchbinderische Verarbeitung: W. Langelüddecke, Braunschweig
Printed in Germany

ISBN   3-528-06334-3

SD 1/23/89

# Inhaltsverzeichnis

# Geleitwort

"Vous avez faites erreur, Monsieur, vous auriez dû suivre les cours de Weierstraß à Berlin. C'est notre maître à tous." Mit diesen Worten begrüßte HERMITE 1873 — zwei Jahre nach dem deutsch-französischen Krieg — den jungen MITTAG-LEFFLER in Paris. Besser läßt sich wohl kaum ausdrücken, wie hoch das Ansehen war, welches WEIERSTRASS damals weltweit genoß. Er war 1856 nach vierzehn Jahren im preußischen Schuldienst nach Berlin berufen worden. Hier entfaltete er alsbald eine umfangreiche Lehrtätigkeit. Sein Programm "Einleitung in die Funktionentheorie, Elliptische Funktionen, Abelsche Funktionen, Variationsrechnung" hat er dreißig Jahre im viersemestrigen Zyklus (durch)gehalten. Welch ein Triumph für jemanden, der jahrelang u.a. Deutsch, Geographie, Schönschreiben und Turnen unterrichten mußte.

Die 6-stündige "Einleitung in die Theorie der analytischen Funktionen" war die erfolgreichste WEIERSTRASS-Vorlesung. A. KNESER erinnert sich an die 80er Jahre: "Seine Vorlesungen hatten sich damals zu hoher auch äußerer Vollendung entwikkelt." Bekannte Mathematiker haben Mitschriften der "Einleitung . . ." angefertigt, so W. KILLING (SS 1868) und A. HURWITZ (SS 1878). Der KILLING-Text wurde jüngst veröffentlicht.

Das vorliegende Buch gibt die HURWITZ-Mitschrift wieder. HURWITZ, damals 19 Jahre jung, leistet Erstaunliches: schon früh meinte man, die Mitschrift sei womöglich besser als die Vorlesung selbst. KLEIN und WEIERSTRASS selbst griffen auf diese Nachschrift zurück.

Die WEIERSTRASS-Vorlesungen wurden von Studenten und Kollegen begeistert aufgenommen. Es bildete sich früh — gefördert durch das Wirken der "Gesellschaft zum Zwecke der gegenseitigen Bewunderung", wie der Astronom Hugo GYLDÉN die Gruppe HERMITE, KOWALEWSKAJA, MITTAG-LEFFLER, PICARD, WEIERSTRASS nannte — ein WEIERSTRASS-Mythos: er wurde neben GAUSS als der bedeutendste deutsche Mathematiker des 19. Jahrhunderts gefeiert. Die bekannte Kontroverse zwischen Göttingen und Berlin erhielt dadurch neuen Nährboden.

Gewiß wurde WEIERSTRASS damals überschätzt. Seine Beiträge zu den Abelschen Funktionen und Integralen, in denen er den eigentlichen Inhalt seines mathematischen Schaffens sah, haben nicht den von ihm erhofften Einfluß gehabt; hier waren RIEMANNS Ideen fruchtbarer. Wer aber in Karl Theodor Wilhelm WEIERSTRASS nur den Oberlehrer sieht, der — als die Zeit reif war — Strenge und Klarheit in die Mathematik brachte, wird ihm nicht gerecht. Sein Glaubensbekenntnis,

daß "die Funktionentheorie auf dem Fundamente algebraischer Wahrheiten aufge-
baut werden muß", wirkt bis in die Gegenwart hinein. Seine Epsilontik mag, wenn
man sie übertreibt, zu "konzentrierter Langeweile" führen und "auf die mathematische Phantasie eine verdorrende Wirkung" ausüben; sie hat die Mathematik revolu-
tioniert. HILBERT sah seine wissenschaftlichen Bestrebungen zur Grundlegung der
Mathematik "direkt als eine notwendige Fortsetzung des Weierstraß'schen Werkes
zur Begründung der Mathematik"; er schrieb: "Weierstraß hat der mathematischen
Analysis durch seine mit meisterhafter Schärfe gehandhabte Kritik eine feste Grund-
lage geschaffen." Und POINCARÉ formulierte: "La méthode de Riemann est avant
tout une méthode de découverte, celle de Weierstraß est avant tout une méthode
de démonstration."

Oberwolfach, den 25.3.1988
R.Remmert

Herausgeber und Verlag möchten an dieser Stelle ihren Dank an Herrn Dr. Peter
ULLRICH aussprechen, der sich mit viel Arbeit, Sorgfalt und Mühe — aber auch mit
Begeisterung und historischem und mathematischem Interesse — der Bearbeitung
der WEIERSTRASS-Vorlesung angenommen hat. Es ist zum allergrößten Teil sein
Verdienst, daß diese Vorlesung jetzt allen Interessierten leicht zugänglich ist.

W. Scharlau

# Vorwort des Bearbeiters

## Die Vorlesung "Einleitung in die Theorie der analytischen Funktionen"

Nach vierzehn Jahren im Schuldienst war Karl WEIERSTRASS (1815–1897) im Juni 1856 im Alter von 40 Jahren an das Gewerbeinstitut zu Berlin, eine Vorläuferinstitution der heutigen Technischen Universität, berufen worden, auf die erste feste Stelle für Mathematik an dieser Hochschule. Im selben Jahr wurde er Extraordinarius an der Friedrich-Wilhelms-Universität zu Berlin — der heutigen Alexander-von-Humboldt-Universität — und Akademiemitglied, 1864 dann auch Ordinarius an der Universität.

In dieser Zeit konstituierte sich das "Triumvirat" KRONECKER, KUMMER, WEIERSTRASS an der Universität: Leopold KRONECKER (1823–1891) war Akademiemitglied mit Lehrbefugnis an der Universität, Ernst Eduard KUMMER (1810–1893) Ordinarius und WEIERSTRASS, wie bereits erwähnt, erst Extraordinarius und dann Ordinarius. Am 8. Mai 1861 gründeten KUMMER und WEIERSTRASS an der Universität das erste Seminar in Deutschland, das sich ausschließlich mit Mathematik beschäftigte. Und in diesen Jahren einigte sich das "Triumvirat" auch darauf, seine Lehrveranstaltungen generell in einem zweijährigen Rhythmus abzuhalten, was den ersten festen Vorlesungskanon in Mathematik an einer Universität bedeutete.

Das Programm von WEIERSTRASS sah dabei folgendermaßen aus:

1. Einleitung in die Theorie der analytischen Funktionen
2. Elliptische Funktionen
3. Abelsche Funktionen
4. Variationsrechnung bzw. Anwendung der elliptischen Funktionen

Dieses Programm hat er in den Jahren etwa von 1860 bis 1890 im viersemestrigen Turnus (durch)gehalten.

Die "Einleitung in die Theorie der analytischen Funktionen" ist gelesen worden im

Wintersemester 1861/62, 1863/64, 1865/66,
Sommersemester 1868, 1870, 1872, 1874, 1876, 1878,
Wintersemester 1880/81, 1882/83, 1884/85.

Dazu kommen noch Vorlesungen im Sommersemester 1857 und im Wintersemester 1858/59 unter dem Titel "Allgemeine Lehrsätze betreffend die Darstellung analytischer Funktionen durch unendliche Reihen", die wohl eine Vorstufe darstellen. In das Wintersemester 1861/62 fällt der Zusammenbruch von WEIERSTRASS infolge Überarbeitung, so daß er diese Vorlesung sicher nur bis zu jenem 16. Dezember gehalten hat.

Zu den Hörerzahlen dieser Vorlesungen ist aus einem Brief von WEIERSTRASS an Sofia KOWALEWSKAJA vom 15. April 1878 bekannt, daß im Sommersemester 1876 die Vorlesung 102 Hörer hatte, während Adolf KNESER, der die Vorlesung im Winter 1880/81 hörte, in seiner Rede auf "Leopold Kronecker" [Kn] schon von zweihundert Zuhörern spricht. KUMMER hatte übrigens in etwa vergleichbare Hörerzahlen, während KRONECKER, ebenfalls nach KNESERs Bericht, regelmäßig den Hörsaal 17, der für KUMMER und WEIERSTRASS längst zu klein geworden war, noch bis auf einen "Kreis der Eingeweihten" leerte. (Im historischen Vergleich dazu sei erwähnt, daß DIRICHLET um 1850 etwa dreißig Hörer hatte, während in den zwanziger Jahren dieses Jahrhunderts bei Issai SCHUR über vierhundert Studenten hörten.)

Es stellt sich nun die Frage, was WEIERSTRASS so oft und vor so vielen Studenten als "Einleitung in die Theorie der analytischen Funktionen" vortrug:

Bekanntlich hat WEIERSTRASS kein Lehrbuch veröffentlicht, und seine Artikel, etwa "Über die Theorie der analytischen Facultäten" [W2], enthalten die Fundamente der Theorie der analytischen Funktionen nur verstreut als erratische Blöcke.

In seine gesammelten "Mathematischen Werke" sind zwar Ausarbeitungen von Vorlesungsmitschriften aufgenommen, aber von dem oben aufgeführten Kurs gerade nur die der Vorlesungen 2 bis 4: die "Elliptischen Funktionen" als Band 5, die "Abelschen Funktionen" als Band 4, die "Variationsrechnung" als Band 7 und die "Anwendung der elliptischen Funktionen" als Band 6. Es war zwar geplant, die "Einleitung in die Theorie der analytischen Funktionen" als Band 10 aufzunehmen, aber die Ausgabe der Werke schloß bereits mit Band 7. (Band 8 sollte die Vorlesung über die hypergeometrische Funktion beinhalten, Band 9 eine zweite Ausgabe der Vorlesung über elliptische Funktionen.)

So bleiben als Quellen für ein Gesamtbild der Theorie der analytischen Funktionen nur die Mitschriften von Studenten aus den Vorlesungen von WEIERSTRASS. Solche Mitschriften zirkulierten zur damaligen Zeit auch an anderen Universitäten und trugen so zur Verbreitung des Inhalts der Vorlesungen bei. Teilweise dienten sie auch als Vorlage für Bücher und Artikel, so Notizen aus den Vorlesungen vom Sommersemester 1872 und dem Wintersemester 1884/85 für das Buch [Da] von Victor DANTSCHER: "Vorlesung über die Weierstrass'sche Theorie der irrationalen Zahlen". Weiterhin verwendete Salvatore PINCHERLE seine Mitschrift aus dem Sommersemester 1878 für eine (auf Italienisch geschriebene) "Abhandlung über eine Einführung in die Theorie der analytischen Funktionen gemäß den Prinzipien des Prof. C. Weierstrass" [P].

Mitschriften als solche sind erhalten aus folgenden Semestern und von folgenden Mitschreibern:

| Winter 1865/66 | Moritz PASCH | (Universität Gießen) |
| Sommer 1868 | Wilhelm KILLING | (Universität Münster) |
| Sommer 1874 | Georg HETTNER | (MITTAG-LEFFLER-Institut Djursholm und Universität Göttingen) |
| Sommer 1878 | Adolf HURWITZ | (ETH Zürich) |
| Winter 1880/81 | Adolf KNESER | (Privatbesitz) |
| Winter 1880/81 | A. RAMSAY | (MITTAG-LEFFLER-Institut Djursholm) |
| Winter 1882/83 | Ernst FIEDLER | (ETH Zürich) |

Vollständig veröffentlicht ist von diesen Mitschriften allein die von KILLING aus dem Jahre 1868 [W4]. Auszüge von Mitschriften sind enthalten im Anhang des Artikels "Eléments d'analyse de Karl Weierstrass" von P. DUGAC [Du], und zwar von der HETTNER-Mitschrift die Manuskriptseiten 16 bis 36 und von der HURWITZ-Mitschrift die Manuskriptseiten 1 bis 37 und 81 bis 88 (i.e., Kapitel 1, die Abschnitte 2.1 bis 2.3 und Kapitel 4 des vorliegenden Buches).

Will man jedoch von Mitschriften auf die eigentliche Vorlesung zurückschließen, so ergeben sich die bekannten Unsicherheiten aufgrund des Übertragungsweges zwischen Dozent, Student und späterem Bearbeiter. Bei WEIERSTRASS speziell kommt noch hinzu, daß er nach seinem Kollaps vom Dezember 1861 die Vorlesungen nur sitzend vortrug, während ein Assistent oder älterer Student für das Anschreiben an die Tafel zuständig war.

Die Vorlesungsmitschrift von Adolf HURWITZ (1859–1919) aus dem Sommersemester 1878 kann hingegen als eine authentische Wiedergabe der Vorlesung angesehen werden:

HURWITZ war zum Zeitpunkt des Mitschreibens zwar erst 19 Jahre alt; aber er hatte schon zwei Jahre zuvor eine Arbeit [H1] in den Nachrichten der königlichen Gesellschaft der Wissenschaften zu Göttingen veröffentlicht zusammen mit H.C.H. SCHUBERT (1848–1911), seinem Lehrer am Andreanum in Hildesheim und Autor von "Kalkül der abzählenden Geometrie." Und im Jahre 1878 erschien seine nächste, allein, wenn auch unter Anleitung von Felix KLEIN (vgl. Anhang A.1) geschriebene, Arbeit [H2] in den Mathematischen Annalen. SCHUBERT hatte HURWITZ übrigens nach dem Abitur an KLEIN empfohlen, der zu dieser Zeit — 1877 — an der Technischen Hochschule München lehrte. Zum Wintersemester 1877/78 war HURWITZ dann nach Berlin gewechselt, blieb aber mit KLEIN noch in brieflichem Kontakt. So schrieb er am 24. Oktober 1878 an KLEIN (vgl. Anhang A.1, Seite 170):

> Das Colleg von Kronecker höre ich in diesem Winter, werde es auch ausarbeiten. Bei Beginn der Osterferien kann ich Ihnen die Ausarbeitung dann zuschicken.
>
> Die "analytischen Funktionen" von Weierstrass werde ich Ihnen binnen Kurzem zugehen lassen; die letzten beiden Vorlesungen habe ich noch nicht fertig, und dann möchte ich auch mein Heft noch einmal gründlich revidieren, da manche Stellen wohl zu wünschen übrig lassen.

KLEIN war also offenbar daran interessiert, aus den Mitschriften zu erfahren, was in Berlin gelehrt wurde.

Aber auch noch acht Jahre später griffen KLEIN und — was in diesem Zusammenhang natürlich von besonderem Gewicht ist — WEIERSTRASS selbst auf HURWITZ' Mitschriften zurück: Leider findet sich der Brief, mit dem KLEIN HURWITZ um die Übersendung der Mitschrift einer "Weierstrass'schen Vorlesung" bittet, nicht im HURWITZ-Nachlaß in Zürich, und da HURWITZ mehrere Vorlesungen von WEIERSTRASS mitgeschrieben hat, ist nicht klar, ob sich das folgende Zitat gerade auf die Mitschrift der "Einleitung in die Theorie der analytischen Funktionen" bezieht. Jedenfalls erwidert HURWITZ in einem Schreiben vom 18. Juli 1885 an KLEIN (vgl. Anhang A.2, Seite 172):

> Das Heft der Weierstrass'schen Vorlesung befindet sich augenblicklich in Händen von Herrn Weierstrass. Bei meinem Aufenthalt in Berlin werde ich es mir zurückerbitten; hoffentlich hat Herr Prof. Weierstrass dasselbe nicht verloren, wie das schon einmal mit einem anderen Hefte vorgekommen ist.

Wenn es dabei wirklich um die hier interessierende Mitschrift ging, so hat WEIERSTRASS sie offensichtlich nicht verlegt, denn sie befindet sich wohlbehalten im HURWITZ-Nachlaß in der Bibliothek der ETH Zürich und gewährt so einen Einblick in die Lehrtätigkeit von WEIERSTRASS.

# Die Mitschrift von HURWITZ

Die mitgeschriebene Vorlesung wurde, wie bereits erwähnt, im Sommersemester 1878 gehalten und zwar jeweils montags, dienstags und freitags von 9 bis 11 Uhr.

Das Manuskript selbst umfaßt 366 Seiten in deutscher Schreibschrift. Im Gegensatz etwa zu der von KILLING oder HETTNER ist diese Mitschrift nicht durchgängig in Abschnitte unterteilt. Die Gliederung des Textes blieb damit dem Bearbeiter überlassen, der auch, in moderner Terminologie, den größten Teil der Überschriften formuliert hat. Von HURWITZ selbst stammen nur die Überschriften zu Teil II, den Kapiteln 4, 5, 20 und 21 und den Abschnitten 1.3, 1.4, 1.5, 2.4, 3.4, 7.4, 12.4, 13.2 und 19.2.

Sonst wurde der Text unverändert übernommen. Allerdings sind Abkürzungen ausgeschrieben und nebeneinander auftretende Schreibweisen vereinheitlicht worden (etwa "Multiplication" und "Multiplikation" zu "Multiplikation"). Weiterhin wurden Fehler mathematischer Art, die offensichtlich auf Verschreiben zurückzuführen sind (etwa Vertauschen zweier Buchstaben oder von "<" und ">") korrigiert.

Die folgende Inhaltsangabe der Mitschrift soll einen Wegweiser geben durch den behandelten Stoff, den man heutzutage verteilt in den Vorlesungen Infinitesimalrechnung I und II und Funktionentheorie I und II findet.

## Zahlbegriff (Kapitel 1 bis 3)

Der erste Teil der Vorlesung, etwa ein Viertel vom Umfang her, dient der Einführung der reellen und komplexen Zahlen. WEIERSTRASS definiert gleich zu Anfang von

Kapitel 1 "complexe Zahlen". Dies ist allerdings so gemeint, daß eine "complexe Zahl" aus verschiedenen Einheiten zusammengesetzt ist, etwa "*a* Reichsgulden, *b* Groschen, *c* Pfennige". Mit einer Einheit sind natürlich auch deren natürliche Vielfache zu betrachten, und WEIERSTRASS definiert Addition und Multiplikation für die Vielfachen einer Einheit.

Der nächste Schritt ist die Einführung von "genauen Theilen" einer Einheit, d.h. von Stammbrüchen, wobei der *n*-te "genaue Theil" der ursprünglichen Einheit als eine neue Einheit eingeführt wird, die ver-*n*-facht wieder die alte Einheit ergibt. Einheit und deren "genaue Theile" werden zu Zahlgrößen zusammengefaßt, deren Elemente sie bilden.

Danach werden Zahlgrößen betrachtet, die aus unendlich vielen Elementen bestehen. WEIERSTRASS unterscheidet sie dahingehend, ob sie endlich sind, d.h., ob jede endliche Teilsumme kleiner als ein festes natürliches Vielfaches der Grundeinheit ist, oder ob sie unendlich sind.

Um auch beliebig Differenzen bilden zu können, benötigt WEIERSTRASS zu einer Einheit wie auch zu deren "genauen Theilen" jeweils ein "Entgegengesetztes", also eine neue Einheit, die die alte "annulliert". Eine reelle Zahl oder "Zahlgröße", wie er sie in Kapitel 2 betrachtet, ist nun ein Agglomerat aus allen diesen Einheiten und deren "genauen Theilen" der Art, daß die Gruppe der "gewöhnlichen", positiven Elemente wie auch die der "entgegengesetzten", negativen Elemente für sich genommen eine endliche Zahl bilden. Für diese Zahlgrößen definiert er Addition und Multiplikation und beweist die Existenz des additiven und des multiplikativen Inversen, letzteres unter Benutzung der geometrischen Reihe.

Der Konvergenzbegriff für unendliche Reihen ergibt sich aus der obigen Definition der reellen Zahl — positive und negative Anteile getrennt müssen konvergieren — naturgemäß als der der absoluten Konvergenz, wobei WEIERSTRASS explizit darauf hinweist, daß bei diesem Konvergenzbegriff, im Gegensatz zum gewöhnlichen, das Resultat von der Reihenfolge der Summation unabhängig ist.

Nachdem die reellen Zahlen zur Verfügung stehen, führt WEIERSTRASS in Kapitel 3 die (im heutigen Sinne) "komplexen Zahlen" auf zweierlei Weise ein: Zum einen veranschaulicht er die reellen Zahlen durch die Zahlengerade und erzeugt dann die Gaußsche Zahlenebene, indem er diese Gerade um eine neue Einheit, *i*, parallel verschiebt. Die Addition wird dann die geometrische, die Vektor-Addition, während die Multiplikation durch Drehstreckungen erklärt wird.

Zum anderen betrachtet WEIERSTRASS aber auch, modern gesprochen, einen zweidimensionalen reellen Vektorraum: Die Gesetze für die Skalarmultiplikation stehen ausdrücklich im Text, wenn er auch nicht von "Skalaren", sondern von "unbenannten Zahlen" spricht. Auf diesem reellen Vektorraum definiert er Algebra-Strukturen und zeigt, daß der Körper der komplexen Zahlen bis auf Isomorphie die einzige zweidimensionale nullteilerfreie assoziative und kommutative reelle Algebra ist. Nebenbei diskutiert er auch als weitere Möglichkeit einer zweidimensionalen assoziativen und kommutativen reellen Algebra die ring-direkte Summe des Körpers der reellen Zahlen mit sich selbst und kommt zu dem Schluß, daß dies neben den komplexen Zahlen die einzige weitere Möglichkeit ist, also, wenn man von nilpotenten Elementen einmal absieht, zum Satz von WEIERSTRASS-DEDEKIND im zweidimensionalen Fall.

Zum Abschluß dieses ersten Teils über den Zahlbegriff diskutiert WEIERSTRASS noch kurz unendliche Produkte komplexer Zahlen, wobei sein Begriff der Konvergenz heutzutage als "absolute Konvergenz" bezeichnet wird.

## Grundlagen (Kapitel 4 bis 9)

Hiernach geht WEIERSTRASS zum eigentlichen Thema der Vorlesung über, der "Einleitung in die Funktionentheorie", die er in Kapitel 4 mit einem Exkurs über die "Geschichtliche Entwicklung des Funktionsbegriffs" beginnt. Er berichtet, daß sich der ursprüngliche Funktionsbegriff nur auf die durch Iteration der vier Grundrechenarten gebildeten Funktionen beschränkte, daß man ihn dann durch Hinzunahme von Wurzelziehen und Logarithmieren und zuletzt auch auf implizit definierte Funktionen erweiterte. WEIERSTRASS zitiert dann die allgemeine Funktionsdefinition nach Johann BERNOULLI (1667–1748), verwirft sie aber, da es "unmöglich [sei], aus ihr irgend welche allgemeinen Eigenschaften der Funktionen abzuleiten".

Als weiteres Argument gegen die Bernoullische Definition führt WEIERSTRASS die Tatsache an, daß Funktionen, die in diesem Sinne für reelle Argumente definiert sind, sich nicht notwendig auf komplexe Argumente ausdehnen lassen. Funktionen, die diese Ausdehnung zulassen, bezeichnet er in einer vorläufigen Definition als "analytisch", zeigt, daß diese die Cauchy-Riemannschen Differentialgleichungen erfüllen, und bemerkt, daß man das Erfülltsein dieser Differentialgleichungen auch zur Definition heranziehen kann. Letztere Art der Definition, argumentiert er,

> setzt jedoch die Kenntnis und Möglichkeit der Ableitung voraus, ist also wohl schlecht geeignet, um von ihr aus die Theorie der analytischen Funktionen zu begründen.

So schließt WEIERSTRASS diese historischen Vorbemerkungen mit folgender Skizze seines weiteren Vorgehens bei der Definition der analytischen Funktion:

> Wie wir nun oben immer von Einfacherem zu Schwierigerm gegangen sind, so wollen wir auch jetzt von den einfachsten Funktionen (den sogenannten rationalen) ausgehen, dann den Funktionsbegriff erweitern durch Betrachtung von Ausdrücken, die aus unendlich vielen rationalen Funktionen zusammengesetzt sind. Es wird sich zeigen, daß wir schon dann die Mittel haben, jedes beliebige Abhängigkeits-Verhältnis zwischen Größen zu behandeln.

Und so wendet er sich zunächst (in Kapitel 5) den rationalen Funktionen zu, und dabei insbesondere den Polynomen: Er beweist, daß ein Polynom $n$-ten Grades in einer Veränderlichen, das $n + 1$ Nullstellen hat, identisch verschwindet, gibt die Lagrangesche Interpolationsformel an und verallgemeinert beides auf mehrere Veränderliche. Weiterhin diskutiert er die Teilbarkeitstheorie im Polynomring in einer Veränderlichen. Den Abschluß bildet der Beweis, daß rationale Funktionen überall, wo sie definiert sind, auch stetig sind.

Danach behandelt WEIERSTRASS unendliche Summen aus rationalen Funktionen: Zunächst definiert er in Kapitel 6 gleichmäßige Konvergenz, wobei er betont, daß im folgenden nur solche Funktionenreihen betrachtet werden, die auf einem "Continuum", d.h. einer offenen, nicht-leeren Menge, gleichmäßig konvergieren. Bewiesen wird, daß der gleichmäßige Limes stetiger Funktionen wieder stetig ist.

Nach diesen allgemeinen Überlegungen untersucht WEIERSTRASS in Kapitel 7 als spezielle Funktionenreihen die Potenzreihen mit komplexen Koeffizienten und Entwicklungspunkt 0. Die Ausführungen hierzu beginnen kanonisch mit dem Abelschen Lemma für eine und mehrere Veränderliche und der Beschreibung des Konvergenzverhaltens von Potenzreihen in einer Veränderlichen. WEIERSTRASS beweist für eine Potenzreihe $\sum a_n x^n$ mit Konvergenzradius $r$, daß aus $\lim_{n \to \infty} \left| \frac{a_n}{a_{n-1}} \right| = k$ folgt $r \geq 1/k$, und erwähnt eine entsprechende Abschwächung der Formel von CAUCHY-HADAMARD. Mittels des heute als WEIERSTRASSscher Doppelreihensatz bekannten Resultats wird weiterhin gezeigt, daß die Substitution konvergenter Potenzreihen wieder eine konvergente Potenzreihe liefert.

Zuletzt beweist WEIERSTRASS noch den Identitätssatz für eine und mehrere Veränderliche in der Form, daß Übereinstimmung auf einer Menge vorausgesetzt wird, die sich unabhängig in jeder Komponente gegen den Entwicklungspunkt häuft. Weiter macht er einige, allerdings etwas nebulöse, Bemerkungen über Interpolationsprobleme für Potenzreihen.

Damit ist das zu Ende der historischen Vorbemerkung vorgestellte Konzept vorläufig abgeschlossen. Bevor WEIERSTRASS zum zentralen Begriff der Vorlesung, dem der "analytischen Funktion", kommt, schiebt er nun noch zwei Exkurse ein.

Der erste, Kapitel 8, beschäftigt sich mit der Differentialrechnung einer und mehrerer Veränderlicher: WEIERSTRASS definiert die Differenzierbarkeit bzw. totale Differenzierbarkeit wie auch heute noch durch Approximation mittels eines linearen Funktionals mit stetigen Koeffizienten. Er zeigt die Eindeutigkeit des Differentials, führt partielle Ableitungen ein und beweist die Kettenregel. Weiter wird bemerkt, daß ein gleichmäßiger Limes rationaler Funktionen nicht notwendig gliedweise differenzierbar ist. Anwendung der Differentialrechnung auf Potenzreihen ergibt die Taylorsche Entwicklungsformel. Zum Abschluß dieses Kapitels zeigt WEIERSTRASS noch, daß die Funktion $\sum_{n=0}^{\infty} b^n \cos[(a^n x)\pi]$ für $a$ ganz und ungerade, $0 < b < 1$ und $ab > 1 + \frac{3}{2}\pi$ stetig auf ganz $\mathbb{R}$, aber nirgendwo differenzierbar ist.

Während man alles, was bis jetzt aus der Vorlesung referiert wurde, auch heute noch ähnlich darstellt, wird in Kapitel 9, dem zweiten Exkurs, doch die Entwicklung der Mathematik in den letzten hundertzehn Jahren deutlich: Hier trägt WEIERSTRASS das zusammen, was er im folgenden an elementarer Topologie braucht.

Zunächst definiert er $\delta$-Umgebungen eines Punktes im $\mathbb{R}^n$ bezüglich der Maximumsnorm. Danach betrachtet er "eine unendliche Anzahl von Stellen ... $x'$" und behauptet:

> Dann können die $x'$ entweder durch discrete oder durch continuierlich aufeinander folgende Punkte einer Geraden repräsentiert sein — im letztern Falle sagt man, sie bilden ein Continuum.

"Continuum", das wird aus dem nächsten Satz klar, meint dabei, im heutigen Sinne, eine offene Menge. Der obige Satz liest sich also so, daß es nur diskrete bzw. offene unendlich-elementige Teilmengen von $\mathbb{R}$ gibt. Allerdings spricht WEIERSTRASS auch davon, daß die Teilmenge "in irgend welcher Weise ... definiert" sei, womit er sicherlich eine Definition mittels analytischer Funktionen meint. Und es macht ja wirklich Schwierigkeiten, so eine Menge zu definieren, die weder diskret noch offen ist.

Nach dem "Continuum" geht es um den "continuierlichen Übergang" von einem Punkt $a$ eines "Gebietes", d.h. einer diskreten oder offenen Menge, zu einem anderen Punkt $b$ des "Gebietes". Dabei erwähnt WEIERSTRASS auch "continuierliche Stücke" eines "Gebietes", also Zusammenhangskomponenten.

Im Anschluß hieran führt er die Begriffe "obere" bzw "untere Grenze" ein, d.h. Supremum und Infimum für Teilmengen von $\mathbb{R}$, und beweist die Existenz des Supremums und den Satz von BOLZANO-WEIERSTRASS. Als Anwendungen folgert er daraus den Zwischenwertsatz für stetige Funktionen und, daß eine auf einem endlichen abgeschlossenen Intervall stetige Funktion gleichmäßig stetig ist, wobei er diesen Begriff allerdings nicht explizit einführt, sondern ihn durch die üblichen Ungleichungen beschreibt. Zum Abschluß dieses letzten Exkurses beweist er den Satz von BOLZANO-WEIERSTRASS für den $\mathbb{R}^n$ und zeigt, daß eine stetige Funktion auf einem endlichen abgeschlossenen Intervall Supremum und Infimum annimmt.

## Analytische Funktionen (Kapitel 10 bis 14)

Ziemlich genau in der Mitte des Manuskriptes kommt WEIERSTRASS zum zentralen Begriff der Vorlesung, dem der analytischen Funktion (Kapitel 10).

Dazu führt er die analytische Fortsetzung mittels Kreisketten ein: Zunächst wird bewiesen, daß zwei Potenzreihen mit verschiedenen Entwicklungspunkten, die in einem Punkt $c$ des Durchschnitts der Konvergenzkreise die gleiche Umordnung in Potenzen von $x - c$ haben, auf dem gesamten Durchschnitt übereinstimmen. In dieser Situation heißt die eine Funktion unmittelbare Fortsetzung der anderen. Durch iteriertes unmittelbares Fortsetzen ergeben sich mittelbare Fortsetzungen, und es entsteht das übliche Bild einer Kreiskette.

Eine Potenzreihe, die fortgesetzt werden kann, bezeichnet WEIERSTRASS als ein "Funktionen-Element" und stellt folgende Definition einer analytischen Funktion auf:

> "Liegt ein Punkt $x'$ innerhalb des Convergenzbezirks eines Funktionenelements, welches eine Fortsetzung des ursprünglich gegebenen Funktionenelementes $f(x|a)$ ist, so hat dieses einen bestimmten Werth für $x'$, und diesen bestimmten Werth nennen wir <u>einen</u> Werth der durch das Ausgangsfunktionenelement bestimmten analytischen Funktion."

Er setzt in Klammern noch hinzu:

> Es können an einer Stelle $x'$ mehrere nicht coincidierende Fortsetzungen existieren. Deshalb sagten wir <u>ein</u> Werth der analytischen Funktion.

und unterscheidet "eindeutige" und "mehrdeutige" Funktionen.

WEIERSTRASS schreibt weiter

Es findet nun der folgende wichtige Satz statt: "Entweder [ein ab-
geleitetes Funktionen-Element] $g(x|b)$ ist vollkommen unabhängig von
den vermittelnden Stellen $c_1, c_2 \ldots c_n$ oder doch nur verschieden für eine
endliche Anzahl von Werthsystemen $c_1, c_2 \ldots c_n$."

Strenggenommen ist dieser Satz natürlich falsch: Man konstruiere etwa nach dem
Satz von MITTAG-LEFFLER eine Funktion, die in $m = 0, 1, 2, \ldots$ das Residuum
$\alpha_m$ hat, wobei die $\alpha_m$ reelle Zahlen sind, die linear unabhängig über den rationalen Zahlen sind, und intergriere. Aber WEIERSTRASS hat hier wohl auch mehr an
algebraische Funktionen gedacht und daran, daß man die "vermittelnden Stellen"
immer etwas verschieben kann, ohne das Resultat der Fortsetzung zu ändern.

Als nächstes untersucht WEIERSTRASS, was auf dem Rand des Definitionsgebie-
tes geschieht (Kapitel 11). Für eindeutige analytische Funktionen, also holomorphe
Funktionen im heutigen Sinne, zeigt er zunächst die Cauchyschen Ungleichungen für
Taylorkoeffizienten. Notabene: Er hat dabei nicht die Cauchyschen Integralformeln
zur Verfügung, sondern wendet stattdessen eine Mittelwertbildung an, die schon in
seiner Arbeit "Zur Theorie der Potenzreihen" [W1] von 1841 vorkommt.

Stehen die Cauchyschen Ungleichungen für Taylorkoeffizienten zu Verfügung, so
läßt sich relativ problemlos zeigen, daß es auf dem Rand des Konvergenzkreises einer
Potenzreihe mindestens eine Stelle gibt, in der sich die zugehörige Funktion nicht
durch eine Potenzreihe darstellen läßt. Als Anwendung hiervon diskutiert WEIER-
STRASS, wie groß der Konvergenzradius des Quotienten zweier Potenzreihen ist.

Indem er speziell als Zähler die 1 und als Nenner ein Polynom betrachtet, folgert
er hieraus den Fundamentalsatz der Algebra, wobei er noch den Satz von LIOUVILLE
investiert, der sich aber sofort aus den Cauchyschen Ungleichungen ergibt. Einen
weiteren Beweis des Fundamentalsatzes führt er durch Diskussion der logarithmischen Ableitung des Polynoms.

Nachdem WEIERSTRASS analytische Funktionen über Reihen rationaler Funktionen eingeführt hat, liegt es zum Studium des Funktionsbegriffs nahe, Reihen
analytischer Funktionen zu betrachten (Kapitel 12). Dazu beweist er zunächst den
WEIERSTRASSschen Doppelreihensatz für Potenzreihen und folgert hieraus, daß eine
in einer Umgebung eines jeden Punktes gleichmäßig konvergente Reihe analytischer
Funktionen wieder eine analytische Funktion definiert, woraus sich leicht der WEI-
ERSTRASSsche Differentiationssatz ergibt.

Neben unendlichen Summen analytischer Funktionen behandelt WEIERSTRASS
auch unendliche Produkte analytischer Funktionen, wobei $\prod(1 + \varphi_\lambda(x))$ als gleichmäßig konvergent bezeichnet wird, wenn $\sum \varphi_\lambda(x)$ gleichmäßig konvergiert. Er zeigt,
daß das Produkt wieder eine analytische Funktion ist und, dies allerdings sehr
knapp, daß man gliedweise logarithmisch differenzieren darf.

Mit den Problemen, welche die Mehrdeutigkeit von Funktionen bereitet, etwa,
wenn man beim Fortsetzen Funktionalgleichungen erhalten will, setzt sich WEI-
ERSTRASS in Kapitel 13 auseinander. Er betrachtet dazu "Systeme analytischer
Funktionen"; diese sind dadurch definiert, daß man ein $n$-Tupel von "Funktionen-
Elementen", also Potenzreihen, mit gleichem Entwicklungspunkt stets "durch Vermittlung derselben Zwischen-Stellen", also entlang ein- und desselben Weges, fort-
setzt und alle so erhaltenen Fortsetzungen zusammennimmt. Modern gesprochen:

Die WEIERSTRASSschen analytischen Funktionen sind die Zusammenhangskomponenten des Raumes $\mathcal{O}$ der holomorphen Funktionskeime, seine "Systeme analytischer Funktionen" sind die Zusammenhangskomponenten der $n$-fachen direkten Summe von $\mathcal{O}$ mit sich selbst.

Für "Systeme analytischer Funktionen" zeigt WEIERSTRASS, daß sie die Relation "ist Ableitung von" bewahren, d.h., setzt man entlang desselben Weges fort, so ist die Fortsetzung der Ableitung gleich der Ableitung der Fortsetzung. Weiterhin wird ein Permanenzprinzip für Funktionalgleichungen bewiesen, nämlich: Ist $G$ eine "beständig konvergente Potenzreihe" in $n$ Veränderlichen, so gilt eine Gleichung der Gestalt $G(f_1, \ldots, f_n) = 0$ bereits für das ganze System analytischer Funktionen, wenn sie nur an einer Stelle gilt.

Als nächstes schreibt er dann:

> Alle die bislang für Funktionen Einer Variabeln gegebenen Entwicklungen lassen sich ohne große Schwierigkeit auf solche mit beliebig vielen Variabeln ausdehnen. Diese Ausdehnung soll hier kurz angedeutet werden.

Was darauf in Kapitel 14 folgt, ist kanonisch: analytische Fortsetzung, Systeme analytischer Funktionen, Cauchysche Ungleichungen für Taylorkoeffizienten, Existenz singulärer Punkte auf dem Rand des Konvergenzbezirks — alles für mehrere Veränderliche. Für Potenzreihen in zwei Veränderlichen diskutiert WEIERSTRASS auch etwas genauer die Form des Konvergenzbezirks in der absoluten Ebene und zeigt, daß dieser durch eine stetige Kurve berandet wird.

## Singuläre Stellen (Kapitel 15 bis 19)

Hiernach wendet WEIERSTRASS sich wieder "eindeutigen Funktionen einer Variablen" zu und betrachtet in Kapitel 15 isolierte Singularitäten sowohl in der endlichen komplexen Ebene als auch im Punkt Unendlich, wobei er "reguläre Stellen" (d.h. hebbare Singularitäten), "außerwesentlich singuläre Stellen" (d.h. Pole) und "wesentlich singuläre Stellen" unterscheidet.

Er schreibt:

> Eine rationale Funktion kann zwar singuläre Stellen haben, aber immer nur außerwesentliche. Aber es gilt auch die Umkehrung dieser Eigenschaft der rationalen Funktionen. Und diese Umkehrung ist ein Fundamentalsatz der Funktionentheorie.

Diesen Satz, der — bei mehreren Veränderlichen — auch als Satz von HURWITZ-WEIERSTRASS bezeichnet wird, zeigt WEIERSTRASS zunächst für den Fall, daß im Endlichen keine Pole vorliegen, und zwar durch Koeffizientenvergleich für die Entwicklung im Punkt Unendlich. Den Allgemeinfall beweist er dann, indem er nachweist, daß sich die Pole nicht gegen Unendlich häufen, und daraus folgert, daß es nur endlich viele Pole gibt, man den Allgemeinfall somit durch Multiplikation mit Linearfaktoren auf den schon behandelten Spezialfall zurückführen kann.

WEIERSTRASS fährt dann fort:

Es liegt nun folgende Vermutung nahe: "Wenn eine Funktion im Endlichen <u>nur</u> außerwesentliche Stellen hat und nur im Unendlichen eine wesentlich singuläre Stelle, so läßt die Funktion sich darstellen in der Form $\frac{G_1(x)}{G_2(x)}$."

Dabei sind $G_1(x)$ und $G_2(x)$ zwei Funktionen, die im Endlichen überall in eine Potenzreihe entwickelbar sind.

Er weist auf die Schwierigkeiten hin, die dadurch entstehen, daß im Endlichen unendlich viele Pole liegen können, und bemerkt, daß man, um diese ähnlich wie zuvor durch Heranmultiplizieren passender Faktoren behandeln zu können, eine ganze Funktion mit vorgegebenem Nullstellenverhalten konstruieren muß. An dieser Stelle wird nur ein Spezialfall behandelt; der allgemeine Produktsatz von WEIERSTRASS für die komplexe Ebene wird erst in Kapitel 19 bewiesen. Jedenfalls ist festzuhalten, daß für WEIERSTRASS nicht etwa das klassische Beispiel Sinusprodukt Motivation für den Produktsatz ist, sondern die Frage nach der Quotientendarstellung von auf der komplexen Ebene meromorphen Funktionen.

Zunächst untersucht WEIERSTRASS die Gestalt beliebiger auf der ganzen komplexen Ebene nullstellenfreier holomorpher Funktionen. Er trifft dabei zwangsläufig auf die Exponentialfunktion, welche er in Kapitel 16 studiert: Ihre Differentialgleichung hat zu ihrer Definition gedient; ihre Funktionalgleichung wird bewiesen mittels der Taylorschen Entwicklung der Funktion $E(x+y)$ um den Punkt $y$.

Daß die Exponentialfunktion jeden von 0 verschiedenen komplexen Wert annimmt, beweist WEIERSTRASS wie auch heutzutage durchaus üblich unter Verwendung des Zwischenwertsatzes für die auf die reelle bzw. imaginäre Achse eingeschränkte Funktion. Weiter zeigt er, daß der Kern des Exponentialhomomorphismus von $2\pi i$ erzeugt wird, wobei er $2\pi$ durch diese Eigenschaft definiert(!).

In Kapitel 17 behandelt WEIERSTRASS die Frage nach der analytischen Umkehrung der Exponentialfunktion, also nach Logarithmusfunktionen. Er zeigt zunächst, daß dies die Lösung der Differentialgleichung $dx = \frac{dy}{y}$ bedeutet und, durch Substitution des Argumentes der logarithmischen Reihe, daß es in jedem Punkt der komplexen Ebene ohne die 0 ein "Funktionen-Element" gibt, das diese Differentialgleichung erfüllt.

Die negative reelle Achse wird nun "ausgeschlossen", so daß man eine eindeutige analytische Funktion auf dem Rest der komplexen Ebene erhält, den Hauptzweig des Logarithmus. WEIERSTRASS diskutiert, daß dieser beim Überschreiten der negativen reellen Achse um $2\pi i$ springt und daß sich allgemein alle Funktionenelemente in einem festen Punkt um ganzzahlige Vielfache von $2\pi i$ unterscheiden, der Logarithmus also eine unendlich-vieldeutige Funktion ist.

Dabei stellt er in Abschnitt 17.2 Vorüberlegungen an, die begründen, daß man durch Fortlassen der negativen reellen Achse einen eindeutigen Logarithmus definieren kann: Er zeigt zunächst, daß, wenn man ein Funktionenelement entlang einer Strecke fortsetzen kann, man beim Hin- und Zurücklaufen entlang der Strecke zum Ausgangs-Funktionenelement zurückkommt, auch wenn man verschiedene "vermittelnde Stellen" auf Hin- und Rückweg benutzt. Dieses Resultat dehnt er dann auf die Ränder "hinreichend schmaler" Dreiecke aus, in deren gesamten Abschluß Funktionenelemente existieren, d.h., er zeigt den Monodromiesatz für Dreiecke. Fraglich ist allerdings, für welche Funktionen er ihn zeigt:

Daß das betrachtete Dreieck "hinreichend schmal" ist, definiert er zum einen nämlich dadurch, daß man genügend weit von der 0 wegbleibt, also speziell für die Situation des Logarithmus. Von seiner Notation her scheint es andererseits aber allgemeiner gedacht zu sein: Der Logarithmus wird stets mit "$L$" bezeichnet; im Beweis der in Frage stehenden Aussage heißt die Funktion "$f$".

Ob die "notationes" den Rückschluß auf die "notiones" nun rechtfertigen oder nicht, den Anschluß an die Diskussion des Logarithmus bildet jedenfalls die Behandlung der "Zweige analytischer Funktionen" in Kapitel 18, in deren Verlauf WEIERSTRASS den Monodromiesatz für Sterngebiete aufstellt.

Er will zeigen:

> "Jede analytische Funktion läßt sich durch Beschränkung ihres Gültigkeitsbereichs zu einer eindeutigen analytischen Funktion machen."

Dazu geht er von einem festen Punkt $a$ aus, in dem die analytische Funktion definiert ist, und bestimmt dann in jeder Richtung die "Grenzstelle", an der die Funktion sich nicht mehr durch eine Potenzreihe darstellen läßt; er betrachtet also den maximalen Stern mit Zentrum $a$, der ganz im Definitionsbereich der Funktion liegt. Da er dann einfach feststellt, daß man aus der gegebenen Funktion durch Einschränkung auf diesen Stern eine eindeutige Funktion gewinnen kann, erhält die Vermutung noch mehr Plausibilität, daß WEIERSTRASS und HURWITZ klar war, daß das für den Logarithmus Gezeigte mutatis mutandis allgemeingültig ist.

Die auf dem Stern definierte eindeutige Funktion bezeichnet WEIERSTRASS als "Zweig" der ursprünglichen analytischen Funktion. Er diskutiert besonders den Fall, daß die analytische Funktion in nur endlich vielen Punkten den "Charakter einer ganzen Funktion" verliert, und bemerkt, daß man beim Umlaufen dieser Punkte in der Regel zu neuen Zweigen kommt, bei einfachem Umlaufen und $n$ Punkten in der Regel zu $2n$ verschiedenen.

In Kapitel 19 wird dann WEIERSTRASSsche Produktsatz für die komplexe Ebene bewiesen, den WEIERSTRASS erst zwei Jahre zuvor in der Arbeit "Zur Theorie der eindeutigen analytischen Functionen" [W3] veröffentlicht hatte. Der an dieser Stelle gegebene Beweis unterscheidet sich dabei kaum von den heutzutage üblichen Versionen.

Es folgen die Beispiele Sinus-Produkt und Kehrwert der Gammafunktion, aber auch die Quotientendarstellung meromorpher Funktionen, die den Anstoß zu diesen Untersuchungen gegeben hat.

## Analytische Umkehrung und analytische Gebilde (Kapitel 20 und 21)

Den Abschluß der Mitschrift bilden zwei durch Überschriften gekennzeichnete Abschnitte, zum einen "Über die Umkehrbarkeit analytischer Funktionen"(Kapitel 20) und zum andern "Über analytische Gebilde"(Kapitel 21).

Zum Zwecke der Umkehrung analytischer Funktionen zeigt WEIERSTRASS zunächst den Satz über implizite Funktionen für Potenzreihen in mehreren Veränderlichen, wobei er, ähnlich wie beim zweiten Beweis des Fundamentalsatzes der Algebra, die Laurent-Entwicklung der logarithmischen Ableitung einer analytischen Funktion diskutiert. Aus diesem Satz ergibt sich kanonisch, daß man eine analytische Funktion in jedem Punkt analytisch invertieren kann, in dem ihre Ableitung nicht verschwindet. WEIERSTRASS gibt dazu explizite Formeln an und behandelt auch das Problem, eine Potenzreihe als Potenzreihe in einer anderen darzustellen.

Diese Ausführungen zur Umkehrung von Potenzreihen haben das Schlußkapitel vorbereitet, in dem WEIERSTRASS "analytische Gebilde" betrachtet. Er definiert diese, genauer: "analytische Gebilde erster Stufe", zunächst lokal als "Gesammtheit der ... Stellenpaare $(x, y)$", die durch

$$\left\{ \begin{array}{rcl} x - a & = & \varphi(t) \\ y - b & = & \psi(t) \end{array} \right\}$$

gegeben sind, wobei $\varphi$ und $\psi$ zwei um 0 konvergente Potenzreihen in einer Veränderlichen ohne absolutes Glied sind, die die Bedingung erfüllen, daß die Variable $t$ den Punkt $(x, y)$ injektiv parametrisiert.

WEIERSTRASS diskutiert Transformationen des Parameters $t$, die dasselbe analytische Gebilde liefern, und die "Coincidenz" zweier analytischer Gebilde in einem Punkt. In expliziter Analogie zur Definition analytischer Funktionen verwendet er dann die Technik der analytischen Fortsetzung, um globale "analytische Gebilde erster Stufe" zu erhalten. Diese stellen also Kurven im $\mathbb{C}^2$ dar, wobei WEIERSTRASS selbst auf "die Analogie dieser Definition mit der analytisch-geometrischen Definition von Curven" verweist.

Ist ein analytisches Gebilde in einem Punkt $(a', b')$ gegeben durch

$$x - a' = A_0 \tau^\lambda + A_1 \tau^{\lambda+1} + \dots,$$
$$y - b' = B_0 \tau^\mu + B_1 \tau^{\mu+1} + \dots,$$

mit $A_0$ und $B_0$ von 0 verschieden, so bezeichnet WEIERSTRASS die Stelle $(a', b')$ als "regulär", falls $\lambda = \mu = 1$ ist, als "irregulär in Bezug auf $x$", falls $\lambda > 1$ ist, und als "irregulär in Bezug auf $y$", falls $\mu > 1$ ist. Er beweist die lokale Normalform für irreguläre Punkte und zeigt weiter, daß die Menge der irregulären Stellen diskret liegt.

Jeder analytischen Funktion entspricht nunmehr in kanonischer Weise ein analytisches Gebilde, dessen irreguläre Stellen "Verzweigungspunkte im Riemannschen Sinne der analytischen Funktion" sind.

Die Vorlesung schließt mit der Definition von "analytischen Gebilden erster Stufe von $n+1$ Veränderlichen", d.h. von Kurven im $\mathbb{C}^{n+1}$, und von "analytischen Gebilden $\varrho$-ter Stufe", d.h. von Gebilden der Dimension $\varrho$.

# Vergleich mit anderen Mitschriften

WEIERSTRASS hat durch seine "Algebraisierung der Analysis" die Funktionentheorie einer und mehrerer komplexer Veränderlicher entscheidend geprägt. So folgen, um nur das naheliegendste Beispiel zu nennen, die ersten vier Kapitel des Standard-werks [HC] von HURWITZ und COURANT der Linie der HURWITZschen Mitschrift; insbesondere findet sich hier auf den Seiten 40 bis 41 (vierte Auflage) der integral-freie Beweis der Cauchyschen Koeffizientenabschätzungen.

Eine Rekonstruktion der Vorlesung, mit der WEIERSTRASS in die Theorie der analytischen Funktionen einführte, ist somit keinesfalls eine Aufgabe von rein akade-mischem Interesse, sondern dient dem Verständnis der Entwicklung der Mathematik bis zum heutigen Tage.

Der Zahl- und der Funktionsbegriff von WEIERSTRASS sind in der Literatur bereits untersucht worden, etwa von P. DUGAC [Du], der sich auf verschiedene Vor-lesungsmitschriften stützt, und von K. KOPFERMANN [Ko], der die HETTNERsche Mitschrift zugrunde legt. Eine darüber hinaus gehende Rekonstruktion der WEI-ERSTRASSschen Theorie der analytischen Funktionen soll einer anderen Gelegenheit vorbehalten bleiben. An dieser Stelle folgen nur einige vergleichende Bemerkungen des Bearbeiters zu den Mitschriften von KILLING (Sommersemester 1868), HETT-NER (Sommersemester 1874) und KNESER (Wintersemester 1880/81), welche im-merhin einen Zeitraum von dreizehn Jahren abdecken.

Auch wenn man diese drei bzw. vier Mitschriften nur oberflächlich durchsieht, zeigt sich doch sofort ein festes, durch den Stoff vorgegebenes Gerüst: Als erstes führt WEIERSTRASS den Zahlbegriff ein, insbesondere die komplexen Zahlen. Da-nach wendet er sich den Polynomen zu, wobei er Identitätssatz, Interpolationsformel und Teilbarkeitstheorie, meistens auch für mehrere Veränderliche, behandelt.

Bei den späteren Vorlesungen — HURWITZ und KNESER — erscheint darauf ein expliziter Abschnitt über gleichmäßige Konvergenz von Funktionenreihen, während die beiden früheren diesen Stoff eher en passant behandeln. In jedem Fall werden dann Potenzreihen in einer und mehreren Veränderlichen behandelt, mit Abelschem Lemma, Beschreibung des Konvergenzverhaltens und WEIERSTRASSschem Doppel-reihensatz.

Meist schließen sich hier ein Abschnitt über Differentialrechnung und einer über "elementare Topologie" in der Art wie bei HURWITZ an, bevor WEIERSTRASS zur Definition der analytischen Funktion kommt; teilweise wird die Reihenfolge aber auch permutiert.

Stets jedoch werden die Cauchyschen Ungleichungen für Taylorkoeffizienten be-wiesen, daraus die Existenz singulärer Punkte auf dem Rand des Konvergenzkreises und der Satz von LIOUVILLE hergeleitet und als Anwendung der Fundamentalsatz der Algebra bewiesen.

Das sind in etwa die Konstanten der Vorlesung. Jede einzelne der Mitschriften weist dazu noch ihre bemerkenswerten Eigenheiten auf:

Die früheste, die von KILLING, ist noch nicht so ausschließlich wie die späteren auf die Potenzreihentheorie ausgerichtet: Die Taylorentwicklung, zum Beispiel, wird hier nicht nur für Potenzreihen, sondern auch für $n$-mal differenzierbare Funktio-nen bewiesen, und dies ist auch die einzige Mitschrift, in der Integrale auftreten. Weiterhin enthält die KILLINGsche Mitschrift den Monodromiesatz für homologisch einfach-zusammenhängende Gebiete, wenn auch der Beweis nicht vollständig an- oder wiedergegeben wurde.

In den sechs Jahren, die die Mitschriften von KILLING und HETTNER trennen, scheint WEIERSTRASS seinen Vorlesungsstoff im wesentlichen endgültig festgelegt zu haben: Die Mitschriften von HETTNER und KNESER, die ja sogar dreizehn Semester auseinander liegen, unterscheiden sich bei den zentralen Abschnitten eigentlich nur bezüglich der Reihenfolge voneinander und von der Mitschrift von HURWITZ. Umso interessanter für die Mathematik-Geschichte sind die kleinen Unterschiede der drei Mitschriften, die bleiben.

So enthält die HETTNERsche Mitschrift aus dem Sommersemester 1874 nicht den WEIERSTRASSschen Produktsatz. Aufgrund von Mitschriften von Vorträgen aus dem Mathematischen Seminar, die sich an die eigentliche Vorlesungsmitschrift anschließen, kann man ziemlich sicher sein, daß dies kein Zufall ist, sondern daß WEIERSTRASS den Satz zu diesem Zeitpunkt wirklich noch nicht hatte, denn der Fall endlich vieler Polstellen bei meromorphen Funktionen, also endlich vieler Nullstellen bei holomorphen Funktionen, wird darin so bis ins Detail ausgeführt, daß der allgemeine WEIERSTRASSsche Produktsatz hätte kommen müssen, wenn er schon zur Verfügung gestanden hätte. Andererseits schreibt WEIERSTRASS in einer Fußnote des Artikels "Zur Theorie der eindeutigen analytischen Functionen" [W3], in dem er 1876 den Produktsatz für die komplexe Ebene veröffentlicht, daß er bereits im Herbst 1874 in seinen Vorlesungen diese Ergebnisse vorgetragen hat. Mithin muß der WEIERSTRASSsche Produktsatz im Sommer 1874 gefunden und bewiesen worden sein.

Eine weitere interessante Fortentwicklung ist, daß WEIERSTRASS in der KNESERschen Mitschrift sein Standardbeispiel $\sum b^n \cos([a^n x]\pi)$ einer stetigen Funktion, die in den Punkten einer dichten Menge nicht differenzierbar ist, zwar noch erwähnt, aber ein anderes Beispiel ausführt, welches eine Abzählung der rationalen Zahlen mittels des ersten Cantorschen Diagonalverfahrens verwendet.

# Dank

Mein Dank gilt der Bibliothek der ETH Zürich, die die Vorlesungsmitschrift von HURWITZ zur Verfügung gestellt hat. Der Niedersächsischen Staats- und Universitätsbibliothek Göttingen ist zu danken für die Publikationsgenehmigung für die beiden Briefe von HURWITZ an KLEIN.

# Literatur

[Da]  DANTSCHER, V.: *Vorlesung über die Weierstrass'sche Theorie der irrationalen Zahlen*, Teubner, Leipzig 1908

[Du]  DUGAC, P.: *Eléments d'analyse de Karl Weierstrass*, Archive for History of Exact Sciences 10 (1973), S.41–176

[H1]  HURWITZ, A. (gemeinsam mit H.C.H. SCHUBERT): *Über den Chasles'schen Satz $\alpha\mu + \beta\nu$*, Nachrichten von der k. Gesellschaft der Wissenschaften zu Göttingen, 1876, S.503–517; auch in: Mathematische Werke, Band 2, S.669–678

[H2]  HURWITZ, A.: *Über unendlich-vieldeutige geometrische Aufgaben, insbesondere über die Schliessungsprobleme*, Math. Ann. 15 (1878), S.8–15; auch in: Mathematische Werke, Band 2, S.679–686

[HC]  HURWITZ, A., und COURANT, R.: *Vorlesungen über allgemeine Funktionentheorie und elliptische Funktionen*, mehrere Auflagen bei Springer, Berlin, Göttingen, Heidelberg

[Kn]  KNESER, A.: *Leopold Kronecker*, Jber. DMV 33 (1925), S.210–228

[Ko]  KOPFERMANN, K.: *Weierstraß' Vorlesung zur Funktionentheorie*, Festschrift zur Gedächtnisfeier für Karl Weierstraß 1815–1965, S.75–96, Wissenschaftliche Abhandlungen der Arbeitsgemeinschaft für Forschung des Landes Nordrhein-Westfalen, Band 33, Westdeutscher Verlag, Köln und Opladen 1966

[P]  PINCHERLE, S.: *Saggio di una introduzione alla teoria delle funzioni analitiche secondo i principii del Prof. C. Weierstrass*, Giornale di Matematiche 18 (1880), S.178–254, S.314–357

[W1]  WEIERSTRASS, K.: *Zur Theorie der Potenzreihen*, Münster 1841, in: Mathematische Werke, Band 1, S.67–74

[W2]  WEIERSTRASS, K.: *Über die Theorie der analytischen Facultäten*, Crelles Journal 51 (1856), S.1–60; auch in: Mathematische Werke, Band 1, S.153–221

[W3]  WEIERSTRASS, K.: *Zur Theorie der eindeutigen analytischen Functionen*, Aus den Abhandlungen der Königl. Akademie der Wissenschaften vom Jahre 1876, in: Mathematische Werke, Band 2, S.77–124

[W4]  WEIERSTRASS, K.: *Einführung in die Theorie der analytischen Funktionen*, nach einer Vorlesungsmitschrift von Wilhelm Killing aus dem Jahr 1868, Schriftenreihe Math. Inst. Univ. Münster, 2. Serie, Heft 38 (1986)

zur Biographie von WEIERSTRASS (vgl. auch Anhang B.1):

BIERMANN, K.-R.: *Karl Weierstraß*, Crelles Journal 223 (1966), S.191–220 zur Biographie von HURWITZ (vgl. auch Anhang B.2):

HILBERT, D.: *Gedächtnisrede auf Adolf Hurwitz*, in: HURWITZ, Mathematische Werke, Band 1, S.XIII–XX

MEISSNER, E.: *Gedächtnisrede auf Adolf Hurwitz*, in: HURWITZ, Mathematische Werke, Band 1, S.XXI–XXIV

## Zusatz

Im Mai 1988 hat die Bibliothek des Mathematischen Instituts der Universität Göttingen angekündigt, daß die HETTNER-Mitschrift in einer Auflage von 40 Exemplaren fotomechanisch vervielfältigt wird.

Karl Weierstraß

Holzstich-Porträt nach einer Fotografie von Franz Kullrich,
Berlin, 1895.

Bildarchiv Preussischer Kulturbesitz, Berlin.

Adolf Hurwitz

Fotografisches Porträt, aus einem Diplomandenalbum
der ETH Zürich vom Jahre 1903.

Wissenschaftshistorische Sammlungen, ETH-Bibliothek, Zürich.

# Karl Weierstraß

# Einleitung in die Theorie der analytischen Funktionen

## Vorlesung Berlin 1878

# Teil I

# Der Begriff der Zahl

Teil 1

Der Begriff der Zahl

# Kapitel 1

# Rechnen mit einer Einheit

## 1.1 Rechnen mit natürlichen Vielfachen einer Einheit

*1. Vortrag, 1. Capitel, 1. Definition der Zahl*

Der Begriff der Zahl entsteht durch gedankliches Zusammenfassen von Dingen, an denen man ein gemeinschaftliches Merkmal entdeckt hat, speciell von gedanklich identischen Dingen. Dieses Ding bezeichnen wir als die Einheit der Zahl.

*Complexe Zahl:* Unter einer complexen Zahl verstehen wir das Aggregat aus Zahlen von verschiedenen Einheiten ($a$ rf, $b$ gr, $c$ $\vartheta$)[1]. Diese verschiedenen Einheiten nennen wir die Elemente der complexen Zahl.

*Addition:* Unter der Summe zweier Zahlen $a$ und $b$, welche gewöhnliche oder complexe Zahlen sein können, verstehen wir die Zahl, die durch begriffliches Verknüpfen der Einheiten der Zahl $b$ mit denen der Zahl $a$ entsteht.

*Gleichheit:* Wir nennen nun zwei Dinge $a$ und $b$ einander gleich, wenn unter ihnen eine Verknüpfung, Beziehung, sie sei durch $a = b$ bezeichnet, statt findet, daß auch $b = a$ ist und daß, wenn $a = b$ und $b = c$, auch $a = c$ ist. (Z.B. könnte man zwei Strecken im Raume einander gleich nennen, wenn sie parallel und nach derselben Seite gerichtet und zur Deckung gebracht werden können.) Zwei gewöhnliche Zahlen $a$ und $b$ können wir nun einander gleich nennen, wenn, indem wir einer Einheit von $a$ eine Einheit von $b$ zuordnen, einer andern Einheit von $a$ eine andere von $b$ u.s.f., jede Einheit von $a$ eine entsprechende von $b$ findet, also keine Einheit von $a$ bei jener Zuordnung übrig bleibt. (Diese Definition stimmt offenbar mit der obigen allgemeinen Definition der Gleichheit überein.) Ist letzteres der Fall, so nennen wir $a > b$ (größer als) oder $b < a$ (kleiner als).

*Gesetze der Addition:* Dieser Definition gemäß können wir über die Addition folgende Sätze aufstellen:

$$1)\ a + b = b + a \qquad 2)\ (a + b) + c = (a + c) + b.[2]$$

---

[1] rf = Reichsgulden, gr = Groschen, $\vartheta$ = Pfennig

[2] Man beachte, daß WEIERSTRASS hier wie auch im folgenden nicht das Assoziativgesetz, sondern

Aus diesen beiden Gesetzen folgt dann, daß die Summe von beliebig vielen Zahlen unabhängig ist von der Reihenfolge, in welcher die Addition vorgenommen wird. Denn es ist $[(a + b + c + d) + e] + f = [(a + b + c + d) + f] + e$ nach dem zweiten Gesetze, und $(a + b + c) + d + e + f = (a + b + d) + c + e + f$ ebenfalls nach 2) und $a + b + c + d + e + f = b + a + c + d + e + f$ nach 1); daher ist es erlaubt, in einer Summe irgend zwei auf ein ander folgende Zahlen zu vertauschen. Durch successive Vertauschung von je zwei aufeinanderfolgenden Zahlen kann aber jede Zahl einer Summe an jeden beliebigen Platz geschafft werden.

Würden wir zwei complexe Zahlen nur dann einander gleich nennen, wenn ein beliebiges Element in der einen ebensooft vorkommt als in der andern, so würde dies zu beschränkt sein, da zwischen den Elementen einer complexen Zahl Beziehungen vorkommen können.

Ist $c$ eine (gewöhnliche) Zahl, so läßt sich dieselbe als Summe von einer gegebenen Zahl $a$ und einer gesuchten Zahl $b$ ansehen. Man bezeichnet dann $b$, als aus $c$ und $a$ entstanden, durch $(c - a)$. $(c - a)$ ist also die Zahl, welche zu $a$ addiert zum Resultat $c$ giebt. Das Symbol $(c - a)$ hat zunächst nur dann Bedeutung, wenn $c > a$ ist. Im entgegengesetzten Falle kommen wir auf etwas Imaginäres (im ursprünglichen Sinne des Wortes).

*Multiplikation:* Unter $ab$ verstehen wir diejenige Zahl, welche, wenn $b$ als Einheit aufgefaßt wird, aus $a$ solchen Einheiten $(b)$ besteht. Die Operation, wie aus $a$ und $b$ die Zahl $ab$ gefunden wird, heißt Multiplikation. Aus dieser Definition folgt

$$\left\{ \begin{array}{rcl} ab & = & ba \\ (ab)c & = & (ac)b \\ (a + b)c & = & ac + bc \end{array} \right\}.$$

Es liegt nun die Frage nahe, ob eine gegebene Zahl $c$ sich durch Multiplikation einer gegebenen Zahl $a$ mit einer gesuchten $b$ herstellen läßt. Man bezeichnet die Zahl $b$ durch $\frac{c}{a}$. Dieses Symbol hat aber offenbar nur dann eine reale Bedeutung, wenn $c$ ein Vielfaches von $a$ ist, d.h. in dem Zahlengebiet vorkommt, welches die Zahl $a$ zur Einheit hat. Im entgegengesetzten Falle hat $\frac{c}{a}$ keinen Sinn. Wir werden dadurch zur Einführung neuer Elemente geführt.

## 1.2   Rechnen mit positiven rationalen Vielfachen einer Einheit

*Genaue Theile der Einheit:* Wir definieren nämlich $\frac{1}{a}$ als ein Element, von dem $a$ auf das Hauptelement, die Einheit, gehen. $\frac{1}{a}$ wird ein genauer Theil der Einheit genannt. Wir wollen nun von jetzt an unter Zahlgröße eine jede complexe Zahl verstehen, deren Elemente die Einheit und deren genaue Theile, es giebt deren unendlich viele, sind.

*2. Vortrag*

Genaue Theile der genauen Theile der Einheit sind ebenfalls genaue Theile der Einheit und kommen daher auch bei Zahlgrößen als Elemente vor. Z.B. der genaue

---

das "Vertauschen über Klammern hinweg" diskutiert.

$4^{\text{te}}$ Theil des genauen $5^{\text{ten}}$ Theiles der Einheit ist der genau $(4 \cdot 5)^{\text{te}}$ Theil der Einheit. Nämlich $\frac{1}{4 \cdot 5}$ bedeutet nach unserer Definition ein Element, von dem $4 \cdot 5$ die Einheit ergeben, oder

$$\frac{1}{4 \cdot 5} + \frac{1}{4 \cdot 5} + \frac{1}{4 \cdot 5} + \cdots \frac{1}{4 \cdot 5} \; (4 \cdot 5 \text{ solcher Summanden}) \; = 1$$

oder

$$\left(\frac{1}{4 \cdot 5} + \frac{1}{4 \cdot 5} + \frac{1}{4 \cdot 5} + \frac{1}{4 \cdot 5}\right) + \left(\frac{1}{4 \cdot 5} + \frac{1}{4 \cdot 5} + \frac{1}{4 \cdot 5} + \frac{1}{4 \cdot 5}\right) + \ldots \; (5 \text{ solcher Klammern}) \; = 1.$$

Andererseits ist aber $\frac{1}{5}$ das Element, von dem 5 der Einheit äquivalent sind. Also muß $\frac{1}{4 \cdot 5} + \frac{1}{4 \cdot 5} + \frac{1}{4 \cdot 5} + \frac{1}{4 \cdot 5}$ $\frac{1}{5}$ äquivalent sein, oder $\frac{1}{4 \cdot 5}$ der $4^{\text{te}}$ genaue Theil von $\frac{1}{5}$ sein, allgemein $\frac{1}{m \cdot n}$ der $m^{\text{te}}$ genaue Theil von $\frac{1}{n}$ sein und auch umgekehrt der $n^{\text{te}}$ genaue Theil von $\frac{1}{m}$ sein. Dies vorausgeschickt, können wir nun an einer Zahlgröße folgende Transformationen vornehmen:

1) Irgend $n$ Elemente $\frac{1}{n}$ können durch die Haupteinheit ersetzt werden.

2) Jedes Element kann durch seine genauen Theile ersetzt werden, z.B. 1 durch $n \cdot \frac{1}{n}$, $\frac{1}{a}$ durch $b \cdot \frac{1}{a \cdot b}$ etc..

Wir wollen nun zwei Zahlgrößen $a$ und $b$ dann einander gleich nennen, wenn $a$ durch die angegebenen Transformationen in eine andere $a'$ transformiert werden kann, welche dieselben Elemente und ebenso oft enthält wie $b$.

Läßt sich aber $a$ durch Transformation in $a', a''$ überführen, wo $a'$ dieselben Elemente gleich oft enthält wie $b$, $a''$ aber eine andere Zahlgröße noch darstellt, so nennen wir $a > b$ oder $b < a$.

Wie die Vergleichung der Zahlgrößen $a$ und $b$ durch Transformation praktisch ausgeführt wird, lehren die Elemente der Zahlentheorie. Sind $\alpha$ und $\beta$ zwei gewöhnliche Zahlen, welche also nur die Einheit zum Element haben und die wir ganze Zahlen nennen wollen, so giebt es eine dritte ganze Zahl $\gamma$, welche ein Theiler von beiden ist und welche außerdem die größte unter allen Zahlen ist, die Theiler sowohl von $\alpha$ als von $\beta$ sind. Die Zahl $\gamma$ kann natürlich die Einheit auch selbst sein, wenn nämlich $\alpha$ und $\beta$ sonst kein gemeinschaftliches Maaß haben. Dies jedoch nur nebenbei. Für unsere Zwecke der Vergleichung zweier Zahlgrößen (gewöhnlich gemischte Zahlen genannt) $a$ und $b$ ist das Folgende, das ebenfalls in den Elementen der Zahlentheorie bewiesen wird, ungleich wichtiger.

Es existieren nämlich für irgend welche ganze Zahlen $a_1, a_2, \ldots a_n$ immer gemeinschaftliche Vielfache, d.h. Zahlen $c$, welche ein Vielfaches von jeder der Zahlen $a_1, \ldots a_n$ sind, und besonders eine Zahl $c_1$, deren sämmtliche Vielfache die Zahlen $c$ sind. $c_1$ heißt das kleinste gemeinschaftliche Vielfache der Zahlen $a_1, \ldots a_n$.

Sind nun die Zahlen $a$ und $b$ zusammengesetzt aus den Elementen $\frac{1}{a_1}, \frac{1}{a_2} \ldots$; $\frac{1}{b_1}, \frac{1}{b_2} \ldots$, resp., und ist $c$ das kleinste gemeinschaftliche Vielfache der Zahlen $a_1$, $a_2 \ldots$, $b_1, b_2 \ldots$, so daß

$$\left.\begin{array}{ll} \alpha_1 a_1 = c \; , & \beta_1 b_1 = c \\ \alpha_2 a_2 = c \; , & \beta_2 b_2 = c \\ \vdots & \vdots \end{array}\right\},$$

so kann statt jedes Elementes $\frac{1}{a_n}$ $\alpha_n$ Elemente $\frac{1}{\alpha_n \cdot a_n}$, also $\alpha_n$ Elemente $\frac{1}{c}$ gesetzt werden, so daß die Zahlgrößen $a$ und $b$ in andere transformiert werden, welche nur das Element $\frac{1}{c}$ besitzen. Gehen so die Zahlgrößen $a$ und $b$ in gleich viel Elemente $\frac{1}{c}$ über, so sind sie (nach Definition) gleich, im entgegengesetzten Falle ungleich. Man kann jedoch bei der Transformation der Zahlen $a$ und $b$ auch jedes Vielfache $p \cdot c$ von $c$ als gemeinschaftliches Vielfache von $a_1, a_2 \ldots, b_1, b_2 \ldots$ ansehen, und es ist zu zeigen, daß diese verschiedene Wahl des Vielfachen keinen Einfluß auf den Vergleich von $a$ und $b$ ausübt. In der That, ging die Zahl $a$ in $m$ Elemente $\frac{1}{c}$, $b$ in $n$ Elemente $\frac{1}{c}$ über, so geht sie in $2m$ Elemente $\frac{1}{2c}$ resp. $2n$ Elemente $\frac{1}{2c}$ über, in $p \cdot m$ Elemente $\frac{1}{p \cdot c}$ resp. $p \cdot n$ Elemente $\frac{1}{p \cdot c}$ über, woraus die Unabhängigkeit der Wahl des gemeinschaftlichen Vielfachen auf das Resultat der Vergleichung folgt.

Nach der Definition von $a > b$ geht eine Zahlgröße, welche ich dadurch verändere, daß ich irgend ein Element zu ihr hinzufüge, in eine größere Zahlgröße über.

*Definition der Addition von Zahlgrößen (gemischten Zahlen):* Setzen wir zu den Elementen einer Zahlgröße $a$ ein Element von $b$ hinzu, dann ein zweites Element von $b$ und so fort, bis alle Elemente von $b$ erschöpft sind, so nennen wir das schließliche Resultat, welches offenbar wieder eine Zahlgröße ist, die Summe von $a$ und $b$, $a + b$.

Dann ist $a + b = b + a$. (Denn ein Element, das in $a$ $\alpha$-mal, in $b$ $\beta$-mal vorkommt, kommt nach Definition in $a + b$ $(\alpha + \beta)$-mal vor und in $b + a$ $(\beta + \alpha)$-mal.) Ferner $(a + b) + c = (a + c) + b$, woraus in Verbindung mit $a + b = b + a$ folgt, daß die Reihenfolge, in welcher beliebig viele Zahlgrößen addiert werden, auf das Endresultat ohne Einfluß ist.

Die Addition ist eine eindeutige Operation. Wird nämlich an Stelle von $b$ in $a + b$ eine andere Zahl $b_1 > b$ gesetzt, so wird auch die Summe eine andere. Aus $b_1 > b$ folgt nämlich, daß sich $b$ in $b'$ und $b_1$ in $b', b''$ transformieren läßt. Also auch $a + b_1 > a + b$.

*Definition der Multiplikation von Zahlgrößen:* Wir wollen nun zunächst untersuchen, ob aus zwei beliebigen gewöhnlichen ganzen Zahlen $a$ und $b$ eine Zahl, wir wollen sie durch $ab$ bezeichnen, sich finden läßt, wenn die Operation, welche durch $ab$ angedeutet ist, den folgenden Gesetzen genügen soll:

$$\left.\begin{array}{rrcl} \text{I)} & ab & = & ba \\ \text{II)} & (ab)c & = & (ac)b \\ \text{III)} & a(b + c) & = & ab + ac \end{array}\right\} .$$

Aus III und I ergiebt sich leicht:

$$\text{III)}' \quad (a + b + c + \ldots)(a' + b' + c' + \ldots) = \begin{array}{l} aa' + ab' + ac' + \ldots \\ + ba' + bb' + bc' + \ldots \\ + ca' + cb' + cc' + \ldots \\ + \ldots \end{array} .$$

Aus III)$'$ ergiebt sich, daß $ab$ sich als Summe von einer gewissen Anzahl von Symbolen $1 \cdot 1$ darstellen läßt. Diesem Symbole selbst kann aber noch eine willkürliche Bedeutung beigelegt werden, da es sich nicht weiter spalten läßt. Legen wir ihm den Werth 1 (die Einheit) bei, so ist jetzt die durch $ab$ angedeutete Operation vollkommen bestimmt. — Wenn wir nun die Multiplikation auf complexe Zahlen ausdehnen wollen, so können wir das Produkt $ab$ zweier complexer Zahlen definieren als eine dritte Zahl und so, daß für die Operation $ab$ die Gesetze I), II), III) bestehen. Dann müssen wir aber nach Obigem noch definieren, was wir unter dem Produkt zweier Elemente verstehen wollen.

Bei unseren Zahlgrößen (gemischte Zahlen) müssen wir also sagen, was wir unter $\frac{1}{m} \cdot \frac{1}{n}$ verstehen wollen. Diese Bedeutung ist aber nicht willkürlich, wenn wir festsetzen, daß Einheit mal Einheit wieder die Einheit sein soll. Denn alsdann ist:

$$\left(\tfrac{1}{m} + \tfrac{1}{m} + \tfrac{1}{m} + m \text{ Summanden}\right)\left(\tfrac{1}{n} + \tfrac{1}{n} + \tfrac{1}{n} + n \text{ Summanden}\right) = 1,$$

oder, da Gesetz III, also auch III' bestehen soll,

$$\left\{ \begin{array}{l} \quad \frac{1}{m} \cdot \frac{1}{n} + \frac{1}{m} \cdot \frac{1}{n} + \ldots \\ + \frac{1}{m} \cdot \frac{1}{n} + \frac{1}{m} \cdot \frac{1}{n} + \ldots \\ + \ldots \end{array} \right\} = 1.$$

In der Klammer stehen aber $m \cdot n$ Glieder $\frac{1}{m} \times \frac{1}{n}$. Diese sind also der Einheit äquivalent, oder $\frac{1}{m} \times \frac{1}{n}$ ist der $(m \cdot n)^{\text{te}}$ genaue Theil der Einheit, d.h. gleich $\frac{1}{m \cdot n}$.

Sind nun $a$ und $b$ zwei beliebige Zahlgrößen, die aus den Elementen $1, \frac{1}{2}, \frac{1}{3} \ldots$ zusammengesetzt sind, so ist ihre Multiplikation nach den Gesetzen I) – III) und der Bedeutung von $\frac{1}{m} \cdot \frac{1}{n}$ jetzt ausführbar.

Wir haben nun zu beweisen, daß auch wirklich ein solches Produkt den Gesetzen I), II), III) genügt. Bezeichnet $\alpha$ ein Element von $a$, $\beta$ ein solches von $b$, so ist $ab = \sum \alpha\beta$, $ba = \sum \beta\alpha$, und, da nun für Elemente $\alpha, \beta$ das Gesetz $\alpha\beta = \beta\alpha$ rein aus der Definition von $\alpha\beta$ entspringt, gültig ist, so ist auch I) $ab = ba$. ($abc = \sum \alpha\beta\gamma$, $acb = \sum \alpha\gamma\beta$, also, da $\alpha\beta\gamma = \alpha\gamma\beta$, auch $abc = acb$ (II); $a(b + c) = \sum \alpha\left(\sum \beta + \sum \gamma\right) = \sum \alpha\beta + \sum \alpha\gamma = ab + ac$.)

## 1.3 Zahlgrößen aus unendlich vielen Elementen gebildet

*Zahlen aus unendlich vielen Elementen:* Aus einer Einheit und deren genauen Theilen lassen sich nicht nur solche complexen Zahlen bilden, welche eine endliche Anzahl von Elementen haben, sondern auch solche mit unzählig vielen Elementen, denn es giebt unzählig viele genaue Theile der Einheit. Damit man eine genaue Vorstellung von solchen Zahlgrößen mit unendlich vielen Elementen haben kann, ist es erforderlich, daß diese Elemente nach einem bestimmten Gesetze aus dem bisherigen Zahlengebiete (Einheit und genaue Theile derselben) ausgewählt seien. Z.B. $1 + \frac{1}{3} + \frac{1}{3 \cdot 3} + \frac{1}{3 \cdot 3 \cdot 3} + \ldots$ ist eine solche Zahlengröße.

Auf alle diese neuen Zahlgrößen lassen sich die Transformationen 1 und 2 p. 5 anwenden; wir würden aber nicht damit ausreichen, zwei Zahlgrößen nur dann einander gleich zu nennen, wenn beide sich in ein und dieselbe dritte transformiren lassen, denn eine solche Zahlgröße von unendlich vielen Elementen kann im Allgemeinen nicht auf eine Form gebracht werden, welche nur ein Element enthält (unendlich viele Zahlen haben kein endliches gemeinschaftliches Vielfache im Allgemeinen).

Nennen wir nun $a'$ dann einen Bestandtheil von $a$, wenn $a'$ in $a''$ transformiert werden kann, so daß sämmtliche Elemente von $a''$ ebenso oft in $a$ vorkommen als in $a''$ und $a$ außerdem noch andere Elemente oder dieselben in größerer Anzahl enthält als $a''$, so können wir jetzt die Definition der Gleichheit zweier Zahlgrößen (zu diesen rechnen wir jetzt die gewöhnlichen ganzen Zahlen, die Zahlen mit endlicher Anzahl von Elementen, die mit unendlich vielen Elementen) folgender Maßen geben:

"Wir nennen zwei Zahlengrößen $a$ und $b$ gleich, wenn ein jeder Bestandtheil von $a$ durch Transformation zu einem von $b$ gemacht werden kann und umgekehrt jeder Bestandtheil von $b$ zu einem von $a$."

Wir nennen $b > a$, wenn ein jeder Bestandtheil von $a$ in einen von $b$ transformiert werden kann, nicht aber auch umgekehrt.

*3. Vorlesung*

(Nur dann heißt $a'$ Bestandtheil einer Zahl $a$ mit unendlich vielen Elementen, wenn $a'$ nur eine endliche Anzahl der Elemente von $a$ enthält.)

Die obige Definition ist mit der früher gegebenen in Einklang. (Mittelst ihr können wir oft die Summe von unendlichen Reihen finden.) Z.B.: Es ist

$$\frac{1}{2} + \frac{1}{1 \cdot 2} = 1$$

$$\frac{1}{3} + \frac{1}{2 \cdot 3} = \frac{1}{2}$$

$$\frac{1}{4} + \frac{1}{3 \cdot 4} = \frac{1}{3}$$

$$\vdots$$

$$\frac{1}{n+1} + \frac{1}{n(n+1)} = \frac{1}{n}$$

$$\text{I} \qquad \frac{1}{1 \cdot 2} + \frac{1}{2 \cdot 3} + \cdots + \frac{1}{n(n+1)} + \frac{1}{n+1} = 1$$

für jedes $n$. Hat man nun die Zahl $a \equiv \frac{1}{1 \cdot 2} + \frac{1}{2 \cdot 3} + \frac{1}{3 \cdot 4} + \ldots$, so möge $c$ ein beliebiger Bestandtheil derselben sein. Das höchste Element von $a$, das in $c$ enthalten ist, sei $\frac{1}{r(r+1)}$, dann ist offenbar $c \leq \frac{1}{1 \cdot 2} + \frac{1}{2 \cdot 3} + \cdots + \frac{1}{r(r+1)}$, also nach I) $c < 1$. Jeder Bestandtheil $c$ von $a$ ist also auch ein Bestandtheil von 1. Nehmen wir nun an, $c'$ sei eine in 1 enthaltene Zahlgröße, also $c' < 1$, so daß $(c', c'') = 1$, dann ist nach I auch $c', c'' = \frac{1}{1 \cdot 2} + \cdots + \frac{1}{r(r+1)} + \frac{1}{r+1}$. Nun kann $r$ genügend groß gewählt werden, damit $c'' > \frac{1}{r+1}$ wird. Dann ist auch $c' < \frac{1}{1 \cdot 2} + \cdots + \frac{1}{r(r+1)}$. Also ist $c'$ auch in $a$ enthalten. $a$ ist daher gleich 1, also $1 = \frac{1}{1 \cdot 2} + \frac{1}{2 \cdot 3} + \frac{1}{3 \cdot 4} + \ldots$. Es ist

$$\frac{1}{n} = \frac{1}{n+1} + \frac{1}{n(n+1)}$$

$$\frac{1}{n(n+1)} = \frac{1}{(n+1)^2} + \frac{1}{n(n+1)^2}$$

$$\frac{1}{n(n+1)^2} = \frac{1}{(n+1)^3} + \frac{1}{n(n+1)^3}$$

$$\vdots$$

$$\frac{1}{n(n+1)^{m-1}} = \frac{1}{(n+1)^m} + \frac{1}{n(n+1)^m}$$

$$\frac{1}{n} = \frac{1}{n+1} + \frac{1}{(n+1)^2} + \cdots + \frac{1}{(n+1)^m} + \frac{1}{n(n+1)^m}.$$

Z.B. $(n = 1)$: $1 = \frac{1}{2} + \frac{1}{2^2} + \cdots + \frac{1}{2^m} + \frac{1}{2^m}$. Setzen wir nun $b \equiv \frac{1}{2} + \frac{1}{2^2} + \frac{1}{2^3} + \ldots$ ad inf., so wollen wir zeigen, daß jede Zahl, die für $b$ Bestandtheil ist, es auch für $a$ ist und umgekehrt. Ist $c$ Bestandtheil von $b$, so ist

$$1) \quad c \leq \frac{1}{2} + \frac{1}{2^2} + \cdots + \frac{1}{2^m}.$$

Es ist aber immer $\frac{1}{2} + \frac{1}{2^2} + \cdots + \frac{1}{2^m} + \frac{1}{2^m} = \frac{1}{1 \cdot 2} + \cdots + \frac{1}{r(r+1)} + \frac{1}{r+1}$. Wir können nun $r$ so wählen, daß $\frac{1}{r+1} > \frac{1}{2^m}$ wird und folglich aus 1) folgt:

$$c \leq \frac{1}{1 \cdot 2} + \cdots + \frac{1}{r(r+1)}.$$

Umgekehrt kann gezeigt werden, daß jeder Bestandtheil von $a$ auch Bestandtheil für $b$ ist, so daß $a = b$ ist.

Später werden andere Methoden entwickelt werden, um die Gleichheit von Zahlen mit unendlich vielen Elementen nachzuweisen.

[Man ist zur Erweiterung des Zahlengebietes immer dann gekommen, wenn man auf eine unmögliche Operation kam, z.b. bei Quadratwurzeln. Bei letzteren hatte man einen bestimmten Algorithmus, um bei solchen Wurzeln, die einen (rationalen) Sinn hatten, die Zahl wirklich zu finden. Man wandte denselben auch dann noch an, wenn die Wurzel nicht "aufging", und erhielt dann einen sich ins Unendliche fortsetzenden Decimal-Bruch. Definiert war dadurch z.B. $\sqrt{2}$ jedenfalls, indem man durch besagten Algorithmus für jede (Decimal-)Stelle <u>eine</u> bestimmte Zahl findet. Danach konnte man sagen: Es giebt freilich keine rationale Zahl, die mit sich selbst multipliciert 2 ergiebt, aber man kann doch eine Reihe von rationalen Zahlen aufstellen, von denen jede spätere dieser Eigenschaft näher kommt als eine frühere. Dieses läßt sich auch für die Wurzeln einer Gleichung sagen.]

Wir sagten nun $b > a$, wenn es eine Zahl $c$ giebt, die wohl von $b$, nicht aber von $a$ Bestandtheil ist. Wenn nun $c'$ eine Zahl ist, die in einer der Zahlen $a$, $b$ enthalten ist, in der andern aber nicht, so ist nachzuweisen, daß sie <u>nur</u> in $b$ enthalten sein kann. (Sonst hätte unsere Definition keinen Sinn.) 1) Es sei $c' > c$. Dann kann $c'$ nicht in $a$ enthalten sein, da ja schon $c$ nicht in $a$ enthalten ist; $c'$ muß also in $b$ enthalten sein. 2) Es sei $c' < c$. Daraus folgt: $c'$ ist in $b$ enthalten (denn $c$ ist schon in $b$ enthalten). Wäre $c'$ <u>auch</u> in $a$ enthalten, so würde das der Voraussetzung widersprechen, daß nämlich $c'$ nur in einer von beiden Zahlen $a$ und $b$ enthalten sein soll.

Man zeigt leicht, daß aus der Definition der Gleichheit die Gesetze sich als richtig erweisen: Wenn $a = b$, auch $b = a$, und, wenn $a = b$, $b = c$, auch $a = c$. Ebenso zeigt man leicht: Wenn $a > b$, $b > c$, auch $a > c$.

# 1.4 Endliche und unendlich große Zahlen

"Von einer Zahlgröße $a$ wollen wir sagen, sie habe einen endlichen Werth, wenn es Größen $c$ giebt, die, aus einer endlichen Anzahl von Elementen bestehend, größer sind als $a$."

Dies kann dahin vereinfacht werden, daß es hinreichend ist, ein Vielfaches der Einheit zu finden, das größer als $a$ ist. Denn setzt man an Stelle jedes Elementes einer Zahl $c$ die Einheit, so ist die resultierende Zahl größer als $c$, also auch größer als $a$, wenn $c > a$ war.

"Wenn im Gegentheil jede Zahl $c$, die aus einer endlichen Zahl von Elementen zusammengesetzt ist, Bestandtheil der Zahl $a$ ist, so wollen wir $a$ unendlich groß nennen."

Ist es möglich, zwei unendlich große Zahlen $a$ und $b$ mit einander zu vergleichen? Nach der Definition ist jede endliche Anzahl von Elementen enthaltende Zahl sowohl von $a$ als auch von $b$ Bestandtheil. Es ist also $a = b$ zu setzen. Es ist aber unmöglich $a > b$, $a < b$ nach den von uns gegebenen Definitionen. Mit unendlich großen Zahlen läßt sich daher nicht rechnen.

Es handelt sich daher im Folgenden immer um endliche Zahlen.

*Addition:* Definition der Addition von Zahlen mit unendlich vielen Elementen ist dieselbe wie für gewöhnliche Zahlen, und es gelten auch für sie die Gesetze der Addition (freilich nur für endliche Anzahl von Summanden).

*Multiplikation:* "Um eine Zahl $a$ mit einer andern $b$ zu multipliciren, muß man jedes Element von $a$ mit jedem Elemente von $b$ multipliciren und die Summe dieser einzelnen Produkte bilden."

Es ist nun nachzuweisen, daß das Produkt $a \cdot b$ einen eindeutigen ganz bestimmten Werth hat, und das es einen endlichen Werth hat, wenn $a$ und $b$ endliche Werthe haben.

$a$ möge die Elemente $\alpha, \beta, \gamma \ldots$, $b$ die Elemente $\alpha', \beta', \gamma' \ldots$ haben. $\frac{1}{r}$ sei irgend ein Element, und untersuchen wir, wie oft es im Produkte $ab$ vorkommen kann. Offenbar dann, wenn $\frac{1}{r_1}$ ein Element von $a$, $\frac{1}{r_2}$ eines von $b$ ist und $\frac{1}{r_1} \cdot \frac{1}{r_2} = \frac{1}{r}$. Das Element mit dem Nenner $r_1$ kommt aber in $a$ nur in endlicher Anzahl vor, ebenso das Element $\frac{1}{r_2}$ in $b$, und außerdem läßt sich $r$ nur endlich oft in zwei Factoren $r_1$ und $r_2$ spalten, so daß also genau bestimmt werden kann, wie oft ein jedes Element $\frac{1}{r}$ in $ab$ vorkommt. Das Produkt $ab$ hat also <u>einen</u> bestimmten Werth. Wir wollen nun überdies zeigen, daß $ab$ einen endlichen Werth besitzt, wenn $a$ und $b$ endlich sind.

$ab$ ist endlich, wenn wir eine aus endlicher Anzahl von Elementen zusammengesetzte Zahl finden können, die größer als $ab$ ist. Nun giebt es aber eine Zahl $a'$, die endliche Anzahl von Elementen hat und größer ist als jede aus den Elementen von $a$ zusammengesetzte Zahl, analog eine Zahl $b'$ für $b$. Greifen wir also aus dem Produkte $ab$ eine beliebige Anzahl Glieder heraus, von denen keines von $a$ ein höheres Element als $\alpha_r$ und von $b$ als $\alpha'_s$ enthält (wir denken uns die Elemente von $a$ und $b$ geordnet, so daß die von $a$ $\alpha_1, \alpha_2, \alpha_3 \ldots \alpha_r \ldots$, von $b$ $\alpha'_1, \alpha'_2 \ldots \alpha'_s \ldots$ sind), so ist dieser herausgegriffene Bestandtheil $c$ von $ab$ kleiner als (der gleich) $(\alpha_1 + \alpha_2 + \cdots + \alpha_r)(\alpha'_1 + \alpha'_2 + \cdots + \alpha'_s)$, und also, da $a'b' > (\alpha_1 + \cdots + \alpha_r)(\alpha'_1 + \cdots + \alpha'_s)$, auch $a'b' > c$. $a'b'$ ist also ein Produkt, welches größer ist als jeder beliebige Bestandtheil von $ab$, also größer als $ab$ selbst. $a'b'$ ist aber eine aus einer endlichen Anzahl von Elementen zusammengesetzte Zahl, also ist $ab$ endlich.

Daß nun auch für Zahlen $a, b, c$, die unendlich viele Elemente enthalten, die Sätze gelten $ab = ba$, $abc = acb$, $a(b + c) = ab + ac$, ist leicht zu zeigen.

"Wenn $b' > b$ ist, so ist auch $ab' > ab$." Aus $b' > b$ folgt, daß es eine Zahl $c$, aus endlich vielen Elementen zusammengesetzt, giebt, die in $b'$, nicht aber in $b$ enthalten ist: $b' = c, c'$; ist nun $c' = c'', c'''$, wo $c''$ wieder eine endliche Anzahl von Elementen enthält, so ist $b' > c + c''$ und $c + c'' > b$ und folglich $ab' > a(c + c'')$, $a(c + c'') > ab$, also schließlich $ab' > ab$, q.e.d.[3]

# 1.5 Summen aus unendlich vielen Zahlen

Gehen wir jetzt dazu über, Summen mit unendlich vielen Summanden zu betrachten! Die letzten Zahlgrößen waren schon solche Summen (von unendlich vielen Elementen).

Damit eine solche Summe einen endlichen Werth habe, ist vor allem nöthig, daß kein Element unendlich oft vorkommt.

*4. Vorlesung*

"Damit eine Reihe von unendlich vielen Zahlen summierbar sei und einen endlichen Werth zur Summe habe, ist nothwendig und hinreichend, daß sich die Existenz einer Zahlgröße nachweisen läßt, welche größer ist als jede aus beliebig vielen der Zahlen der Reihe gebildete Summe."

Daß dies möglich sei, ist aus folgendem Beispiel ersichtlich: $\frac{1}{a}$ war

$$= \tfrac{1}{a+1} + \tfrac{1}{(a+1)^2} + \cdots + \tfrac{1}{(a+1)^n} + \tfrac{1}{a(a+1)^n}.$$

Bilden wir nun die Reihe der Zahlen:

$$b_1 \cdot \tfrac{1}{a+1},\; b_2 \tfrac{1}{(a+1)^2},\; \cdots b_n \tfrac{1}{(a+1)^n},\; \cdots,$$

wo $b_n < b$, so können wir leicht zeigen, daß man für diese Reihe von Zahlen eine Zahlgröße angeben kann, die größer ist als jede aus beliebigen und beliebig vielen Zahlen der Reihe gebildete Zahl. Nämlich, ist $b_r \frac{1}{(a+1)^r}$ die der Stelle $r$ nach höchste unter beliebig vielen aus den Zahlen der Reihe herausgegriffenen und dann summierten Gliedern, so ist letztere Summe

$$\leq b_1 \cdot \tfrac{1}{a+1} + b_2 \tfrac{1}{(a+1)^2} + \cdots + b_r \tfrac{1}{(a+1)^r} < b\left(\tfrac{1}{a+1} + \cdots + \tfrac{1}{(a+1)^r}\right) < b \cdot \tfrac{1}{a}.$$

$b \cdot \frac{1}{a}$ ist also eine Zahlgröße größer als eine jede Summe, die aus Gliedern der betrachteten Zahlgröße zusammen gesetzt ist. —

Wir wollen nun nachweisen, daß die in unserm Satze aufgestellte Bedingung für die Endlichkeit der Summe der Zahlen einer Zahlenreihe (von unendlich vielen Gliedern) — sie sei $a_1, a_2, a_3 \ldots$ — hinreichende Bedingung ist. Sind $\alpha, \beta, \gamma, \delta \ldots$ die Elemente, so finden wir die Summe von $a_1, a_2, a_3 \ldots$, wenn wir bestimmen, wie oft das Element $\alpha$ in $a_1, a_2, a_3 \ldots$ vorkommt, und sämmtliche Elemente $\alpha$ vereinigen. Unendlich oft kann keines vorkommen, denn ist $m$ die Zahl, die größer ist als jede Summe $\sum a_i$, die aus den Zahlen $a_1, a_2, a_3 \ldots$ gebildet ist, so könnten wir aus dem unendlich oft vorkommenden Elemente schon eine genügend große Anzahl zusammenfassen, die eine Summe größer als $m$ ergeben würde, was der vorausgesetzten Eigenschaft von $m$ widerspräche.

---

[3]Auf dem Rand neben diesem Absatz hat HURWITZ notiert: "nicht streng".

Wir wollen nun unter $\alpha, \beta, \gamma \ldots$ nicht nur die Elemente, sondern auch die Anzahl, wie oft sie in der Gesammtheit der Zahlenreihe $a_1, a_2, a_3 \ldots$ vorkommen, verstehen. Dann ist offenbar die Summe (nach der Definition der Summe) der Zahlen $a_1, a_2, a_3 \ldots$ dieselbe wie die Summe der Elemente $\alpha, \beta, \gamma, \ldots$. Denkt man sich nun aus letztern beliebige und beliebig viele herausgegriffen und zu einer Summe $b$ vereinigt, so ist $a' + a'' + a''' + \ldots \geq b$, wenn $a', a'' \ldots$ diejenigen der Zahlen $a_1, a_2, a_3 \ldots$ sind, welche die herausgegriffenen Elemente enthalten. Andererseits ist nach Voraussetzung $m > a' + a'' + a''' + \cdots a^{(r)}$, also ist auch $m > b$. Die Summe der Elemente $\alpha, \beta, \gamma \ldots$ ist also nach Definition auf p. 9 endlich und folglich auch die Summe $a_1 + a_2 + a_3 + \ldots$.

Wir wollen jetzt nachweisen, daß in einer Summe mit unendlich vielen Gliedern Gleiches für Gleiches gesetzt werden kann, ohne den Werth der Summe zu verändern, daß also, wenn $a_1 = a_1'$, $a_2 = a_2'$ etc. $\ldots$, auch

$$\underbrace{a_1 + a_2 + a_3 + \ldots}_{\sum a_i} = \underbrace{a_1' + a_2' + a_3' + \ldots}_{\sum a_i'}.$$

Wir beweisen dies, indem wir zeigen, daß jede Zahl $c$, die in der einen Summe enthalten ist, es auch in der andern ist. Die Summe $a_1 + a_2 + a_3 + \ldots$ gehe durch wirkliches Summieren in $\alpha + \beta + \gamma + \ldots$ über, wo $\alpha, \beta, \gamma \ldots$ Elemente sind, die Summe $a_1' + a_2' + \ldots$ analog in $\alpha' + \beta' + \gamma' + \ldots$. Ist dann $c$ in $\sum a_i$ enthalten oder (was dasselbe) in $\alpha + \beta + \gamma + \ldots$, so heißt das, [ich kann $c$ in eine Zahl $c'$ so transformieren, daß $c'$ auch einige (beliebig viele) der Elemente $\alpha, \beta, \gamma \ldots$ enthält, aber höchstens ebenso oft wie $\sum a_i$, also,] ich kann aus $\alpha, \beta, \gamma \ldots$ eine endliche Anzahl von Gliedern herausgreifen, deren Summe schon größer als $c$ ist. Kommen die herausgegriffenen Glieder in den Größen $\overline{a_1}, \overline{a_2} \ldots \overline{a_r}$ (welche zu den Größen $a_i$ gehören) vor, so ist $\overline{a_1} + \overline{a_2} + \cdots + \overline{a_r} > c$, also auch $\overline{a_1}' + \overline{a_2}' + \cdots + \overline{a_r}' > c$. $c$ ist daher auch ein Bestandtheil der Summe $\sum a_i'$. Umgekehrt läßt sich leicht zeigen, daß auch jede in $\sum a_i'$ enthaltene Zahl auch in $\sum a_i$ enthalten ist, also (nach Definition) $\sum a_i = \sum a_i'$.

Es sei eine unendliche Anzahl von Zahlgrößen gegeben, deren Summe einen endlichen Werth habe. Man kann dann diese Zahlenreihe in Gruppen zerlegen; die Anzahl dieser Gruppen kann eine endliche oder unendliche sein, und jede Gruppe kann wieder eine endliche oder unendliche Anzahl der Zahlgrößen enthalten.

Z.B. betrachten wir die Summe $\sum_{\mu=1}^{\infty} \sum_{\lambda=1}^{\infty} \frac{1}{(a+1)^\lambda} \cdot \frac{1}{(b+1)^\mu}$. Diese Summe hat einen endlichen Werth. Greifen wir nämlich aus ihr eine beliebige Anzahl von Gliedern heraus, $l$ sei der höchste vorkommende Werth von $\lambda$, $m$ der von $\mu$, so ist die Summe der herausgegriffenen Glieder

$$\leq \sum_{\mu=1}^{m} \sum_{\lambda=1}^{l} \frac{1}{(a+1)^\lambda} \cdot \frac{1}{(b+1)^\mu} \leq \sum_{1}^{l} \frac{1}{(a+1)^\lambda} \sum_{1}^{m} \frac{1}{(b+1)^\mu} < \frac{1}{a} \cdot \frac{1}{b}.$$

$\frac{1}{a} \cdot \frac{1}{b}$ ist also größer als die Summe jeder beliebiger aus $\sum_1^\infty \sum_1^\infty$ herausgegriffener Glieder. Diese Summe ist also endlich. Hier ist nun eine Zerlegung in Gruppen leicht zu bewerkstelligen. Nämlich

$$\sum_{\mu=1}^{\infty}\sum_{\lambda=1}^{\infty}\frac{1}{(a+1)^{\lambda}}\cdot\frac{1}{(b+1)^{\mu}} = \begin{array}{l} \frac{1}{b+1}\cdot\left(\frac{1}{a+1}+\frac{1}{(a+1)^{2}}+\ldots\right) \\ +\frac{1}{(b+1)^{2}}\left(\frac{1}{a+1}+\frac{1}{(a+1)^{2}}+\ldots\right) \\ +\ldots \end{array}.$$

"Zerlegt man eine unendliche Reihe von Zahlen in Gruppen, vereinigt die Zahlen jeder Gruppe durch Summierung, und addiert dann alle Gruppen zu einander, so ist die Endsumme der Summe der unendlichen Reihe der Zahlen gleich."

$a_1, a_2, a_3, a_4 \ldots$ sei die Reihe der Zahlen,
$a_1 + a_1' + a_1'' + \ldots$ die erste Gruppe $= b_1$,
$a_2 + a_2' + a_2'' + \ldots$ die zweite Gruppe $= b_2$,
$\ldots$.

Faßt man ein Element $\alpha$ ins Auge, so kommt dasselbe endlich oft in der Summe $a_1 + a_2 + a_3 + a_4 + \ldots$ vor. Es möge in den Zahlen $a, b, \ldots g$ der Zahlenreihe vorkommen. Dann wird es nur in solchen der Gruppen $b_1, b_2 \ldots$ vorkommen, welche eine der Zahlen $a, b \ldots g$ als Summand haben. Also wird es in der Summe $b_1 + b_2 + \ldots$ genau ebenso oft vorkommen als in $a_1 + a_2 + \ldots$. Dies gilt von jedem beliebigen Elemente. Die Umkehrung des bewiesenen Satzes gilt ebenfalls: "$b_1 + b_2 + \ldots$ sei eine Summe von unendlich vielen Gliedern. $b_p$ lasse sich darstellen als eine Summe von unendlich vielen Zahlgrößen: $b_p = a_p + a_p' + a_p'' + \ldots$. Dann ist $\sum b = \sum a$. (Voraussetzung ist natürlich, daß $\sum b$ einen endlichen Werth hat.)

Es ist es nun zu beweisen, daß die Gesetze der Multiplikation, die oben für Summen mit endlicher Gliederzahl abgeleitet sind, auch für solche mit unendlich vielen Gliedern gültig sind. —

Das Produkt $(a_1 + a_2 + \ldots$ ad inf.$)(b_1 + b_2 + b_3 + \ldots)$ erhalte ich nach der Definition des Multiplicierens, wenn ich jedes Element, welches in der einen Summe vorkommt, mit jedem Elemente der andern Summe multipliciere. Wir wollen aber zeigen, daß dies Produkt gleich ist

$$\left. \sum_{\lambda=1}^{\infty}\sum_{\mu=1}^{\infty}a_{\lambda}b_{\mu} = \begin{array}{l} (a_1 b_1 + a_1 b_2 + a_1 b_3 + \ldots) \\ \\ + (a_2 b_1 + a_2 b_2 + a_2 b_3 + \ldots) \\ \\ + \ldots \end{array} \right\} \quad \text{I.}$$

Zunächst beweisen wir, daß $\sum\sum a_{\lambda}b_{\mu}$ endlich ist, vorausgesetzt, daß $\sum a_{\lambda}$ und $\sum b_{\mu}$ endlichen Werth haben. $A$ sei die Zahl, die größer ist als jeder direkte Bestandtheil von $\sum a_{\lambda}$, $B$ größer als jeder Theil von $\sum b_{\mu}$, dann ist, da jeder Theil (jede Theilsumme mit endlicher Gliederzahl) $T$ von $\sum\sum a_{\lambda}b_{\mu}$ kleiner oder gleich $\sum_1^l a_{\lambda} \cdot \sum_1^m b_{\mu}$ ist, wenn $l$ der höchste Werth von $\lambda$ ist, $m$ der von $\mu$, welche in jener Theilsumme vorkommen, also $T < A \cdot B$. Daher ist die betrachtete Doppelsumme in der That endlich.

Die erste Gruppe von I ist gleich $a_1(b_1 + b_2 + \ldots)$. Denn sind $\alpha, \alpha' \ldots$ die Elemente von $a_1$, $\beta_1, \gamma_1, \delta_1, \ldots$ die Elemente der (ausgeführten) Summe $\sum b_\mu$, so ist das aufgeschriebene Produkt das Aggregat von

$$\alpha\beta_1, \alpha\gamma_1, \alpha\delta_1, \ldots$$
$$\alpha'\beta_1, \alpha'\gamma_1, \alpha'\delta_1, \ldots$$
$$\ldots.$$

Andererseits kommt jedes Glied dieses Aggregates in der (ausgeführten) Summe $a_1b_1 + a_1b_2 + \ldots$ vor, also ist

$$a_1b_1 + a_1b_2 + \ldots = a_1(b_1 + b_2 + \ldots),$$

ebenso:

$$(a_1 + a_2 + \ldots)c = a_1c + a_2c + \ldots,$$

also die rechte Seite von I und folglich auch die linke Seite

$$\sum_{\lambda=1}^{\infty} \sum_{\mu=1}^{\infty} a_\lambda b_\mu = (a_1 + a_2 + a_3 + \ldots)(b_1 + b_2 + \ldots),$$

was wir beweisen wollten.

Die Lehre von Produkten aus unendlich vielen Zahlgrößen, die jetzt consequenter Weise folgen müßte, wird erst später entwickelt werden.[4]

---

[4]siehe Abschnitt 3.4

# Kapitel 2

# Rechnen mit einer Haupteinheit und deren entgegengesetzter Einheit

## 2.1 Definition der reellen Zahlen

Wir gehen jetzt zu den indirekten Rechnungsarten über. Wir werden dabei finden, daß, um der Subtraktion in allen Fällen einen Sinn beilegen zu können, wir das Zahlengebiet erweitern müssen, bei der Division jedoch nicht. Diese scheinbare Incongruenz rührt davon her, daß wir oben schon die genauen Theile eingeführt haben, also schon dort das Zahlengebiet und zwar <u>nur</u> auf Grund der Division erweitert haben.

"Unter $(a - b)$ wollen wir die Zahl verstehen, welche zu $b$ addiert die Summe $a$ ergiebt."

Also $(a - b) + b = a$. Dies ist die Definitionsgleichung der Subtraktion. Wenn $a$ und $b$ Zahlen mit endlicher Anzahl von Elementen sind und $a$ ist größer als $b$, so kann die Differenz unmittelbar gebildet werden. Indem man nämlich $a$ in $a' + a''$ umformt, so daß $a'$ dieselben Elemente (und keine andere weiter) wie $b$ enthält und zwar gleich oft, so ist $a''$ die gesuchte Differenz $(a - b)$.

Ist $a > b$, aber $a$ und $b$ Zahlen mit unendlich vielen Elementen, so können wir die Differenz nicht direkt bilden und müssen daher beweisen, daß auch für diesen Fall die Differenz $(a - b)$ existiert.

"Hat man zwei Zahlgrößen $a$ und $b$, und man kann beweisen, daß, wenn ich zu $b$ jedes beliebige Element $\varepsilon$ hinzufüge, $b + \varepsilon > a$ wird, so kann entweder $b = a$ oder $b > a$ gewesen sein."

$a$ habe die Elemente $\alpha_1, \alpha_2, \alpha_3 \ldots$, $b$ die Elemente $\beta_1, \beta_2, \beta_3 \ldots$. $\beta + \varepsilon > \alpha$ heißt nun: Ich kann aus den Elementen $\beta, \beta_1, \beta_2 \ldots$, $\varepsilon$ eine endliche Anzahl herausgreifen, so daß die Summe der herausgegriffenen nicht Bestandtheil von $a$ ist. Entweder braucht nun $\varepsilon$ nicht unter den herausgegriffenen zu sein, dann ist schon $b > a$, oder $\varepsilon$ muß nothwendig unter den herausgegriffenen vorhanden sein, dann ist $b = a$, denn jeder Bestandtheil von $b$ ist dann auch Bestandtheil von $a$, und umgekehrt kann es keinen Bestandtheil von $a$ geben, der nicht auch Bestandtheil von $b$ wäre. Denn angenommen, $\sum_{i=1}^{i=n} \alpha_i$, wo $n$ eine bestimmte endliche Zahl ist, sei größer als $\sum_{\kappa=1}^{\kappa=x} \beta_\kappa$, wo $x$ jeden beliebigen Werth annehmen kann, so würde nach der Voraussetzung $x$ so groß gewählt werden können, daß $\sum_{i=1}^{i=n} \alpha_i < \sum_{\kappa=1}^{\kappa=x} \beta_\kappa + \varepsilon$, wo $\varepsilon$ ein beliebiges Element ist. Andererseits würde $\sum_{\kappa=1}^{x} \beta_\kappa < \sum_{i=1}^{n} \alpha_i$, also auch $\sum_1^n \alpha_i + \sum_1^x \beta_\kappa < \sum_1^x \beta_\kappa + \sum_1^n \alpha_i + \varepsilon$, was unmöglich ist.

Aus dem vorhergehenden Satze folgt nun, daß, wenn $a > b$ ist, es doch noch Elemente giebt, die zu $b$ addiert werden können, ohne daß $a$ aufhörte, größer als die resultierende Summe zu sein. In der Reihe der Elemente $1, \frac{1}{2}, \frac{1}{3}, \ldots$ sei nun $\alpha$ das erste, welches die Eigenschaft hat, daß noch $a > b + \alpha$ ist. Wenden wir auf diese Ungleichung dieselbe Überlegung an wie bei der $a > b$, so können wir ein Element $\alpha'$ ($\leq \alpha$) finden, so daß noch $a > b + \alpha + \alpha'$ ist. So können wir ins Unbegrenzte fortfahren, so daß

$$a > b + \alpha + \alpha' + \alpha'' + \cdots + \alpha^{(m)}.$$

Setze ich nun $c = \alpha + \alpha' + \alpha'' + \ldots$ ad inf., so kann ich zeigen, daß $c$ endlich ist und zu $b$ addiert $a$ liefert, also $c = (a - b)$ ist. $b'$ sei eine Größe, die der Ungleichung genügt $a < b + b'$ ($b'$ kann z.B. $a$ selber gewählt werden.), so folgt, daß die Summe von beliebigvielen Größen $\alpha$ kleiner als $b'$ sein muß. Also ist $c$ endlich. Man zeigt nun leicht, daß jede Zahl, die in $b+c$ enthalten ist, auch in $a$ enthalten ist und umgekehrt, und schließt daraus, daß $a = b + c$, also der Definition gemäß $c = \sum \alpha = a - b$ ist.

Wir wollen nun das Zahlengebiet so erweitern, daß die Subtraktion immer möglich ist. Dazu müssen wir neue Elemente einführen. Wir nehmen nun zu jedem der bislang betrachteten Elemente ein demselben entgegengesetztes hinzu, d.h. ein solches, daß es in einem Aggregate von Elementen sein zugehöriges Element zerstört. Also z.B., ist $\alpha$ ein Element (etwa $\frac{1}{n}$), so führen wir ein Element $\alpha'$ ein, welches ein Element $\alpha$ zerstört, aufhebt, vernichtet. Ist $a$ eine Zahl, welche das Element $\alpha$ enthält, also $a = a_1 + \alpha$, so ist $(a_1 + \alpha) + \alpha' = a_1$. Zu jeder beliebigen Zahl $b$ (die aus bisher betrachteten Elementen zusammengesetzt ist, giebt es eine sie vernichtende, ihr entgegengesetzte Zahl $b$; sind $\alpha, \beta, \gamma, \delta, \ldots$ die $b$ constituierenden Elemente, so ist die Zahl, welche aus $\alpha', \beta', \gamma', \delta' \ldots$ zusammengesetzt ist, die Zahl $b'$. [$(b')' = b$. Denn $b$ wird durch $b'$ vernichtet, also auch $b'$ durch $b$, daher $b$ identisch mit $(b')'$.]

Jetzt hat jede Differenz einen Sinn. Ist nämlich $a < c$, so ist $a - c$ gleichbedeutend mit $a + c'$, denn $(a - c)$ ist definiert durch $(a - c) + c = a$ und auch $(a + c') + c = a$.[1]

"Das entgegengesetzte $\alpha'$ eines genauen Theiles $\frac{1}{n}$ der Einheit 1 ist der $n^{\text{te}}$ genaue Theil der entgegengesetzten Einheit $1'$."

Nämlich $a + \left( \frac{1}{n} + \frac{1}{n} + {}^{n \text{ Summanden}} + \frac{1}{n} \right) + \left( \alpha' + \alpha' + \alpha' + {}^{n \text{ Summanden}} \right) = a$ oder $a + 1 + (\alpha' + \alpha' + \ldots) = a$, daher $\alpha' + \alpha' + \alpha' + \ldots = 1'$ und $\alpha'$ der $n^{\text{te}}$ genaue Theil von $1'$.

Die Haupteinheit soll die positive, die entgegengesetzte soll die negative Einheit genannt werden, entsprechend die Elemente.

---

[1] Auf dem Rand neben diesem Absatz hat HURWITZ notiert: "gehört auf p. "; vermutlich ist Seite 17 gemeint.

Wir betrachten jetzt Größen, die aus sämmtlichen eingeführten Elementen zusammengesetzt sein sollen. Eine solche Größe ist endlich, wenn die aus den positiven Elementen gebildete Zahl, wie auch die aus den negativen gebildete, jede für sich genommen endlich ist. (Letztere sind natürlich mit der negativen Einheit zu vergleichen.) Unter der Summe zweier Größen verstehen wir die Vereinigung der Elemente der einen mit denen der andern. An einer Zahl können wir außer den auf p. 5 angegebenen Transformationen jetzt noch die folgenden vornehmen: 1) Zwei entgegengesetzte Elemente können einfach fortgelassen werden. 2) Man kann zu einer Zahl ein beliebiges Element zusetzen, muß aber gleichzeitig das entgegengesetzte Element hinzufügen.

Den Begriff der Gleichheit zweier Zahlen des erweiterten Zahlengebietes wollen wir so feststellen, daß der Satz gültig bleibt: "Gleiches zu Gleichem addiert giebt Gleiches." $a$ sei gleich $a_1 + a_2'$, wo $a_2'$ das Aggregat aus allen negativen Elementen bedeutet, $a_1$ das aus allen positiven. $b$ sei gleich $b_1 + b_2'$.

Wir wollen also $a = b$ nennen, wenn z.B. $a + a_2 + b_2 = b + a_2 + b_2$; aber

$$a + a_2 + b_2 = a_1 + a_2' + a_2 + b_2 = a_1 + b_2,$$
$$b + a_2 + b_2 = b_1 + b_2' + b_2 + a_2 = b_1 + a_2.$$

Also heißt dann $a = b$, wenn $a_1 + b_2 = b_1 + a_2$. Diese Definition stimmt mit den früher gegebenen überein. Es folgt aus ihr auch — und das muß nachgewiesen werden —, daß, wenn $a = b$, $c = d$, auch $a + c = b + d$.

Bei einer Zahl können drei verschiedene Fälle eintreten in Bezug auf ihre positiven oder negativen Elemente. Versteht man nämlich unter absolutem Betrag einer Zahl die Zahl, welche aus der gegebenen entsteht, wenn ich ihre sämmtlichen Elemente auf eine Einheit beziehe, so kann

1) der absolute Betrag der positiven Glieder einer Zahl größer sein als der absolute Betrag der negativen; dann heißt die Zahl positiv;

2) das Gegentheil von 1) stattfinden; dann heißt die Zahl negativ;

3) die beiden absoluten Beträge können einander gleich sein. —

Im letzteren Falle steht das Aggregat aus den positiven Elementen der Zahl im Verhältnis der entgegengesetzten Zahl zu dem Aggregat aus den negativen Elementen derselben. Denn ist $a = a_1 + a_2'$ und $a_1 = a_2$, so ist eben $a_2'$ das entgegengesetzte von $a_2$, denn $b + (a_1 + a_2') = b + a_2 + a_2' = b$. Die Zahlgrößen, bei welchen 3) stattfindet, können zu einer beliebigen Zahl addiert werden, ohne daß durch ihr Hinzutreten die Zahl vergrößert würde. Man bezeichnet sie durch 0. $0 + a$ ist also gleich $a$.

Ist $a - b = c$, so muß $a = b + c$ sein, also $a + b' = b + b' + c = c$. $a - b$ ist also gleichbedeutend mit $a + b'$. Alle Sätze der Addition lassen sich auf die Subtraktion übertragen. $a - a$ ist gleich $a + a' = 0$. Man bezeichnet aus diesem Grunde das Entgegengesetzte von $a$ durch $-a$ (und nicht durch $a'$).

Ist $a = a_1 + a_2' = a_1 - a_2$, $a_1 > a_2$, so nennen wir (siehe 1)) $a$ positivwerthig. Man kann dann $a$ in eine Zahl transformieren, deren negativer Theil einen absoluten Betrag hat, der so klein angenommen werden kann, als man will:

$a_2$ sei gleich $a_3 + a_4$; ist nun $n$ eine beliebige ganze positive Zahl, so giebt es in der Reihe $\frac{1}{n}, 2 \cdot \frac{1}{n}, 3 \cdot \frac{1}{n} \ldots$ sicher ein erstes Glied, welches größer oder gleich $a_2$ ist, dies sei das $(\mu + 1)^{\text{ste}}$ Glied, dann ist $\mu \cdot \frac{1}{n} < a_2$; setzen wir nun $a_3 = \mu \cdot \frac{1}{n}$, so wird

$a_4 \leq \frac{1}{n}$; es wird aber $a = (a_1 - a_3) - a_4$. $(a_1 - a_3)$ kann immer in eine Zahl mit positiven Elementen umgewandelt werden, da $a_1$ so transformiert werden kann, daß $a_3$ ein direkter Bestandtheil von $a_1$ wird. $a_4$ kann, wie aus $a_4 \leq \frac{1}{n}$ folgt, so klein, als man immer will, angenommen werden.

Ist $a$ eine positive Größe, die aber aus positiven und negativen Elementen zusammengesetzt ist, $a = b - c$, so giebt es immer eine ihr gleiche, wenn auch nicht direkt angebbare Zahl, die nur positive Elemente enthält. Dies folgt aus dem Existenzbeweis der Differenz $a - b$, wenn $a > b$. Ebenso giebt es, wenn $a = b - c$ und $c > b$, eine $a$ gleiche Zahl, die nur negative Elemente enthält.

## 2.2 Unendliche Reihen reeller Zahlen

*6. Vorlesung: Die positiven und negativen Elemente*

"Wenn die Summe der Zahlgrößen $a_1, a_2, a_3 \ldots$ eine endliche ist, und man zerlegt diese Summe in Gruppen, bildet dann für jede Gruppe die Summe der in ihr enthaltenen Zahlen $a$, so ist, wenn man die erhaltenen Summen wieder durch Summation vereinigt, das Resultat gleich der Summe aller $a$'s." Jedes Element $\alpha$ kommt nämlich in der Summe der $a$'s ebenso oft vor als in der Summe aus den Gruppensummen.

Umgekehrt: Ist $b_1 + b_2 + b_3 + \ldots$ endlich, und $b_i$ ist gleich einer Summe aus andern Zahlen $b_i = a_1^i + a_2^i + a_3^i + \ldots = \sum \alpha_i - \sum \beta_i$, wo $\sum \alpha_i$ die Summe sämmtlicher positiven Elemente, die in $a_1^i + a_2^i + \ldots$ vorkommen, $\sum \beta_i$ die der negativen Elemente bedeutet, so ist $\sum_i b_i = \sum_i (a_1^i + a_2^i + \ldots)$. Denn es ist $b_i + \sum \beta_i = \sum \alpha_i$, also nach p. 13 $\sum_i (b_i + \sum \beta_i) = \sum_i \sum \alpha_i$ oder $\sum_i b_i = \sum_i (\sum \alpha_i - \sum \beta_i) = \sum_i (a_1^i + a_2^i + \ldots)$.

Wir wollen jetzt die Bedingung untersuchen, unter welcher die Summe von unendlich vielen beliebigen Zahlgrößen einen endlichen Werth hat.

Die Reihe $a_1, a_2, a_3 \ldots$ enthalte nur positive Glieder, welche selbst aber positive und negative Elemente enthalten können. Die Summe aus diesen Größen ist endlich, wenn die in derselben vorkommenden positiven Elemente für sich und die vorkommenden negativen Elemente für sich eine endliche Summe geben. (Siehe p. 17.) — $\alpha_1 + \alpha_2 + \alpha_3 + \cdots + \alpha_i + \ldots$ sei eine Summe von nur positive Elemente enthaltenden Zahlgrößen, die einen endlichen Werth besitzt, dann kann ich $a_i$ so in eine Differenz $b_i - c_i$ umformen, daß $c_i < \alpha_i$ wird. Also

$$\left. \begin{array}{ccc} a_1 & = & b_1 - c_1 \\ a_2 & = & b_2 - c_2 \\ a_3 & = & b_3 - c_3 \\ \vdots & & \vdots \end{array} \right\} .$$

Nun ist die Summe $(c_1 + c_2 + c_3 + \ldots)$ endlich, da $\sum \alpha_i$ endlich ist, und es ist daher, wenn $\sum a_i$ endlich sein soll, nothwendig, daß $\sum b_i$ endlich ist. $\sum b_i$ ist aber endlich, wenn es eine angebbare Größe $g$ giebt, die größer ist als die Summe beliebig vieler der Größen $a$. Denn, da $\sum_{\kappa=1}^{x} b_\kappa = \sum_{\kappa=1}^{x} (a_\kappa + c_\kappa) = \sum_{\kappa=1}^{x} a_\kappa + \sum_{\kappa=1}^{x} c_\kappa$, und ist $\sum_{\kappa=1}^{\infty} c_\kappa = h$, so ist $\sum_1^\infty b_\kappa < g + h$. Man sieht auch leicht ein, daß die Bedingung $\sum a_\kappa < g$ auch nothwendig ist. Unter der Voraussetzung, daß es eine Zahl $g$ giebt, die größer ist als die Summe jeder beliebigen aus $a_1, a_2, a_3 \ldots$ herausgegriffenen

Zahlen, ist es möglich, $a_1 + a_2 + a_3 + \ldots$ so zu transformieren, daß die positiven Glieder wie die negativen Glieder für sich eine endliche Summe geben. — Dasselbe gilt auch für den Fall, daß sämmtliche $a$'s negative Werthe haben.

Kommen positive und negative Glieder gemischt vor, so müssen die positiven und die negativen Glieder für sich genommen eine endliche Summe geben. Wir können alles Vorhergehende nun so zusammenfassen: "Damit die Summe aus unendlich vielen Zahlgrößen endlich sei, ist nothwendig und hinreichend, daß es eine endliche angebbare Größe $g$ giebt, welche größer ist als die aus beliebig vielen der Zahlgrößen gebildete Summe, die Zahlgrößen ihrem absoluten Betrage nach genommen."

Ist nämlich $a_1 + a_2 + a_3 + \ldots$ die unendliche Summe, und $A_i$ der absolute Betrag von $a_i$, so muß die Summe der absoluten Beträge von beliebig vielen der positiven Glieder der Zahlenreihe $a_1, a_2, a_3 \ldots$ wie die von beliebig vielen der negativen Glieder kleiner sein als eine angebbare endliche Größe, also auch die Summe der absoluten Beträge von beliebigen und beliebig vielen der Größen der Zahlenreihe $a_1, a_2, a_3 \ldots$. Andererseits ist auch leicht zu zeigen, daß die Bedingung hinreichend ist.

(Gewöhnlich definiert man die Summe einer Reihe $a_1 + a_2 + a_3 + \ldots$ folgendermaßen: Man soll zu $a_1$ das folgende Glied $a_2$ addieren, zu dieser Summe $s_2$ die Zahl $a_3$, zu der resultierenden Zahl $s_3$ die Zahl $a_4$ und so fort. Nähert sich nun $s_n$ mit wachsendem $n$ einer bestimmten Grenze, so nennt man die letztere die Summe der Reihe. $a$ heißt also dann die Summe der Reihe, wenn $a - s_n > \delta$ nur für eine endliche Anzahl von $n$'s ist, wo $\delta$ eine beliebig klein angenommene Größe ist. Dies stimmt nicht mit unserer Definition überein. Das Wesentliche bei der Addition ist nämlich die Unabhängigkeit des Resultates von der Anordnung der Glieder. Diese Unabhängigkeit ist bei unseren als summierbar bezeichneten Summen bewahrt, nicht aber bei allen den Reihen, für welche $s_n$ sich einer Grenze nähert mit wachsendem $n$. Z.B., $1, -\frac{1}{2}, +\frac{1}{3}, -\frac{1}{4}, +\frac{1}{5}, \ldots$ ist eine Reihe von Elementen, welche nach unserer Definition nicht summierbar ist, da die negativen Elemente für sich genommen eine unendlich große Summe ergeben, ebenso die positiven Elemente. Nichts desto weniger besitzt nach der gewöhnlichen Definition der Summe als $\lim(s_n)$ die Reihe eine Summe; dieselbe ist aber nicht unabhängig von der Anordnung der Glieder; $\left(1 - \frac{1}{2}\right) + \left(\frac{1}{3} - \frac{1}{4}\right) + \left(\frac{1}{5} - \frac{1}{6}\right) + \ldots$ ergiebt eine andere Summe als $\left(1 + \frac{1}{3} - \frac{1}{2}\right) + \left(\frac{1}{5} + \frac{1}{7} - \frac{1}{4}\right) + \left(\frac{1}{9} + \frac{1}{11} - \frac{1}{6}\right) + \ldots$. Die obige Summe kann man daher nur conventionell durch $\sum_{\nu=1}^{\infty} (-1)^{\nu-1} \cdot \frac{1}{\nu}$ bezeichnen; streng genommen muß sie durch $\lim_{n=\infty} \left[ \sum_{\nu=1}^{n} (-1)^{\nu-1} \cdot \frac{1}{\nu} \right]$ bezeichnet werden.

Die von uns als summierbar bezeichneten Reihen heißen unbedingt convergent, dagegen die von der Anordnung der Glieder abhängigen bedingt convergent. Im Folgenden ist unter einer summierbaren Reihe immer eine unbedingt convergente zu verstehn.)

## 2.3   Rechnen mit reellen Zahlen

*Multiplikation von Zahlen, die aus beliebigen Elementen zusammengesetzt sind:* Unter dem Produkt zweier solcher Zahlen verstehn wir das Aggregat aus allen möglichen Produkten der Elemente der einen mit den Elementen der andern. Es frägt sich nun, welche Bedeutung hat: $(-1)(+1)$, $(+1)(-1)$, $(-1)(-1)$, $\left(-\frac{1}{m}\right) \cdot \frac{1}{n}$, $\frac{1}{m} \cdot \left(-\frac{1}{n}\right)$, $\left(-\frac{1}{m}\right)\left(-\frac{1}{n}\right)$ ?

Soll das Hauptgesetz der Multiplikation $(a + b)c = ac + bc$ bestehen bleiben, so muß $(a + b')c + bc = (a + b' + b)c = ac + b'c + bc$ oder, da $a + b' + b = a$ ist, $ac = ac + b'c + bc$. $b'c$ ist also das Entgegengesetzte von $bc$ oder $(-b) \cdot c = -(bc)$. Also $(-1) \cdot 1 = -(1 \cdot 1) = -1$, $1 \cdot (-1)$ (wenn man bedenkt, daß $-(-1) = +1$ ist) $= -1$, $(-1) \cdot (-1) = -(-1) = +1$.

$$\left\{ -\frac{1}{m} - \frac{1}{m} - \frac{1}{m} \overset{m \text{ Summanden}}{\cdots} \right\}\left\{ +\frac{1}{n} + \frac{1}{n} + \overset{n \text{ Summanden}}{\cdots} \right\} = (-1) \cdot 1,$$

andererseits auch gleich $m \cdot n\left(-\frac{1}{m}\right) \cdot \frac{1}{n}$, also $\left(-\frac{1}{m}\right) \cdot \frac{1}{n} = -\frac{1}{m \cdot n}$. Ebenso ergiebt sich $\frac{1}{m}\left(-\frac{1}{n}\right) = -\frac{1}{m \cdot n}$ und $\left(-\frac{1}{m}\right)\left(-\frac{1}{n}\right) = \frac{1}{m \cdot n}$.

Wir zeigen jetzt, daß, wenn eine Zahl $a - b = a + b'$ endlich und ebenso eine Zahl $c - d = c + d'$, auch deren Produkt $\prod$ einen endlichen Werth hat. Es ist $\prod = (a + b')(c + d') = ac + (ad)' + (bc)' + bd = ac - ad - bc + bd$. Da nun jede dieser vier Zahlen, wie früher bewiesen, einen endlichen Werth hat, so ist auch das Aggregat aus ihnen endlich.

Es läßt sich jetzt leicht nachweisen, daß ein Produkt seinen Werth nicht ändert, wenn Gleiches für Gleiches eingesetzt wird. Alle Gesetze der Multiplikation bleiben auch für das erweiterte Zahlengebiet bestehn.

*Division einer beliebigen Zahl durch eine andere:* Wir zeigen jetzt, daß es immer eine Zahl $c$ giebt, die, wenn $a$ und $b$ zwei andere gegebene Zahlen sind, der Gleichung $c \cdot b = a$ genügt. Die Zahl $c$ wird, als aus $a$ und $b$ gefunden, durch das Symbol $a : b$ oder $\frac{a}{b}$ bezeichnet. (Letzteres Symbol findet seine Berechtigung darin, daß $\frac{1}{n} \cdot n = 1$ ist.) Wir brauchen nur die Existenz der Zahl $\frac{1}{b}$ zu beweisen. Denn ist $\frac{1}{b} \cdot b = 1$, so ist $a \cdot \frac{1}{b} \cdot b = a$, also $\frac{a}{b} = a \cdot \frac{1}{b}$. Ist $b$ aus einer endlichen Anzahl von Elementen zusammengesetzt, so läßt sich $b$ durch Transformation auf die Form $\mu \cdot \frac{1}{n}$ bringen ($\mu$ und $n$ Vielfache der Einheit). Dann ist unmittelbar $\frac{1}{b} = n \cdot \frac{1}{\mu}$, denn $\frac{1}{b} \cdot b = n \cdot \frac{1}{\mu} \cdot \mu \cdot \frac{1}{n} = 1$, also genügt $\frac{1}{b}$ in der That der Definitionsgleichung.

$b$ sei nun eine aus unendlich vielen Elementen gebildete positive Zahl. Dann läßt sich immer eine Zahl (Vielfaches der Einheit) $m$ finden, so daß $m \geq b$, $m - 1 < b$. ($m = b$ führt auf den schon betrachteten Fall.) $m > b$, $m - 1 < b$ giebt $b = m - b_1$, wo $b_1 < 1$. $\frac{1}{b} = \frac{1}{m - b_1}$. Nun bestehen folgende Identitäten:

$$\left\{ \begin{aligned} \frac{1}{m - b_1} &= \frac{1}{m} + \frac{b_1}{m(m - b_1)} \\ \frac{b_1}{m(m - b_1)} &= \frac{b_1}{m^2} + \frac{b_1^2}{m^2(m - b_1)} \\ \frac{b_1^2}{m^2(m - b_1)} &= \frac{b_1^2}{m^3} + \frac{b_1^3}{m^3(m - b_1)} \\ &\vdots \qquad\qquad \vdots \end{aligned} \right.$$

Also

$$\frac{1}{m - b_1} = \frac{1}{m} + b_1 \cdot \frac{1}{m^2} + b_1^2 \cdot \frac{1}{m^3} + b_1^3 \cdot \frac{1}{m^4} + \cdots + b_1^{\nu - 1}\frac{1}{m^\nu} + \frac{b_1^\nu}{m^\nu(m - b_1)},$$

$$\frac{1}{m-b_1} = \frac{1}{m} + b_1 \cdot \frac{1}{m^2} + b_1^2 \cdot \frac{1}{m^3} + \ldots \text{ in inf.}.$$

Man muß nun zeigen, daß diese Reihe einen endlichen Werth hat und mit $b$ multipliciert exact 1 giebt. Nun ist $b_1^a \cdot \frac{1}{m^{a+1}} < \frac{1}{m^{a+1}}$, da $b_1 < 1$. Also $\sum_{\nu=1}^{\nu=r} b_1^{r-1} \cdot \frac{1}{m^r} <$ $\sum_{\nu=1}^{\nu=r} \frac{1}{m^r} < \frac{1}{m-1} \cdot \frac{1}{m-1}$ ist also größer als die Summe beliebig vieler aus unserer Reihe herausgegriffener Glieder; die Reihe besitzt somit eine endliche Summe. Mit $b$ oder $m - b_1$ multipliciert liefert sie aber

$$\left.\begin{array}{l} 1 + b_1 \cdot \frac{1}{m} + b_1^2 \cdot \frac{1}{m^2} + \ldots \\ \quad - b_1 \cdot \frac{1}{m} - b_1^2 \cdot \frac{1}{m^2} - \ldots \end{array}\right\} = 1.$$

Ist $b$ negativ, so folgt aus $\frac{1}{-b} = -\frac{1}{b}$, daß auch in diesem Falle der Quotient $\frac{1}{-b}$ eine Zahl aus unserem Zahlengebiete ist. $\left(\text{Da} \left(-\frac{1}{b}\right)(-b) = +\frac{1}{b} \cdot b = 1 \text{ ist, so ist}\right.$ $\left(-\frac{1}{b}\right)$ in der That gleich $\frac{1}{-b}.\right)$ $\frac{a}{b}$ ist also eine in allen Fällen existierende Zahlgröße. Exacter ist der Existenzbeweis von $\frac{1}{b}$ so zu führen, daß man von der Reihe $\frac{1}{m} + \frac{1}{m^2}\beta + \frac{1}{m^3}\beta^2 + \ldots$ nachweist, daß sie endlich ist ($b = m - \beta$) und daß sie mit $b = m - \beta$ multipliciert exact 1 giebt.

## 2.4   Geometrische Veranschaulichung der bisher betrachteten Zahlgrößen

Wie es in der Wirklichkeit Dinge giebt, die im Verhältnis der Einheit zu einem genauen Theil derselben stehen, und also auch Dinge, die sich im Bezug auf ein anderes, als Einheit aufgefaßtes, wie Zahlgrößen, die aus einer endlichen Anzahl von Elementen (Einheit und deren genaue Theile) gebildet sind, verhalten, so ist es auch wünschenswerth, ein sinnliches Bild für diejenigen Zahlgrößen anzugeben, welche aus unendlich vielen Elementen, zuvörderst positiven, dann auch negativen, zusammengesetzt sind.

Sind $a$ und $b$ zwei (gradlinige) Strecken, so läßt sich eine dritte Strecke $c$ finden, welche so getheilt werden kann, daß der eine Theil gleich $a$, der andere Theil gleich $b$ wird. Wir können $c$ als Summe von $a$ und $b$ bezeichnen, und es läßt sich leicht zeigen, daß für beliebig viele Strecken die Summenstrecke unabhängig ist von der Anordnung der Strecken bei ihrer Zusammensetzung. Der Begriff des Vielfachen einer Strecke ist damit gegeben, als Summe von lauter ihr gleichen Strecken; auch was unter einem genauen Theile einer Strecke zu verstehen ist, ist unmittelbar klar; nämlich jede Strecke wird ein genauer Theil jedes ihrer Vielfachen genannt.

Wir können nun zwei Strecken $a$ und $b$ mit einander vergleichen. Entweder ist $b$ ein genaues Vielfaches von $a$, etwa $m \cdot a = b$, oder nicht. Im letzteren Falle können wir $b$ zerlegen in ein Vielfaches von $a$ und eine Strecke kleiner als $a$, etwa $b = ma + b_1$. Jetzt können wir $b_1$ mit einem beliebigen, sagen wir dem $10^{\text{ten}}$ Theile von $a$ vergleichen, dann wird $b_1 = m_1\frac{a}{10} + b_2$ (oder $b_1 = m_1\frac{a}{10}$ sein, in welchem Falle also $b = m \cdot a + m_1 \cdot \frac{a}{10}$ wäre). $m_1$ kann auch gleich 0 werden, indem $m_1 \cdot \frac{a}{10}$ das größte Vielfache von $\frac{a}{10}$ bedeutet, welches kleiner als $b_1$ ist. $b_2$ können wir nun mit $\frac{a}{100}$

vergleichen, so daß $b_2 = m_2 \cdot \frac{a}{100} + b_3$ wird. Fährt man so fort, so wird entweder 1) die Vergleichung abbrechen, indem man auf eine $n^{\text{te}}$ Größe $b_n$ stößt, die gleich 0 ist, so daß $b$ aus $a$ und einer endlichen Anzahl der genauen Theile von $a$ zusammengesetzt werden kann, $b$ also, wenn $a$ als Einheit aufgefaßt wird, eine Zahl mit endlich vielen Elementen vorstellt, oder 2) die Vergleichung wird sich ins Unendliche fortsetzen, so daß, $a$ als Einheit betrachtet, $b$ eine Zahl mit unendlich vielen Elementen darstellt. Sind letztere Elemente $a_1, a_2, a_3, a_4 \ldots$ (wo $a_n$ zugleich angiebt, wie oft das Element $a_n$ vorkommt, also $a_1 = ma$, $a_2 = m_1 \frac{a}{10}$, $a_3 = m_2 \frac{a}{100}$ etc.), so ist offenbar die Summe von beliebig vielen derselben immer kleiner als $b$, und wenn andererseits zu den $a_1, a_2 \ldots$ noch ein beliebig kleines Element $\varepsilon$ hinzugenommen wird, so wird die resultierende Summe größer als $b$, also ist in der That $b = a_1 + a_2 + \ldots$ (siehe p. 15).

Es sei noch bemerkt, daß die Reihe der Größen $m, m_1, m_2 \ldots$ eine vollkommen bestimmte ist.

Haben wir eben gezeigt, daß das Verhältnis zweier Strecken $b : a$ (so nenne ich die in obiger Weise durch $b$ gegebene Zahl, wenn ich $a$ als Einheit auffasse) eine Zahl mit endlich oder unendlich vielen Elementen sein kann, so wollen wir jetzt umgekehrt nachweisen, daß jede aus unendlich vielen Elementen zusammengesetzte Zahlgröße sich als eine Strecke darstellen läßt, wenn wir eine feste Strecke als Einheit annehmen, und die erwähnte Zahlgröße in unserem Sinne einen endlichen Werth besitzt. Wir wollen dies gleich an einem speciellen Beispiel zeigen, da schon an diesem deutlich wird, daß unsere Behauptung ganz allgemein wahr ist. $1 + \frac{1}{1 \cdot 2} + \frac{1}{3!} + \cdots + \frac{1}{n!} + \ldots$ ad inf. sei die vorliegende Zahlgröße.

Stelle ich nun fest, daß $PQ$ die Einheit sein soll, so giebt es zu jedem $s_n = 1 + \frac{1}{1 \cdot 2} + \frac{1}{3!} + \cdots + \frac{1}{n!}$ eine zugehörige Strecke $PN$. Es giebt nun Punkte $X$, die so gelegen sind, daß es Werthe für $n$ giebt, für welche $s_n > PX$ ist. Jeder Punkt $X'$, der zwischen $P$ und $X$ liegt, hat dann natürlich dieselbe Eigenschaft wie $X$. Da andererseits die Zahlgröße einen endlichen Werth hat, so muß es Punkte $Y$ geben, so daß $PY$ größer als jedes beliebige $s_n$ ist. Jeder Punkt $Y'$, der noch über $Y$ hinaus liegt, hat dann dieselbe Eigenschaft. Die Punkte $X$ und die Punkte $Y$ bilden nun stetige Reihen von Punkten, es muß also einen Punkt $X_0$ geben, der den Übergang von der Punktreihe $X$ zur Punktreihe $Y$ vermittelt. Dieser Punkt $X_0$ hat also die Eigenschaft, daß $PX_0$ größer ist als jedes beliebige $s_n$, daß aber zugleich, wenn ich zu $PX_0$ eine ein noch so kleines Element darstellende Strecke $X_0Y_1$ hinzunehme, $PY_1$ nicht mehr in $1 + \frac{1}{1 \cdot 2} + \ldots$ enthalten ist. $PX_0$ repräsentiert also in der That die betrachtete Zahlgröße.

"Jede Zahlgröße läßt sich durch das Verhältnis zweier Strecken repräsentieren und das Verhältnis irgend zweier Strecken durch eine Zahlgröße ausdrücken."

Diese geometrische Deutung führt auch zur Darstellung der negativen Größen. Nennen wir $A$ den Anfangspunkt, $B$ den Endpunkt der positiven Einheit, so ist jede Zahlgröße repräsentiert durch eine Strecke $AX$ der unbegrenzten Geraden $AB$.

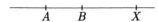

Addition zweier Strecken definierten wir (implicite) so, daß wir an den Endpunkt der einen Strecke die andere mit ihrem Anfangspunkte anlegten.

Daraus folgt, daß jedes Vielfache der positiven Einheit $AB$ dieselbe Richtung hat wie $AB$, ebenso jeder genaue Theil der Einheit (denn die Einheit ist ein Vielfaches des genauen Theils) und daher auch jede aus positiven Elementen zusammengesetzte Größe.

Wir verstehen nun unter der Differenz zweier Strecken $a$ und $b$ diejenige Strecke $(a - b)$, welche der Gleichung genügt $b + (a - b) = a$.

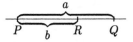

$RQ$ ist z.B. gleich $(a - b)$, da $PR + RQ = PQ$ ist.

Dies führt zu Folgendem: Ich repräsentiere negative Elemente durch Strecken, welche gleich lang sind wie die entsprechenden positiven Elemente, aber entgegengesetzte Richtung haben, also auch negative Zahlgrößen durch die selbe Strecke wie die entsprechenden positiven, aber mit entgegengesetzter Richtung. Hierzu bin ich berechtigt, denn sind $a$, $b$ zwei Strecken, $b'$ die $b$ entgegengesetzte, so ist nach der Definition der Summe von Strecken $a + b + b' = a$.

(Nämlich $a + b$ heißt, ich mache von $Q$ aus einen Schritt nach $R$. Dieser wird wieder aufgehoben durch Addition von $b'$.) Je zwei solche Strecken wie $b$ und $b'$ stehen also wirklich in demselben Verhältnis zu einander wie entgegengesetzte Zahlgrößen.

Nennt man $AB$ die positive Einheit, so ist also jede beliebige der bisher von uns betrachteten Zahlgrößen dargestellt durch eine Strecke $AX$, die dieselbe oder entgegengesetzte Richtung hat wie $AB$, je nachdem die dargestellte Zahlgröße positiv oder negativ ist.

# Kapitel 3

# Rechnen mit komplexen Zahlen

## 3.1 Einführung der komplexen Zahlen auf geometrische Weise

Wir kommen nun zu einer neuen Erweiterung des Zahlengebietes, wenn wir uns die Aufgabe stellen, eine Zahl $x$ zu finden, welche der Gleichung genügt: $x \cdot x = a$.

Ist zunächst $a$ eine positive Zahl, so können wir zeigen, daß immer eine solche Zahl $x$ in unserm Zahlengebiete existiert.

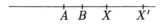

Ist $AB$ die Zahlengerade und $AB$ die positive Einheit, so werde ich zu jeder positiven Strecke $AX$, die eine beliebige Zahl $\xi$ repräsentiert, eine positive Strecke $AX'$ finden können, welche eine Zahl $\xi'$ repräsentiert, so daß $\xi \cdot \xi' = a$ ist, denn die immer ausführbare Division $\frac{a}{\xi}$ liefert eben die Zahl $\xi'$. Da nun, wenn $\xi < \xi_1$ und $\xi\xi' = \xi_1\xi_1'(= a)$, $\xi' > \xi_1'$ sein muß, so durchläuft, wenn ich den Punkt $X$ von $A$ an die positive Seite der Zahlgeraden durchlaufen lasse, $X'$ eben dieselbe Seite der Zahlgeraden, aber in entgegengesetzter Richtung. Es muß also einen Punkt $X_0$ geben, in welchem ein $X$ mit seinem Punkt $X'$ zusammenfällt. (Vgl. den ähnlichen Schluß p. 22.) Diesem Punkte $X_0$ entspricht aber eine Zahl $\xi_0$, welche die verlangte Eigenschaft $\xi_0^2 = a$ besitzt. Ist $a$ negativ, so durchläuft der Punkt $X'$, wenn $X$ die positive Seite der Geraden überstreicht, die negative Seite, so daß dann kein Punkt $X_0$ existieren kann (außer $a = 0$).

Es ist somit klar, daß es in unserem bisherigen Zahlengebiete keine Zahl $x$ giebt, welche die Gleichung $x^2 = -a$ oder, worauf diese zurückgeführt werden kann, $x^2 = -1$ befriedigt.

Wir werden so dazu geführt, eine dritte Einheit einzuführen, sind dann aber verpflichtet, auch die dieser Einheit entgegengesetzte Einheit einzuführen und die genauen Theile dieser beiden neuen Einheiten.

Bei diesen vier Einheiten bleiben wir dann stehen, denn es wird sich zeigen, daß, nachdem wir durch die dritte und vierte Einheit das Zahlengebiet so erweitert haben, daß der Zahl $x = \sqrt{-1}$ eine reale Bedeutung untergelegt ist, nunmehr sämmtliche mit dem ganzen Zahlengebiet vorzunehmende Verknüpfungen wieder auf Zahlen unseres Gebietes führen.

Zunächst sei bemerkt, daß die Addition und Subtraktion bei den aus vier Einheiten und deren genaue Theile zusammengesetzten Zahlen ausführbar bleibt, da die darüber oben angestellten Untersuchungen unabhängig waren von der Anzahl der Einheiten und Elemente.

Dagegen liegt nicht zu Tage, wie die Definition der Multiplikation zu stellen ist. Indem wir diese richtig definieren, geben wir den imaginären Größen eine reale Bedeutung. Folgende Betrachtung rührt von Gauss her: Die positiven und negativen Zahlen erhalten eine Bedeutung, wenn man sich in einer unendlichen Anzahl von Dingen (die in bestimmter Reihenfolge angeordnet sind) orientieren will. Nehmen wir als diese Reihe von Dingen unendlich viele äquidistante Punkte einer Geraden an. Jeder dieser Punkte hat zwei benachbarte. Setze ich fest, daß der Schritt, den ich machen muß, um von dem Punkte $A$ zu dem benachbarten Punkte $B$ zu gelangen, ein positiver Schritt heißen soll, derjenige, den ich machen muß, um von $B$ wieder zu $A$ zu gelangen, ein negativer Schritt, so ist dadurch auch für jeden andern Schritt festgesetzt, ob er ein positiver oder negativer ist.

Die Lage irgend eines Punktes kann man nun dadurch angeben, daß man sagt, wie viele positive und negative Schritte man machen muß, um von einem festen, als Ausgangspunkt angenommenen Punkte $A$ zu dem betreffenden Punkte zu gelangen.

Die unendliche Reihe von Punkten kann man sich in der Vorstellung nun unendlich oft wiederholt denken, etwa, indem man sich eine Ebene durch parallele Verschiebung einer in ihr liegenden und die äquidistanten Punkte tragenden Geraden in äquidistante Parallelstreifen zerlegt denkt. Jede dieser parallelen Geraden hat dann zwei benachbarte. Und setze ich nun fest, daß die Punkte $A, A', A'' \ldots$, welche auf jeder Geraden die Ausgangspunkte der Schritte sind, alle auf einer neuen Geraden liegen sollen, ferner ebenfalls die Punkte $B, B', B'' \ldots$, welche die positiv benachbarten zu $A, A', A'' \ldots$ sind, so kann ich jetzt von jedem Punkte aus in vierfacher Weise zu andern übergehen und zwar durch Schritte $\varepsilon, i, \varepsilon', i'$, wenn $\varepsilon$ ein positiver Schritt in einer der ursprünglichen durch parallele Verschiebung entstandenen Geraden bedeutet, $\varepsilon'$ der zugehörige negative Schritt, $i$ der Schritt, um von einem Punkte einer Parallelgeraden zu dem entsprechenden der folgenden zu gelangen (also z.B. von $A$ zu $A'$) und $i'$ der dem $i$ entgegengesetzte Schritt; dabei ist noch bei zwei der Parallelgeraden willkürlich festzusetzen, welche ich als folgende und welche als vorhergehende bezeichnen will.

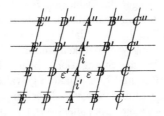

Der Punkt $A$ ist Ausgangspunkt für sämmtliche Schritte. Irgend eine Zahlgröße nun, die aus den Elementen $\varepsilon, i, \varepsilon', i'$ zusammengesetzt ist, repräsentiert dann einen ganz bestimmten Punkt, zu dem ich gelange, indem ich von $A$ aus erst soviel Schritte $\varepsilon$ mache, als dies Element in der Zahl vorkommt, dann die entsprechende Anzahl von Schritten $i$, $\varepsilon'$ und $i'$.

Gauss definiert nun die Multiplikation zweier Zahlen $a$ und $b$ so: Nenne ich $i$ zu $\varepsilon$, $\varepsilon'$ zu $i$, $i'$ zu $\varepsilon'$, $\varepsilon$ zu $i'$ adjungiert; dann $b'$ zu $b$ adjungiert, wenn ich in $b$ für $\varepsilon, i, \varepsilon', i'$ die respectiven Substitutionen $i, \varepsilon', i', \varepsilon$ mache, ebenso $b''$ zu $b'$, $b'''$ zu $b''$ adjungiert, wenn $b''$ resp. $b'''$ aus $b'$ resp. $b''$ gebildet ist wie $b'$ aus $b$, so ist wieder $b$ zu $b'''$ adjungiert, und ich sage: Ich erhalte das Produkt aus $a$ in $b$, wenn ich in $a$ an die Stelle der Elemente $\varepsilon, i, \varepsilon', i'$ die Größen $b, b', b'', b'''$ substituire. Weiter unten werden wir zeigen, daß in dieser Definition die oben gegebenen (für Zahlen mit zwei Einheiten) enthalten sind und die Gesetze der Multiplikation erhalten bleiben.

Die Definition der Gleichheit zweier aus den vier Elementen $\varepsilon, i, \varepsilon', i'$ zusammengesetzten Zahlen stellen wir so: Man fasse die in Bezug auf die Einheiten $\varepsilon, \varepsilon'$ vorkommenden Elemente der einen Zahl zusammen zu einer Zahl $a$, die in Bezug auf die Einheiten $i, i'$ zusammen zu $b$, entsprechend gebe man der andern Zahl die Form $a' + b'$. Ist dann $a = a'$ und $b = b'$, so sollen die beiden Zahlen $a + b$ und $a' + b'$ einander gleich heißen.

Zunächst liege eine Zahl vor, die nur aus den Elementen $\varepsilon, i, \varepsilon', i'$ zusammengesetzt ist (nicht auch aus deren genauen Theilen). Wir kommen zur geometrischen Veranschaulichung (in der Gaussischen Weise) einer solchen Zahl folgender Maßen.

Wir definieren in der Ebene zwei Strecken als einander gleich, wenn sie gleiche Länge und gleiche Richtung haben. Sind dann $p$ und $q$ irgend zwei Strecken, und man versetzt den Anfangspunkt von $p$ durch parallele Verschiebung in einen willkürlichen Punkt $L$ der Ebene, den Anfangspunkt von $q$ an den Endpunkt $M$ von $p$, so nennen wir die Strecke $LN$, welche durch den Anfangs- resp. Endpunkt der so verschobenen Strecken $p$ und $q$ bestimmt ist, die (geometrische) Summe $p + q$ der beiden Strecken.

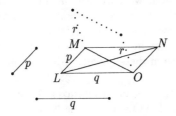

Man sieht nun leicht, daß wegen der Definition von Gleichheit zweier Strecken der willkürlich gewählte Punkt $L$ keinen Einfluß auf die Summe $(p+q)$ hat, ferner durch Zeichnung des Parallelogramms $LMNO$, daß $p+q = q+p$ ist und $p+q+r = p+r+q$; daß also überhaupt die Summe von Strecken unabhängig ist von der Anordnung der Strecken (der Reihenfolge der Summation). [Anmerkung: Die Sätze über die Zusammensetzung von Kräften und Kräftepaaren gestalten sich sehr einfach durch Anwendung des Begriffes der Summation von Strecken.]

Wir nehmen nun in einer Ebene zwei beliebige sich in $A$ durchkreuzende Geraden an und bezeichnen die willkürliche Strecke $AB$ mit $\varepsilon$, der einen Haupteinheit, die Strecke $AC$ mit $i$, der andern Haupteinheit. Dann ist nach Früherem $AB'$ als $\varepsilon'$, $AC'$ als $i'$ zu bezeichnen.

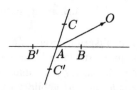

Dann ist durch die Definition der Summation und der sich daraus sofort ableitenden Subtraktion von Strecken zu jeder aus $\varepsilon, i, \varepsilon', i'$ zusammengesetzten Zahlgröße ein Punkt in der Ebene oder auch eine ihren Anfangspunkt in $A$ habende Strecke bestimmt. Wenn man nämlich irgend eine solche Zahlgröße $(\lambda\varepsilon + \mu i + \nu\varepsilon' + \varrho i')$ hat, so kann man die auf den Hauptaxen $AB$ und $AC$ dargestellten Größen $\lambda\varepsilon, \nu\varepsilon', \mu i, \varrho i'$ geometrisch addieren, indem man die erste der zu addierenden Größen mit ihrem Anfangspunkt nach $A$ verlegt. Dann erhält man einen ganz bestimmten Punkt $O$, resp. eine ganz bestimmte Strecke $AO$, welche die betreffende Zahl repräsentiert.

Es ist nun zu zeigen, daß Größen, die nach unserer (arithmetischen) Definition gleich sind, auch durch gleiche Strecken $(AO)$ repräsentiert werden. Nun heißen zwei Zahlgrößen $\lambda\varepsilon + \mu i + \nu\varepsilon' + \varrho i'$ und $\lambda'\varepsilon + \mu'i + \nu'\varepsilon' + \varrho'i'$ dann gleich, wenn $\lambda - \nu = \lambda' - \nu'$ und $\mu - \varrho = \mu' - \varrho'$ ist. $\lambda - \nu$ und $\lambda' - \nu'$ werden aber durch denselben Punkt der Axe $\overline{AB}$ und $\mu - \varrho$, $\mu' - \varrho'$ durch denselben Punkt der Axe $\overline{AC}$ repräsentiert, also auch die eine Zahl durch dieselbe Strecke $AO$ wie die andere.

Jetzt bringen wir auch die genauen Theile der vier Einheiten zur Repräsentation. Es ist aus dem Begriff der geometrischen Addition klar, daß $\frac{\varepsilon}{n}, \frac{i}{n}, \frac{\varepsilon'}{n}, \frac{i'}{n}$, resp., Strecken sind, welche ver*n*facht $\varepsilon, i, \varepsilon', i'$ geben. Es läßt sich nun auch leicht zeigen, daß jede Zahl, sie mag endlich oder unendlich viele Elemente enthalten, durch dieselbe Strecke $AO$ dargestellt wird wie jede ihr gleiche Zahl; daß ferner jede beliebige Zahlgröße eine bestimmte Strecke bedeutet und jede beliebige Strecke eine bestimmte Zahlgröße. Aus zwei oder beliebig vielen Zahlen, welche durch zwei resp. beliebig viele Strecken dargestellt sind, die Strecke zu finden, welche eine durch Summierung und Subtrahieren dieser Zahlen erhaltene neue Zahl darstellt, bietet keine Schwierigkeit mehr.

Wir wollen im Folgenden die beiden Hauptaxen $AB$ und $AC$ immer rechtwinklig zu einander voraussetzen und die Länge der die Einheiten repräsentierenden Strecken $AB$ und $AC$ einander gleich nehmen. Dies ist nicht nothwendig, wird sich aber als zweckmäßig zeigen.

Wir wenden uns nun zur Multiplikation von Zahlgrößen, die aus den vier Einheiten und deren genauen Theilen zusammengesetzt sind. Von der Gaussischen (erweiterten) Definition der Multiplikation zeigen wir zunächst, daß alle bisher aufgestellten Multiplikationsregeln bei ihr erhalten bleiben. In der Reihe der Elemente $\varepsilon, i, \varepsilon', i', \varepsilon$ und ebenso in der Reihe $\frac{\varepsilon}{n}, \frac{i}{n}, \frac{\varepsilon'}{n}, \frac{i'}{n}, \frac{\varepsilon}{n}$ heißt jedes zu dem vorhergehenden adjungiert.

$b'$ heiße zu $b$ adjungiert, wenn zu jedem Elemente, welches in $b$ vorkommt, sein adjungiertes Element in $b'$ vorhanden ist. Aus einer Zahl $b$ erhalte ich drei neue $b', b'', b'''$, so daß von $b, b', b'', b''', b$ jede Zahl der vorhergehenden adjungiert ist. Ersetze ich in einer Zahl $a$ jedes Element $\varepsilon, i, \varepsilon', i'$ etc. durch $b, b', b'', b''', \frac{b}{n}, \frac{b'}{n}, \frac{b''}{n}, \frac{b'''}{n}$ resp., so soll das Resultat dieser Substitution das Produkt aus $a$ in $b$ heißen. Wenden wir dies zunächst auf die vier Einheiten an, so erhalten wir folgende

Tabelle

| $\varepsilon\varepsilon = \varepsilon$ | $i\varepsilon = i$ | $\varepsilon'\varepsilon = \varepsilon'$ | $i'\varepsilon = i'$ |
|---|---|---|---|
| $\varepsilon i = i$ | $ii = \varepsilon'$ | $\varepsilon'i = i'$ | $i'i = \varepsilon$ |
| $\varepsilon\varepsilon' = \varepsilon'$ | $i\varepsilon' = i'$ | $\varepsilon'\varepsilon' = \varepsilon$ | $i'\varepsilon' = i$ |
| $\varepsilon i' = i'$ | $ii' = \varepsilon$ | $\varepsilon'i' = i$ | $i'i' = \varepsilon'$ |

Man sieht aus dieser Tabelle, daß das Gesetz der Vertauschbarkeit der Factoren für sämmtliche Produkte aus je zwei Einheiten gilt, ebenso für Produkte aus je drei Einheiten und also allgemein aus beliebig vielen Einheiten. Sind $\frac{\varepsilon_1}{m}, \frac{\varepsilon_2}{n}$ irgend zwei der übrigen Elemente (der genauen Theiler der Einheit), so ist $\frac{\varepsilon_1}{m} \cdot \frac{\varepsilon_2}{n}$ (nach Definition) $= \frac{\varepsilon_1 \cdot \varepsilon_2}{m \cdot n}$, also gilt auch für beliebige Elemente das Gesetz der Vertauschbarkeit der Factoren ihres Produktes (denn es gilt für $\varepsilon_1 \varepsilon_2$ und für $mn$). Das Produkt zweier Summen wird dadurch erhalten, daß man jedes Glied der einen Summe in jedes der andern multiplicirt. Die Richtigkeit dieser Behauptung ist erwiesen, wenn gezeigt ist, daß $ab = ba$ und $a(b + c) = ab + ac$ ist. Diese Gleichungen folgen aber aus der Definition des Produktes.

Wir wollen nun im Folgenden die Multiplikation zweier Zahlgrößen so zu definieren suchen, daß die Multiplikationsregeln bestehen:

$$\text{I) } ab = ba, \quad \text{II) } a(b + c) = ab + ac, \quad \text{III) } (ab)c = (ac)b$$

und als Folge von I und II:

$$\text{IV) } (a + b + c + d + \ldots)(a_1 + b_1 + c_1 + d_1 + \ldots) = \begin{array}{l} aa_1 + ab_1 + ac_1 + ad_1 + \ldots \\ + ba_1 + bb_1 + bc_1 + bd_1 + \ldots \\ + \ldots \end{array}.$$

Wir können, vermöge IV, die Multiplikation von zwei beliebigen Zahlgrößen zurückführen auf eine Addition von Produkten aus (je) zwei Einheiten. Daher muß definiert werden, was unter dem Produkte zweier Einheiten verstanden werden soll. Diese Produkte sind vollkommen bestimmt, wenn wir den folgenden dreien eine Bedeutung gegeben haben. Nämlich setzen wir

$$\varepsilon\varepsilon = \varepsilon; \quad \varepsilon i = i; \quad ii = \varepsilon',$$

so ergeben sich sämmtliche Produkte der Tabelle auf p. 29, als Folgen der Gesetze I und II, indem nämlich, da $(a + a')b = ab + a'b$, $(-a) \cdot b = -(a \cdot b)$ ist. Daß $\frac{\varepsilon_1}{m} \cdot \frac{\varepsilon_2}{n} = \frac{\varepsilon_1 \cdot \varepsilon_2}{m \cdot n}$ ist, ergiebt sich in bekannter Weise auf der Gleichung

$$\left( \frac{\varepsilon_1}{m} + \frac{\varepsilon_1}{m} + \overset{(m)}{\cdots} + \frac{\varepsilon_1}{m} \right) \left( \frac{\varepsilon_2}{n} + \frac{\varepsilon_2}{n} + \overset{(n)}{\cdots} + \frac{\varepsilon_2}{n} \right) = \varepsilon_1 \varepsilon_2.$$

Jetzt ist jede Multiplikation ausführbar; indem man jedes Element einer Zahl $a$ mit jedem Elemente einer Zahl $b$ (nach der gegebenen Definition) multipliciert und die Produkte zu einer Zahl $c$ vereinigt, erhält man das Produkt $a \cdot b$. Daß nun wirklich die Gesetze I, II, III bestehen, läßt sich in einfacher Weise zeigen. Z.B. $abc = acb$:

Ist $\alpha$ ein Element von $a$, $\beta$ eines von $b$, $\gamma$ von $c$, so ist $abc = acb$, wenn $\alpha\beta\gamma = \alpha\gamma\beta$ ist. $\alpha$ sei gleich $\frac{\varepsilon_1}{m}$, $\beta = \frac{\varepsilon_2}{n}$, $\gamma = \frac{\varepsilon_3}{s}$. Dann ist zu zeigen, daß $\frac{\varepsilon_1}{m} \cdot \frac{\varepsilon_2}{n} \cdot \frac{\varepsilon_3}{s} = \frac{\varepsilon_1}{m} \cdot \frac{\varepsilon_3}{s} \cdot \frac{\varepsilon_2}{n}$ oder

$$1) \quad \varepsilon_1 \varepsilon_2 \varepsilon_3 = \varepsilon_1 \varepsilon_3 \varepsilon_2$$

ist. Wir dürfen uns bei dem Beweise, vielmehr Verifikation, der Gleichung 1) auf positive Elemente beschränken, da $(-\varepsilon_1) \cdot \varepsilon_2 \varepsilon_3 = -(\varepsilon_1 \varepsilon_2 \varepsilon_3)$ ist. Ferner brauchen wir die Fälle nicht zu berücksichtigen, in denen $\varepsilon_2 = \varepsilon_3$ ist. Es bleiben daher nur folgende beiden Gleichungen übrig:

$$\left\{ \begin{array}{ccc} \varepsilon\varepsilon i & = & \varepsilon i \varepsilon \\ i\varepsilon i & = & i i \varepsilon \end{array} \right\},$$

die man aus der Tabelle bestätigt.

Die Division ist nun auch in jedem Falle ausführbar. Sind $a$ und $b$ beliebige Zahlen, so ist $a : b$ definiert durch die Gleichung $(a : b) \cdot b = a$.

Sondern wir nun in $a$, wie in $b$ die Elemente, die sich auf die eine und die andere Haupteinheit beziehen! Setzen wir also $a = \overset{\varepsilon,\varepsilon'}{A} + \overset{i,i'}{B}$, $b = A_1 + B_1$. Dann können wir auch versuchsweise $(a : b) = A_2 + B_2$ annehmen und erhalten aus $(A_2 + B_2)(A_1 + B_1) = A + B$ die Gleichungen für $A_2$ und $B_2$:

$$\left. \begin{array}{ccc} A_1 A_2 + B_1 B_2 & = & A \\ A_1 B_2 + B_1 A_2 & = & B \end{array} \right\}.$$

Ich kann $B_1 = iA_3, B_2 = iA_4, B = i\overline{A}$ setzen, dann gehen die Gleichungen über in:

$$\begin{array}{ccc} A & = & A_1 A_2 - A_3 A_4 \\ \overline{A} & = & A_3 A_2 + A_1 A_4 \end{array}$$

$$A_2 = \frac{A A_1 + \overline{A} A_3}{A_1^2 + A_3^2}; \qquad A_4 = \frac{\overline{A} A_1 - A A_3}{A_1^2 + A_3^2}.$$

Diese Werthe von $A_2$ und $A_4$ haben immer Bedeutung, außer wenn $A_1 = 0$ und $A_3 = 0$ ist. Aus ihnen findet man also einen ganz bestimmten Werth des Quotienten $A_2 + B_2 = \frac{A+B}{A_1+B_1}$, außer wenn $A_1 + B_1 = 0$ ist.

Es muß nun auch der Multiplikation (und Division) von complexen Zahlen eine geometrische Bedeutung gegeben werden. Repräsentirt die Strecke $AO$ eine Zahl $b$, so werden die Zahlen $(b,) b', b'', b'''$, von denen jede zur vorhergehenden adjungiert ist, durch $(AO,) AO', AO'', AO'''$ dargestellt, wo $AO'$ senkrecht und gleich $AO$, $AO''$ senkrecht und gleich $AO'$, $AO'''$ senkrecht und gleich $AO''$ ist und $AO'$ auf der positiven Seite von $AO$ liegt. (Positive Seite heißt die, auf welcher, wenn die Axe $AB$ durch Drehung mit $AO$ zur Deckung gebracht wird, $AC$ zu liegen kommt. $AB$ und $AC$ sind bei dieser Drehung als starr verbunden zu betrachten.)

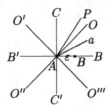

Wenn ich nun das Produkt $ab$ geometrisch (nach der Gaussischen Definition) deuten will, so muß ich so sagen: "Repräsentieren $AO, AO', AO'', AO'''$ die Zahlen $b, b', b'', b'''$, so ist die Strecke $AP$ als das Produkt $ab$ darstellend zu betrachten, wenn sie zu $AO, AO', AO'', AO'''$ dieselbe Lage hat, wie die $a$ darstellende Strecke $AQ$ in Bezug auf $\varepsilon, i, \varepsilon', i'$."
D. 24/5.

Dazu ist nöthig, daß $\angle PAO = \angle QAB$ ist und daß $AP : AO = AQ : AB$ oder $AP : b = a : \varepsilon$ ist.

Hieraus ergiebt sich sofort, wie man die den Quotienten $\frac{a}{b}$ repräsentierende Strecke aus den Strecken $a$ und $b$ zu construiren hat, wenn man nämlich die Definitionsgleichung $\left(\frac{a}{b}\right) \cdot b = a$ berücksichtigt.

## 3.2  Einführung als reelle Algebra

Wir wollen nun die Theorie der complexen Zahlen, die aus vier Einheiten, von denen je zwei, $\varepsilon, \varepsilon'$ und $i, i'$, im Verhältnis der entgegengesetzten Größen zu einander stehen, und deren genauen Theilen gebildet sind, rein analytisch entwickeln, ohne von der geometrischen Deutung derselben Anwendung zu machen. Wir setzen dabei voraus, daß jede der Zahlen eine reale Bedeutung habe. (Dazu genügt die Möglichkeit der Darstellung derselben durch Strecken.) Ferner benutzen wir die oben für Zahlen mit nur einer Einheit aufgestellten Definitionen und Operationsgesetze.

*Endlichkeit der complexen Zahlen:* Jede Zahl $a$ kann in vier Bestandtheile zerlegt werden: $a = A + A' + A'' + A'''$, von denen jeder nur aus <u>Einer</u> Einheit und deren genauen Theilen gebildet ist. Wir nennen die Zahl $a$ endlich, wenn jeder der vier Bestandtheile einen endlichen Werth hat.

*Gleichheit a = b:* Zwei Zahlen $a$ und $b$, $a = A + A' + A'' + A'''$, $b = B + B' + B'' + B'''$, heißen einander gleich, wenn $A + A'' = B + B''$ und $A' + A''' = B' + B'''$ ist; oder wenn $A + \overline{B''} = B + \overline{A''}$, $A' + \overline{B'''} = B' + \overline{A'''}$, wenn $\overline{B''} = -B''$ etc. ... ist.

Die Summe zweier Zahlen erhält man durch Vereinigung der Elemente der einen mit denen der anderen zu einer dritten Zahl.

Die Summe von unendlich vielen Zahlen $a_1 + a_2 + a_3 + \ldots$ ist offenbar endlich, wenn $A_1 + A_2 + A_3 + \ldots$, $A_1' + A_2' + \ldots$, $A_1'' + A_2'' + \ldots$, $A_1''' + A_2''' + \ldots$ endliche Werthe besitzen, wo $A_i, A_i', A_i'', A_i'''$ die gesonderten Bestandtheile von $a_i$ sind. In diesem Falle hat die Summe $a_1 + a_2 + a_3 + \ldots$ jedenfalls eine Bedeutung; es ist dieses jedoch nicht der einzige Fall, in dem $a_1 + a_2 + a_3 + \ldots$ endlich ist.

Es gilt nun der Satz: Theilt man die Glieder einer (unendlichen) Summe $a + b + c + \ldots$ in Gruppen (die in unendlicher Anzahl sein können und von denen jede unendlich viele Glieder der ursprünglichen Summe enthalten kann)

$$\left.\begin{array}{l} a_1, a_1', a_1'' \ldots \\ a_2, a_2', a_2'' \ldots \\ \vdots \end{array}\right\}$$

und vereinigt man die Glieder jeder Gruppe durch Addition zu neuen Zahlen $b_1, b_2$, $b_3 \ldots$, so ist die Summe dieser letzteren der ursprünglichen Summe gleich.

Die Subtraktion von Zahlgrößen bietet keine Schwierigkeit mehr.

Wir gehen nun zur Multiplikation zweier complexen Zahlen. — Ich stelle mir die Aufgabe, aus zwei Zahlen $a$ und $b$ durch eine solche Verknüpfung eine neue Zahl $c = ab$ abzuleiten, so daß für diese Verknüpfung folgende Gesetze gelten:

$$(1)\ ab = ba, \qquad (2)\ (ab)c = (ac)b, \qquad (3)\ a(b+c) = ab + ac.$$

Ferner wird vorausgesetzt, daß, wenn $a = a'$, auch $ab = a'b$, und, wenn $a$ ungleich $a'$, auch $ab$ ungleich $a'b$ ist (daß also die Verknüpfung $ab$ ein eindeutiges Resultat liefert). Aus (1) und (3) folgt auch noch

$$(4)\ (a + b + c + \ldots)(a_1 + b_1 + c_1 + \ldots) = \begin{array}{l} aa_1 + ab_1 + ac_1 + \ldots \\ +\, ba_1 + bb_1 + bc_1 + \ldots \\ +\, \ldots \end{array}.$$

Ist $a = \alpha + \beta + \gamma + \ldots$, wo $\alpha, \beta, \gamma \ldots$ Elemente sind, so ist

$$1)\quad \tfrac{1}{n}a = \tfrac{1}{n}\alpha + \tfrac{1}{n}\beta + \tfrac{1}{n}\gamma + \ldots,$$

denn die rechte Seite $n$mal gesetzt ergiebt in der That $a$.

Wir wollen nun unter einer unbenannten (positiven oder negativen) Zahl eine solche verstehen, bei der die Einheit nicht benannt ist, und, wenn $\xi$ eine solche ist, so wollen wir unter $\xi a$ eine Zahlgröße verstehen, die wir erhalten, wenn an Stelle der unbenannten Einheit die Zahl $a$ gesetzt wird.

Ist $\xi = \frac{1}{n_1} + \frac{1}{n_2} + \ldots - \frac{1}{n_1'} - \frac{1}{n_2'} - \ldots$, so ist unserer Definition gemäß:

$$D \qquad \xi a = \tfrac{1}{n_1}a + \tfrac{1}{n_2}a + \ldots + \tfrac{1}{n_1'}(-a) + \tfrac{1}{n_2'}(-a) + \ldots.$$

Zunächst zeigen wir, daß das rechts stehende Aggregat eine Zahl unseres Zahlengebietes ist.

Wenn $a$ nach den vier Einheiten zerlegt wird, so ist ($a = A + A' + A'' + A'''$ gesetzt) nach Gleichung 1) auf voriger Seite:

$$\xi a = \frac{1}{n_1}A + \frac{1}{n_2}A + \ldots + \frac{1}{n_1}A' + \ldots + \ldots + \ldots +$$
$$+ \frac{1}{n_1'}(-A) + \frac{1}{n_2'}(-A) + \ldots + \frac{1}{n_1'}(-A') + \ldots + \ldots + \ldots,$$

und, wenn $\xi_1 = \frac{1}{n_1} + \frac{1}{n_2} + \ldots$, $\xi_2 = \frac{1}{n_1'} + \frac{1}{n_2'} + \ldots$ gesetzt wird, so ist

$$\xi a = \xi_1 A + \xi_1 A' + \xi_1 A'' + \xi_1 A''' + \xi_2(-A) + \xi_2(-A') + \xi_2(-A'') + \xi_2(-A''').$$

Die Glieder der rechts stehenden Summe haben aber sämmtlich eine Bedeutung, da $A^{(i)}$ nur eine Einheit enthält, also hat auch $\xi a$ einen in unserem Zahlgebiete enthaltenen Werth.

Aus der Definitionsgleichung $D$ ergeben sich unmittelbar folgende Gesetze für das Symbol $\xi$:

$$\xi(a + b) = \xi a + \xi b, \quad \xi(a - b) = \xi a - \xi b,$$

allgemein $\xi(a \pm b \pm c \pm d \pm \ldots) = \xi a \pm \xi b \pm \xi c \pm \xi d \pm \ldots$,

$$(\xi + \eta)a = \xi a + \eta a.$$

Für das folgende ist nun die Eigenschaft des Symbols $\xi$ von Wichtigkeit, daß immer ist:

$$\eta(\xi a) = (\eta \xi)a.$$

Wir nehmen zunächst an, daß $\eta$ und $\xi$ nur positive Elemente enthalten; etwa

$$\xi = \frac{1}{n_1} + \frac{1}{n_2} + \ldots, \qquad \eta = \frac{1}{r_1} + \frac{1}{r_2} + \ldots .$$

$\xi a$ ist dann nach $D$ (p. 32) gleich $\frac{1}{n_1}a + \frac{1}{n_2}a + \frac{1}{n_3}a + \ldots$,

$$\eta(\xi a) = \frac{1}{r_1}\left(\frac{1}{n_1}a + \frac{1}{n_2}a + \frac{1}{n_3}a + \ldots\right) + \frac{1}{r_2}\left(\frac{1}{n_1}a + \ldots\right) + \frac{1}{r_3}\left(\frac{1}{n_1}a + \ldots\right) + \ldots .$$

Nun wenden wir Gleichung 1), p. 32, an und erhalten dann

$$\eta(\xi a) = \begin{cases} \frac{1}{r_1 \cdot n_1}a + \frac{1}{r_1 \cdot n_2}a + \frac{1}{r_1 \cdot n_3}a + \ldots \\ + \frac{1}{r_2 \cdot n_1}a + \frac{1}{r_2 \cdot n_2}a + \frac{1}{r_2 \cdot n_3}a + \ldots \\ + \ldots \end{cases} .$$

Der rechts stehende Ausdruck ist aber nichts anderes als $(\eta\xi)a$, da

$$(\eta\xi) = \frac{1}{r_1 n_1} + \frac{1}{r_1 n_2} + \ldots + \frac{1}{r_2 n_1} + \frac{1}{r_2 n_2} + \ldots$$

ist. Es ist also, wie behauptet, $\eta(\xi a) = (\eta\xi)a$.

Enthalten $\xi$ und $\eta$ auch negative Elemente, ist also $\xi = \xi_1 - \xi_2$, $\eta = \eta_1 - \eta_2$, so ist $\eta(\xi a) = \eta_1(\xi a) - \eta_2(\xi a)$ und $\eta(\xi a) = \eta_1(\xi_1 a - \xi_2 a) - \eta_2(\xi_1 a - \xi_2 a) = (\eta_1\xi_1)a - (\eta_1\xi_2)a - (\eta_2\xi_1)a + (\eta_2\xi_2)a = (\eta\xi)a$. Also gilt der Satz $\eta(\xi a) = (\eta\xi)a$ ganz allgemein.

"Wenn man aus der Gesammtheit der complexen Größen irgend zwei $g$ und $h$ herausgreift, so daß nicht $g = \kappa h$ ist, wo $\kappa h$ durch $D$ (p. 32) definiert ist, so kann jede andere complexe Zahl $a$ dargestellt werden in der Form $a = \xi g + \eta h$."

(Man kann, mit anderen Worten, immer zwei beliebige Zahlen $g$ und $h$ als Elemente einführen.)

$g$ kann immer in die Form gebracht werden $g = \lambda \varepsilon + \lambda' i$, $h$ analog gleich $\mu \varepsilon + \mu' i$, analog $a = \zeta \varepsilon + \vartheta i$; es wird also $a = \xi g + \eta h$ sein, wenn

$$\begin{aligned}
\zeta \varepsilon + \vartheta i &= \xi(\lambda \varepsilon + \lambda' i) + \eta(\mu \varepsilon + \mu' i) = (\xi \lambda)\varepsilon + (\xi \lambda')i + (\eta \mu)\varepsilon + (\eta \mu')i \\
&= \big((\xi \lambda) + (\eta \mu)\big)\varepsilon + \big((\xi \lambda') + (\eta \mu')\big)i
\end{aligned}$$

oder

$$\zeta = \xi \lambda + \eta \mu \qquad \vartheta = \xi \lambda' + \eta \mu',$$

folglich

$$\xi = \frac{\zeta \mu' - \vartheta \mu}{\lambda \mu' - \lambda' \mu} \qquad \eta = \frac{-\zeta \lambda' + \vartheta \lambda}{\lambda \mu' - \lambda' \mu}.$$

Die $\xi$ und $\eta$ sind also immer bestimmbar, mit Ausnahme des Falls, wo $\lambda \mu' - \lambda' \mu = 0$ oder $\lambda = \kappa \mu$, $\lambda' = \kappa \mu'$ oder $g = \kappa h$, welche Gleichung nach Voraussetzung nicht stattfinden soll. (Geometrisch ist der obige Satz und die Nothwendigkeit von $g \neq \kappa h$ sofort klar.)

"Die Multiplikation zweier complexer Größen $a$ und $b$ ist ausführbar, sobald wie wir für irgend zwei (complexe) Größen $g$ und $h$ die Bedeutung von $gg$, $gh$ und $hh$ kennen."

Es ist nämlich zunächst $(\xi a)(\xi' b) = (\xi \xi')ab$. Bedeutet $\eta$ und $\eta'$ $+1$ oder $-1$, so ist, da die Multiplikationsregeln für <u>Eine</u> Haupteinheit als begründet angesehen werden, $(\eta a)(\eta' b) = \eta \eta'(ab)$,

$$\Big(\tfrac{\eta}{n}a + \tfrac{\eta}{n}a + \overset{(n)}{\cdots} + \tfrac{\eta}{n}a\Big)\Big(\tfrac{\eta'}{n'}b + \overset{(n')}{\cdots} + \tfrac{\eta'}{n'}b\Big) = (\eta a)(\eta' b) = \eta \eta'(ab),$$

aber auch gleich $nn' \cdot \big(\tfrac{\eta}{n}a\big)\big(\tfrac{\eta'}{n'}b\big)$. Also ist $\big(\tfrac{\eta}{n}a\big)\big(\tfrac{\eta'}{n'}b\big)$ diejenige Zahl, welche $nn'$ mal gesetzt $\eta \eta'(ab)$ liefert: $\big(\tfrac{\eta}{n}a\big)\big(\tfrac{\eta'}{n'}b\big) = \tfrac{\eta \eta'}{nn'}(ab)$. Ist jetzt $\xi = \tfrac{\eta_1}{n_1} + \tfrac{\eta_2}{n_2} + \ldots$, $\xi' = \tfrac{\eta'_1}{n'_1} + \tfrac{\eta'_2}{n'_2} + \ldots$, so ist

$$(\xi a)(\xi' b) = \sum \big(\tfrac{\eta}{n}a\big)\big(\tfrac{\eta'}{n'}b\big) = \sum \big(\tfrac{\eta}{n}\tfrac{\eta'}{n'}\big)(ab) = \big(\sum \tfrac{\eta}{n}\tfrac{\eta'}{n'}\big)ab = (\xi \xi')ab,$$

wie behauptet.

Es sei $a = \xi g + \xi' h$, $b = \eta g + \eta' h$, dann ist nach vorstehendem Satze:

$$ab = (\xi \eta)gg + (\xi \eta' + \xi' \eta)gh + \xi' \eta'(hh).$$

$ab$ ist also bekannt, wenn die Bedeutung von $(gg)$, $(gh)$, $(hh)$ gegeben ist. Wir verlangen nun, daß diese Symbole wieder Zahlen unseres Gebietes (aus vier Einheiten gebildete) sind, daß also etwa:

$$\text{I} \quad \left\{ \begin{aligned}
gg &= \lambda g + \lambda' h \\
hg = gh &= \mu g + \mu' h \\
hh &= \nu g + \nu' h
\end{aligned} \right\}$$

ist. Da $\xi(\xi'a) = \xi\xi'(a)$ war, so haben wir nun:

$$P \qquad ab = \big(\xi\eta\lambda + (\xi\eta' + \xi'\eta)\mu + \xi'\eta'\nu\big)g + \big(\xi\eta\lambda' + (\xi\eta' + \xi'\eta)\mu' + \xi'\eta'\nu'\big)h.$$

Würde man die Größen $\lambda, \mu, \nu, \lambda', \mu', \nu'$ willkürlich wählen, also die Gleichung $P$ als Definitionsgleichung des Produktes gelten lassen, so würden freilich die Gesetze $ab = ba$, $a(b + c) = ab + ac$ erfüllt, aber im Allgemeinen nicht $(ab)c = (ac)b$ sein, denn letztere Bedingungsgleichung haben wir bislang noch gar nicht berücksichtigt. Ist $c = \zeta g + \zeta' h$, so ist

$$\begin{aligned}
(ab)c \;=\; & (\xi\eta\zeta)(ggg) + (\xi\eta'\zeta + \xi'\eta\zeta)(ghg) + \xi'\eta'\zeta(hhg) \\
& + (\xi\eta\zeta')(ggh) + (\xi\eta'\zeta' + \xi'\eta\zeta')(ghh) + \xi'\eta'\zeta'(hhh), \\
(ac)b \;=\; & (\xi\zeta\eta)(ggg) + (\xi\zeta'\eta + \xi'\zeta\eta)(ghg) + \xi'\zeta'\eta(hhg) \\
& + (\xi\zeta\eta')(ggh) + (\xi\zeta'\eta' + \xi'\zeta\eta')(ghh) + \xi'\zeta'\eta'(hhh).
\end{aligned}$$

Es wird also $(ab)c = (ac)b$ sein, wenn

$$ghg = ggh, \quad hhg = ghh, \quad ggh = ghg, \quad ghh = hhg$$

oder, da die letzten beiden aus den ersten hervorgehen, wenn

$$1)\; ghg = ggh \quad 2)\; hhg = ghh$$

ist. Nach I) und $P$ ist

$$\begin{aligned}
& ghg = \mu(gg) + \mu'(hg) = (\mu\lambda + \mu'\mu)g + (\mu\lambda' + \mu'\mu')h \\
\text{und} \quad & \underline{ggh = \lambda(gh) + \lambda'(hh)} \\[4pt]
& \mu(gg) + (\mu' - \lambda)(gh) - \lambda'(hh) = 0
\end{aligned}$$

und ebenso aus 2)

$$\nu(gg) + (\nu' - \mu)(gh) - \mu'(hh) = 0,$$

also nach I)

$$\left.\begin{array}{llll}
1) & \lambda\mu + \mu(\mu' - \lambda) - \nu\lambda' & = & 0 \\
2) & \lambda'\mu + \mu'(\mu' - \lambda) - \nu'\lambda' & = & 0 \\
3) & \lambda\nu + \mu(\nu' - \mu) - \nu\mu' & = & 0 \\
4) & \lambda'\nu + \mu'(\nu' - \mu) - \nu'\mu' & = & 0
\end{array}\right\} \text{ II.}$$

Diese Gleichungen II zeigen, daß (wenn man noch berücksichtigt, daß 1) und 4) mit einander identisch sind) vier der Größen $\lambda, \mu, \nu, \lambda', \mu', \nu'$ ganz beliebig angenommen werden können. Die beiden übrigen Größen sind dann bestimmt, und die Gesetze $ab = ba$, $(ab)c = (ac)b$, $a(b + c) = ab + ac$ sind dann erfüllt.

Aus 1) und 2), 3) und 4) ergiebt sich:

$$\mu : \mu' - \lambda : -\lambda' = \mu\nu' - \mu'\nu : \nu\lambda' - \nu'\lambda : \lambda\mu' - \lambda'\mu = \nu : \nu' - \mu : -\mu'.$$

Die drei mittleren Determinanten können nun nicht gleichzeitig 0 werden, denn sonst würde sein $\mu : \nu : \lambda = \mu' : \nu' : \lambda'$, also $gg = \mu(g + \varrho h)$, $gh = \nu(g + \varrho h)$, $hh = \lambda(g + \varrho h)$, was nicht zulässig ist. Setzen wir

$$\begin{vmatrix} \mu & \mu' \\ \nu & \nu' \end{vmatrix} : \begin{vmatrix} \nu & \nu' \\ \lambda & \lambda' \end{vmatrix} : \begin{vmatrix} \lambda & \lambda' \\ \mu & \mu' \end{vmatrix} = \varrho : \sigma : \tau,$$

so wird

$$\begin{aligned} \mu &= \kappa\varrho & \nu &= \kappa'\varrho \\ \mu' - \lambda &= \kappa\sigma & \nu' - \mu &= \kappa'\sigma \\ -\lambda' &= \kappa\tau & -\mu' &= \kappa'\tau \end{aligned}$$

oder

$$\begin{aligned} \lambda &= -\kappa\sigma - \kappa'\tau & \mu &= \kappa\varrho & \nu &= \kappa'\varrho \\ \lambda' &= -\kappa\tau & \mu' &= -\kappa'\tau & \nu' &= \kappa'\sigma + \kappa\varrho \end{aligned}$$

$$\mu\nu' - \nu\mu' = \kappa\varrho(\kappa'\sigma + \kappa\varrho) + \kappa'\varrho \cdot \kappa'\tau = \varrho(\varrho\kappa^2 + \sigma\kappa\kappa' + \tau\kappa'^2)$$
$$\nu\lambda' - \nu'\lambda = \sigma(\varrho\kappa^2 + \sigma\kappa\kappa' + \tau\kappa'^2)$$
$$\lambda\mu' - \lambda'\mu = \tau(\varrho\kappa^2 + \sigma\kappa\kappa' + \tau\kappa'^2).$$

$\varrho\kappa^2 + \sigma\kappa\kappa' + \tau\kappa'^2$ darf nicht gleich 0 sein, also auch nicht gleichzeitig $\kappa$ und $\kappa'$.

Es scheint nun, daß die Multiplikation durch verschiedene Wahl von $g$, $h$, $\lambda$, $\mu$, $\nu$, $\lambda'$, $\mu'$, $\nu'$ in verschiedener Weise begründet werden kann.

Wir werden nun aber zeigen, daß bei jedem beliebigen System $g$, $h$, $\lambda$, $\mu$, $\nu$, $\lambda'$, $\mu'$, $\nu'$ zwei Zahlen $\varepsilon$ und $i$ existieren, für welche $\varepsilon\varepsilon = \varepsilon$, $\varepsilon i = i$, $ii = -\varepsilon$ ist, so daß, wenn man $\varepsilon$ und $i$ an Stelle von $g$ und $h$ einführt, immer auf die gewöhnlichen Multiplikationsregeln für complexe Zahlen geführt wird.

Die Division verlangt, aus

$$(\xi g + \xi' h)(\zeta g + \zeta' h) = (\eta g + \eta' h)$$

$\zeta$ und $\zeta'$ durch die übrigen Größen zu bestimmen. Die Gleichung giebt

$$\begin{aligned} \xi\zeta\lambda + (\xi\zeta' + \xi'\zeta)\mu + \xi'\zeta'\nu &= \eta & &\text{und} \\ \xi\zeta\lambda' + (\xi\zeta' + \xi'\zeta)\mu' + \xi'\zeta'\nu' &= \eta', \end{aligned}$$

woraus $\zeta$ und $\zeta'$ gefunden werden kann. Soll allgemein die Division ausführbar sein, so muß auch $\frac{a}{a}$ eine Bedeutung haben und zwar, da $a \cdot \frac{a}{a} \cdot b = a \cdot b$ ist, so muß $\frac{a}{a}$ die Zahl $e$ sein, welche mit jeder beliebigen Zahl multipliciert diese Zahl wieder erzeugt.

$e = \xi g + \xi' h$ sei die Zahl $\frac{a}{a}$, dann soll $eg = \xi(gg) + \xi'(gh) = (\xi\lambda + \xi'\mu)g + (\xi\lambda' + \xi'\mu')h = g$ sein. Also muß $\xi\lambda' + \xi'\mu' = 0$ sein und $\xi\lambda + \xi'\mu = 1$, also

$$\xi = \frac{\mu'}{\lambda\mu' - \mu\lambda'} = -\frac{\kappa'}{\varrho\kappa^2 + \sigma\kappa\kappa' + \tau\kappa'^2}$$

und

$$\xi' = \frac{\kappa}{\varrho\kappa^2 + \sigma\kappa\kappa' + \tau\kappa'^2},$$

also ist

$$e = -\frac{\kappa'}{\varrho\kappa^2 + \sigma\kappa\kappa' + \tau\kappa'^2}\, g + \frac{\kappa}{\varrho\kappa^2 + \sigma\kappa\kappa' + \tau\kappa'^2}\, h.$$

Man sieht leicht, daß für diesen Werth von $e$ auch $eh = h$ ist und folglich $e(\zeta g + \zeta' h) = \zeta(eg) + \zeta'(eh) = \zeta g + \zeta' h$, so daß $e$ wirklich die verlangte Eigenschaft $ea = a$ besitzt. Wir können nun jede Zahl $a$ darstellen in der Form $a = \xi e + \xi' h$ (siehe p. [1]). Die Gleichungen I p. 34 verwandeln sich dann in folgende:

$$
\begin{aligned}
ee &= e \\
eh &= h \\
hh &= \nu e + \nu' h
\end{aligned}
$$

Nun ist $(h - \frac{\nu'}{2}e)(h - \frac{\nu'}{2}e) = hh - \nu' eh + \frac{\nu'\nu'}{4}e = hh - \nu' h + \frac{\nu'\nu'}{4}e$. Setzen wir nun $h_1 = h - \frac{\nu'}{2}e$ und führen $h_1$ an Stelle von $h$ ein, so wird

$$
\begin{aligned}
ee &= e \\
eh_1 &= h_1 \\
h_1 h_1 &= \nu e + \frac{\nu'\nu'}{4}e = \left(\nu + \frac{\nu'\nu'}{4}\right)e = \pm\vartheta e \,,
\end{aligned}
$$

wo $\vartheta$ irgend eine positive unbenannte Zahl bedeutet. Ich kann nun immer eine Zahl $\vartheta_1$ finden, so daß $\vartheta_1 \vartheta_1 = \vartheta$ ist; setze ich also $e_1 = \frac{1}{\vartheta_1}h_1$ oder $h_1 = \vartheta_1 e_1$, so wird $h_1 h_1 = \vartheta_1 \vartheta_1 e_1 e_1 = \vartheta e_1 e_1$. Führe ich schließlich $e_1$ an Stelle von $h_1$ ein, so wird

$$
\begin{aligned}
ee &= e \\
ee_1 &= e_1 \\
e_1 e_1 &= \pm e \,.
\end{aligned}
$$

Ich erhalte also zwei verschiedene Multiplikationsregeln. Nämlich entweder sind zwei Zahlen $\xi e + \xi' e_1$ und $\eta e + \eta' e_1$ so zu multiplicieren, daß

$$
\left|
\begin{aligned}
ee &= e \\
ee_1 &= e_1 \\
e_1 e_1 &= +e
\end{aligned}
\right|
$$

oder daß

$$
\left|
\begin{aligned}
ee &= e \\
ee_1 &= e_1 \\
e_1 e_1 &= -e
\end{aligned}
\right|
$$

gesetzt wird. Im ersteren Falle kommen wir zu nichts Neuem. Zunächst würden wir an Stelle von $e$ und $e_1$ folgende Größen als Einheiten einführen können: $\eta = \frac{1}{2}e + \frac{1}{2}e_1$ und $\eta' = \frac{1}{2}e - \frac{1}{2}e_1$. Dann wird:

$$
\eta\eta = \eta; \qquad \eta'\eta' = \eta' \qquad \text{und} \qquad \eta\eta' = 0.
$$

Es würde also möglich sein, daß ein Produkt gleich 0 wird, ohne daß ein Faktor gleich 0 wird. Aus der Wahrheit der letzteren Thatsache bei der anderen Multiplikationsweise beruht aber z.B. die Theorie der Lösung der algebraischen Gleichungen.

---

[1]gemeint ist wohl die Seite 34

Wenn $a = \lambda\eta + \lambda'\eta'$, $b = \mu\eta + \mu'\eta'$, so ist

$$ab = \lambda\mu\eta + \lambda'\mu'\eta', \qquad \frac{a}{b} = \frac{\lambda}{\mu}\eta + \frac{\lambda'}{\mu'}\eta',$$

$$a + b = (\lambda + \mu)\eta + (\lambda' + \mu')\eta', \qquad a - b = (\lambda - \mu)\eta + (\lambda' - \mu')\eta'.$$

Sämmtliche Rechnungen würden hiernach bestehn in zwei Rechnungen mit einer Einheit und Zusammenfassung der beiden Resultate zu einem durch Addition. Man kommt also auf keine neuen Rechnungsarten und auch zu keinen neuen Wahrheiten. Denn z.B. die Wahrheit $(a+b)(a-b) = a^2 - b^2$ würde, wenn $a = a_1 + b_1$ $(= \lambda\eta + \lambda'\eta')$, $b = a_2 + b_2$ ist, zerfallen in $(a_1+b_1)(a_1-b_1) = a_1^2 - b_1^2$ und $(a_2+b_2)(a_2-b_2) = a_2^2 - b_2^2$. Diese letzteren Gleichungen lehren uns aber nichts Neues. —

Es würde auch bei diesem Multiplikationsgesetze nicht immer die Quadratwurzel einen realen Werth haben. Denn $(\lambda\eta + \lambda'\eta')^2 = \lambda^2\eta + \lambda'^2\eta'$ ist gleich $\mu\eta + \mu'\eta'$, wenn $\lambda^2 = \mu$, $\lambda'^2 = \mu'$, und letztere Gleichungen ergeben nur dann reale Werthe für $\lambda$ und $\lambda'$, wenn $\mu$ und $\mu'$ positiv sind. —

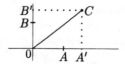

Ist $0A = g$, $0B = h$, $0C = \xi g + \xi'h$, so ist $\xi = \frac{0A'}{0A}$ und $\xi' = \frac{0B'}{0B}$.

Wir wollen nun die zweite Multiplikationsregel adoptieren ($ee = e$, $ee_1 = e_1$, $e_1e_1 = -e$) und $e$ und $e_1$ als Einheiten annehmen. Betrachten wir in $a = \xi e + \xi'e_1$ die unbenannte Einheit als die Einheit $e$ und setzen wir $e_1 = i(e)$, so nimmt jetzt jede Zahl unseres Gebietes die Form an: $a = \xi + \xi'i$, wobei die Multiplikationsregeln sind

$$1 \cdot 1 = 1, \qquad 1 \cdot i = i, \qquad i \cdot i = -1.$$

$\xi$ soll die erste, $\xi'$ die zweite Coordinate der Zahl $a = \xi + \xi'i$ heißen.

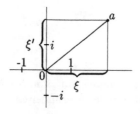

$0a = \sqrt{\xi^2 + \xi'^2}$ heißt der absolute Betrag von $a$, bezeichnet durch $|a|$ (nach Gauss $\xi^2 + \xi'^2$ die Norm; nach Cauchy Modul).

"Der absolute Betrag eines Produktes ist gleich dem Produkte aus den absoluten Beträgen der Faktoren."

$(\xi + \xi'i)(\eta + \eta'i) = (\xi\eta - \xi'\eta') + (\xi\eta' + \xi'\eta)i$, und es besteht die Identität $(\xi\eta - \xi'\eta')^2 + (\xi\eta' + \xi'\eta)^2 = (\xi^2 + \xi'^2)(\eta^2 + \eta'^2)$. Also

$$\text{I)} \quad |a| \cdot |b| = |ab|$$

und folglich allgemein:

$$|a| \cdot |b| \cdot |c| \ldots = |a \cdot b \cdot c \ldots|.$$

Durch Division folgt aus I)

$$\left|\frac{a}{b}\right| = \frac{|a|}{|b|}.$$

"Der absolute Betrag einer Summe ist niemals größer als die Summe der absoluten Beträge der Summanden."

Dies folgt geometrisch aus dem Satze, daß eine Seite eines Polygons nie größer ist als die Summe der übrigen. Analytisch ist er so zu führen:

$$|a + b|^2 = (\xi + \eta)^2 + (\xi' + \eta')^2 = (\xi^2 + \xi'^2) + (\eta^2 + \eta'^2) + 2(\xi\eta + \xi'\eta').$$

Nun ist $(\xi\eta + \xi'\eta')^2 + (\xi\eta' - \xi'\eta)^2 = (\xi^2 + \xi'^2)(\eta^2 + \eta'^2)$, also $(\xi\eta + \xi'\eta') \leq \sqrt{(\xi^2 + \xi'^2)(\eta^2 + \eta'^2)} = |a| \cdot |b|$, also $|a + b|^2 \leq |a|^2 + |b|^2 + 2|a| \cdot |b|$ und $|a + b|^2 \geq |a|^2 + |b|^2 - 2|a| \cdot |b|$, damit

$$\text{I} \qquad |a + b| \leq |a| + |b|$$

q.e.d..

$|a - b| \geq |a| - |b|$, $|a + b| \geq |a| - |b|$. Der absolute Betrag der Summe ist also größer als die Differenz der absoluten Beträge der Summanden. I kann verallgemeinert werden:

$$|a + b + c + \ldots| \leq |a| + |b| + |c| + \ldots.$$

(Bemerkung: Im Folgenden sind unter complexen Zahlen immer solche aus 1, $-1$, $i$, $-i$ gebildete verstanden. Würde man complexe Zahlen mit beliebig vielen Einheiten betrachten, so würde sich zeigen, daß das Rechnen mit solchen Zahlen immer zurückgeführt werden kann auf das Rechnen mit Zahlen, die nur aus vier Einheiten zusammengesetzt sind.[2])

Zahlen, welche die Einheit $i$ nicht enthalten, heißen reelle, solche, die nur die Einheit $i$ enthalten, rein imaginäre.

# 3.3 Unendliche Reihen komplexer Zahlen

---

[2]Die Aussage, die WEIERSTRASS hier offenbar meint, lautet in moderner Notation: Jede endlichdimensionale kommutative und assoziative reelle Algebra mit Einselement, aber ohne (nichttriviale) nilpotente Elemente, ist die ringtheoretisch direkte Summe von Kopien des Körpers der reellen bzw. der komplexen Zahlen. (Satz von WEIERSTRASS-DEDEKIND)

Veröffentlicht wurde dieses Resultat erst 1883 in der Arbeit "Zur Theorie der aus $n$ Haupteinheiten gebildeten complexen Größen (Auszug aus einem an H.A. Schwarz gerichteten Briefe, der Königlichen Gesellschaft der Wissenschaften zu Göttingen mitgetheilt am 1. December 1883.)", vgl. WEIERSTRASS: Mathematische Werke, Band 2, S. 311–339. Nach einer Fußnote auf S. 312 dieses Artikels hat WEIERSTRASS aber bereits im "Wintersemester 1861–62 ... zum ersten Male über diesen Gegenstand etwas vorgetragen".

Es liege eine unendliche Reihe von complexen Zahlengrößen $a_1, a_2, a_3 \ldots$ vor. Dieselbe ist gewiß summierbar, sobald die vier Reihen

$$A_1 + A_2 + \ldots$$
$$A_1' + A_2' + \ldots$$
$$A_1'' + A_2'' + \ldots$$
$$A_1''' + A_2''' + \ldots$$

summierbar sind (vgl. p. 32), wo $A_i$, $A_i'$, $A_i''$, $A_i'''$ die Summen der nur aus den respectiven Einheiten $1$, $-1$, $i$, $-i$ gebildeten Elemente der Zahl $a_i$ sind. Dies ist aber nicht nothwendige Bedingung für die Summierbarkeit der Reihe $a_1, a_2, a_3 \ldots$. Bringen wir nämlich die $a$'s auf die Form $\xi + \xi'i$, so ist $\sum a = \sum \xi + i \sum \xi'$. $\sum a$ wird also ausführbar sein, sobald $\sum \xi$ und $\sum \xi'$ ausführbar ist. Hierauf gründet sich folgender wichtige Satz:

"Die Summe von unendlich vielen complexen Zahlen ist ausführbar, wenn die Summe ihrer absoluten Beträge (oder solcher Zahlen, die größer sind als die absoluten Beträge) ausführbar ist. Und umgekehrt: Ist die Summe von unendlich vielen complexen Zahlen ausführbar, so ist auch die Summe der absoluten Beträge ausführbar."

$a_1, a_2, a_3 \ldots$ seien die complexen Zahlen ($a_k = \xi_k + \xi_k' \cdot i$), $\varrho_1, \varrho_2, \varrho_3 \ldots$ ihre absoluten Beträge. $\varrho$ ist kleiner oder gleich $|\xi| + |\xi'|$, da $\varrho = \sqrt{\xi^2 + \xi'^2}$. Wenn nun $\sum a$ ausführbar sein soll, so muß $\sum \xi$ und $\sum \xi'$ ausführbar sein, oder (p. 18 und ff.) $\sum |\xi_k|$ kleiner als eine angebbare Zahl $\eta$ (wo $\sum |\xi_k|$ die Summe von beliebig vielen der absoluten Beträge der Zahlen $\xi_1, \xi_2 \ldots$ ist), ebenso $\sum |\xi_k'| < \eta'$, also auch $\sum \varrho_k < \eta + \eta'$.

Ist umgekehrt $\sum \varrho$ ausführbar, so ist, da $\varrho^2 = \xi^2 + \xi'^2$ ist, $|\xi| \leq \varrho$ und $|\xi'| \leq \varrho$, also $\sum |\xi| \leq \sum \varrho$ und $\sum |\xi'| \leq \sum \varrho$, also $\sum \xi$ und $\sum \xi'$ ausführbar, folglich auch $\sum \xi + i \sum \xi' = \sum a$, q.e.d..

Ein zweites Criterium für die Ausführbarkeit der Summation unendlich vieler complexer Zahlen $a_1, a_2 \ldots$ ist folgendes:

"$\sum a$ ist ausführbar, sobald die Summe von beliebig vielen der Größen $a$ ihrem absoluten Betrage nach unterhalb einer angebbaren Größe bleibt."

$a_1, a_2, a_3 \ldots$ sei wieder die Reihe der complexen Zahlen. $b_1, b_2, b_3 \ldots$ seien diejenigen unter ihnen, deren erste Coordinate positiv ist. $b_k$ sei gleich $\eta_k + \eta_k'i$. Dann ist nach unserer Annahme $\left|\sum(\eta_k + \eta_k'i)\right| < g$, einer angebbaren Größe. Nun ist $\left|\sum(\eta_k + \eta_k'i)\right| \geq \sum \eta_k$, also auch $\sum \eta_k < g$. Also ist die Summe sämmtlicher vorkommender positiven ersten Coordinaten ausführbar. Ebenso zeigt man, daß die Summe der respectiven vorkommenden negativen ersten Coordinaten, positiven zweiten Coordinaten, negativen zweiten Coordinaten ausführbar ist, woraus geschlossen wird, daß auch $\sum(a)$ ausführbar ist.
D. 31.5.

"Ist die Reihe der complexen Zahlen $a_1, a_2 \ldots$ summierbar, und $s = a_1 + a_2 + a_3 + \ldots$, $s_n = a_1 + \cdots + a_n$, so ist für hinreichend großes $n$ $|s - s_n| < \delta$, wo $\delta$ eine beliebig klein angenommene Größe bezeichnet."

$a_\nu$ sei gleich $\alpha_\nu + i\beta_\nu$, so ist, da für aus positiven Elementen gebildete Zahlen unser Satz gilt, wenn $\sigma = \sum' \alpha_\nu$ die Summe der positiven Zahlen $\alpha_\nu$ bezeichnet,

$\sigma' = \sum'' \alpha_\nu$ die der negativen, entsprechend $\sigma'' = \sum' \beta_\nu$, $\sigma''' = \sum'' \beta_\nu$ :

$$s = \sigma + \sigma' + i(\sigma'' + \sigma'''), \quad s_n = \sigma_n + \sigma'_n + i(\sigma''_n + \sigma'''_n),$$

und

$$\begin{aligned}
|\sigma - \sigma_n| &< \delta \quad \text{für hinreichend großes } n \quad, \\
|\sigma' - \sigma'_n| &< \delta \quad\quad\quad " \quad\quad\quad\quad\quad, \\
|\sigma'' - \sigma''_n| &< \delta \quad\quad\quad " \quad\quad\quad\quad\quad, \\
|\sigma''' - \sigma'''_n| &< \delta \quad\quad\quad " \quad\quad\quad\quad\quad.
\end{aligned}$$

Nun ist

$$\begin{aligned}
|s - s_n| &= \left| \sigma + \sigma' - \sigma_n - \sigma'_n + i(\sigma'' + \sigma''' - \sigma''_n - \sigma'''_n) \right| \\
&< |\sigma - \sigma_n| + |\sigma' - \sigma'_n| + |\sigma'' - \sigma''_n| + |\sigma''' - \sigma'''_n| \\
&< 4\delta,
\end{aligned}$$

q.e.d..

## 3.4 Produkte aus unendlich vielen Zahlen

$a_1, a_2, a_3 \ldots$ seien unendlich viele complexe Zahlen. Wir setzen $a_i = 1 + b_i$. Dann ist

$$a_1 a_2 a_3 \cdots a_n = (1 + b_1)(1 + b_2)(1 + b_3) \cdots (1 + b_n).$$

Das Produkt rechter Hand ist aber die Summe aus sämmtlichen Gliedern der folgenden Gruppen:

$$G \begin{cases} G_0 & 1 \\ G_1 & b_1 \\ G_2 & b_2, b_1 b_2 \\ G_3 & b_3, b_1 b_3, b_2 b_3, b_1 b_2 b_3 \\ \vdots & \cdots \end{cases},$$

von denen die $k^{\text{te}}$ Gruppe $G_k$ aus den mit $b_k$ multiplicierten Gliedern der Gruppen $G_0, G_1 \ldots G_{k-1}$ gebildet wird.

Ein Produkt von unendlich vielen Gliedern liefert in derselben Weise unendlich viele Gruppen $G$, und, wenn die [Reihe der] Größen, die in den Gruppen stehen, unbedingt summierbar ist, so soll ihre Summe als das Produkt $a_1 a_2 a_3 \ldots$ [$= (1 + b_1)(1 + b_2) \ldots$] definiert sein.

Die Reihe der Zahlen $G$ ist nun summierbar, wenn ihre absoluten Beträge summierbar sind, und zu letzterem ist nothwendige und hinreichende Bedingung, daß eine endliche Zahl angegeben werden kann, die größer ist als jede Summe aus beliebig vielen der Zahlen $G$. Oder, was dasselbe ist: $(1 + \beta_1)(1 + \beta_2) \cdots (1 + \beta_n)$ muß immer unterhalb einer angebbaren Größe liegen. $(\beta_i = |b_i|)$.

Wir zeigen nun den wichtigen Satz: "Damit die Summe der Zahlen $G$ und also auch das Produkt $a_1 a_2 a_3 \ldots$ ausführbar sei, ist nothwendig und hinreichend, daß die Summe der absoluten Beträge $\beta_1, \beta_2 \ldots$ der Größen $b_1, b_2 \ldots$ einen endlichen Werth habe."

Zunächst wollen wir voraussetzen, daß $(\beta_1 + \beta_2 + \ldots) = s < 1$ sei. Da $1 + \beta_k = \frac{1}{1-\beta_k/(1+\beta_k)}$, so ist

$$\frac{1}{(1+\beta_1)(1+\beta_2)} = \left(1 - \frac{\beta_1}{1+\beta_1}\right)\left(1 - \frac{\beta_2}{1+\beta_2}\right) > 1 - \frac{\beta_1}{1+\beta_1} - \frac{\beta_2}{1+\beta_2} > 1 - \beta_1 - \beta_2,$$

also $(1+\beta_1)(1+\beta_2) < \frac{1}{1-\beta_1-\beta_2}$. Allgemein ist

$$(1+\beta_1)(1+\beta_2)\cdots(1+\beta_n) < \frac{1}{1-\beta_1-\beta_2\cdots-\beta_n} \qquad \text{I.}$$

Denn angenommen, dieses sei für $n$ bewiesen, so ist

$$(1+\beta_1)\cdots(1+\beta_n)(1+\beta_{n+1}) \quad < \quad \frac{1}{(1-\beta_1\cdots-\beta_n)\left(1-\frac{\beta_{n+1}}{1+\beta_{n+1}}\right)}$$

$$< \quad \frac{1}{1-\beta_1-\cdots-\beta_n-\frac{\beta_{n+1}}{1+\beta_{n+1}}} \quad < \quad \frac{1}{1-\beta_1-\beta_2\cdots-\beta_n-\beta_{n+1}}.$$

Nun gilt der Satz für $n = 2$, also auch allgemein.

$s$ ist aber größer als die Summe aus beliebig vielen der Größen $\beta$, also auch $(1+\beta_1)\cdots(1+\beta_n) < \frac{1}{1-s}$. Es giebt also immer eine angebbare Größe $\frac{1}{1-s}$, die größer ist als die Summe beliebig vieler der Größen der Gruppe $G$, und daher ist die Summe dieser letztern Größen ausführbar.

Die obigen Schlüsse gelten jedoch nur dann, wenn $s < 1$ ist, denn sobald $\beta_1 + \beta_2 + \cdots + \beta_n \geq 1$ wird, gilt die Ungleichung I. nicht mehr.

Ist $s > 1$, so kann ich $s$ zerlegen in $(\beta_1 + \beta_2 + \cdots + \beta_r) + (\beta_{r+1} + \beta_{r+2} + \ldots)$ in der Weise, daß $\beta_{r+1} + \beta_{r+2} + \ldots = s' < 1$ wird. Dann ist $(1 + \beta_1)\cdots(1 + \beta_n) = (1+\beta_1)\cdots(1+\beta_r)\left[(1+\beta_{r+1})\cdots(1+\beta_n)\right]$. Der in der Klammer stehende Ausdruck ist aber nach Obigem immer kleiner als $\frac{1}{1-s'}$, folglich überschreitet auch $(1+\beta_1)\cdots(1+\beta_n)$ nie die Größe $\frac{1}{1-s'}(1+\beta_1)\cdots(1+\beta_r)$, und folglich ist auch für den Fall $s > 1$ $(1+\beta_1)(1+\beta_2)\ldots$ ausführbar, sobald $\beta_1 + \beta_2 + \ldots$ ausführbar ist.

Wenn die Größen $b$ gegeben sind, so kann ich angeben, wie oft jedes Element $\alpha$ in dem Produkte $a_1 a_2 \ldots = (1+b_1)(1+b_2)\ldots$ vorkommt. Ist nämlich $b_m$ die letzte Zahl $b$, welche das Element $\alpha$ enthält, und letzteres darf ja nur in einer endlichen Anzahl von Größen $b$ vorkommen, so entstehen sämmtliche Glieder des Produktes, in denen das Element $\alpha$ vorkommt, aus den Factoren $(1+b_1)(1+b_2)\cdots(1+b_m)$. Das Produkt $p = a_1 a_2 \ldots$ ist also vollkommen bestimmt. Keiner der Factoren des Produktes darf natürlich gleich 0 sein, da sonst das ganze Produkt gleich 0 sein würde.

Wir wollen nun nachweisen, daß $|p - p_n| < \delta$ mit wachsendem $n$ ist, wenn $p$ nach obigen Ausführungen gefunden werden kann (als endliche Zahl), $p_n = a_1 a_2 \cdots a_n$ ist und $\delta$ eine beliebig klein gewählte Größe bezeichnet.

Es ist $\frac{p}{p_n} = (1+b_{n+1})(1+b_{n+2})\ldots = 1 + \varepsilon_n$, $\left|\frac{p}{p_n}\right| = |1 + b_{n+1}| \cdot |1 + b_{n+2}| \ldots \leq (1 + \beta_{n+1})(1 + \beta_{n+2}) \ldots = |1 + \varepsilon_n|$, $(1 + \beta_{n+1}) \ldots < \frac{1}{1-s'}$, wo $s' = \sum_{n+1}^{\infty} \beta$ ist.

Also auch $|1 + \varepsilon_n| < \frac{1}{1-s'}$ oder $|\varepsilon_n| < \frac{s'}{1-s'}$ [3]. $s'$ wird nun für hinreichend großes $n$ beliebig klein, folglich auch $|\varepsilon_n|$. $\frac{p_n}{p} = \frac{1}{1+\varepsilon_n}$. Diese Größe kann der Einheit beliebig nahe gebracht werden, also auch $p_n$ dem Produkte $p$. Daraus folgt: $p - p_n$ nähert sich mit wachsendem $n$ der Null.

Es ist nun zu zeigen, daß für die unendlichen Produkte die Gesetze der Multiplikation gültig bleiben.

"Wenn man aus dem Produkte $a_1 a_2 a_3 a_4 \ldots$ beliebige der Factoren zu Gruppen vereinigt

$$\left\{ \begin{array}{l} a_1', a_1'', \ldots \\ a_2', a_2'', \ldots \\ \ldots \end{array} \right.$$

und bildet dann aus den Gliedern einer jeden Gruppe das Produkt, sie seien $A_1, A_2,$ $A_3, A_4 \ldots$, so ist $A_1 \cdot A_2 \cdot A_3 \ldots = a_1 a_2 a_3 a_4 \ldots$."

Für jedes Produkt $A_\mu = a_\mu' \cdot a_\mu'' \cdot a_\mu''' \ldots$ bilde man die Gruppen

$$G_\mu \left\{ \begin{array}{l|l} G_0^\mu & 1 \\ G_1^\mu & b_\mu' \\ G_2^\mu & b_\mu'', b_\mu' b_\mu'' \quad ; \\ \vdots & \ldots \end{array} \right.$$

so zeigt eine einfache Überlegung, daß jedes Element, welches in den Gliedern der Gruppe $G$ (p. 41) vorkommt, ebenso oft in der Gesammtheit der Glieder der Gruppen $G_\mu$ vorkommt.

*3.6.*

Ist $a_1 a_2 \ldots = \prod(1 + b)$, so ist dieses Produkt endlich, wenn $\sum |b| < g$, einer angebbaren Größe. Dasselbe findet statt für $a_1' a_2' \ldots = \prod(1 + b')$, wenn $\sum |b'| < g'$. Dann ist aber auch $\prod(1+b) \cdot \prod(1+b') = a_1 a_2 \ldots a_1' a_2' \ldots$ endlich, da $\sum |b| + \sum |b'| < g + g'$.

Daher können zwei unendliche Produkte mit einander multiplicirt werden, indem man ein neues Produkt bildet, welches die Factoren beider in ganz beliebiger Reihenfolge zu Factoren hat.

Wenn $a_1 a_2 a_3 \ldots$ einen endlichen Werth hat, so hat auch $\frac{1}{a_1} \cdot \frac{1}{a_2} \cdot \frac{1}{a_3} \ldots$ einen endlichen Werth.

Ist nämlich $a_i = 1 + b_i$, so ist $\frac{1}{a_i} = 1 - \frac{b_i}{1+b_i}$. $|b_i|$ sei gleich $\beta_i$, $|1 + b_i| = \gamma_i$, dann hat $\frac{1}{a_1} \cdot \frac{1}{a_2} \ldots$ einen endlichen Werth, wenn $\frac{\beta_1}{\gamma_1} + \frac{\beta_2}{\gamma_2} + \ldots$ ausführbar ist.

Nun läßt sich immer eine Größe $\gamma$ angeben, so daß $\frac{\beta_i}{\gamma_i} < \frac{\beta_i}{\gamma}$. [4] (Nämlich mindestens für alle $i > n$, wo $n$ eine endliche Zahl: $\gamma_i = |1 + b_i| \geq 1 - |b_i|$ und, da $\sum |b_i|$ ausführbar ist, so muß für ein beliebig klein gewähltes $\delta$ $|b_i| < \delta$, wenn $i > n$, wo $n$ eine endliche Zahl, also $|1 + b_i| \geq 1 - |b_i| > 1 - \delta$.) $\sum\left(\frac{\beta_i}{\gamma}\right)$ ist aber nach

---

[3]HURWITZ hat, wohl während der Mitschrift, ein "?" am Rand neben diesen Rechnungen notiert und, offenbar später, noch die Formeln $|p/p_n| \leq 1 + |\varepsilon_n|$ und $|p/p_n| < 1/(1 - s')$ hinzugefügt.

[4]Neben diesem Satz steht im Manuskript: "Dies scheint falsch.". Die nun folgenden Ausführungen in Klammern sind eine Hinzufügung auf dem Rand, die offenbar späteren Datums ist.

Voraussetzung endlich (da $a_1 a_2 \ldots$ endlich sein soll), also auch $\sum \frac{\beta_i}{\gamma_i}$ und folglich schließlich $\frac{1}{a_1} \cdot \frac{1}{a_2} \cdot \frac{1}{a_3} \ldots$.

$(a_1 a_2 a_3 \ldots)\left(\frac{1}{a_1} \cdot \frac{1}{a_2} \cdot \frac{1}{a_3} \ldots\right)$ ist nach dem obigen Satze gleich 1. Daraus folgt dann die Ausführbarkeit der Division für unendliche Produkte. Nämlich:

$$\frac{a_1 a_2 a_3 a_4 \ldots}{a_1' a_2' a_3' a_4' \ldots} = (a_1 a_2 a_3 \ldots)\left(\frac{1}{a_1'} \cdot \frac{1}{a_2'} \cdot \frac{1}{a_3'} \ldots\right) = \frac{a_1}{a_1'} \cdot \frac{a_2}{a_2'} \cdot \frac{a_3}{a_3'} \ldots .$$

# Teil II

# Einleitung in die Funktionentheorie

# Kapitel 4

# Geschichtliche Entwicklung des Funktionsbegriffs

Verknüpft man beliebig angenommene Zahlen $a, b, c, d \ldots$ zu zweien durch die vier bis jetzt behandelten Rechnungsarten, so erhält man eine neue Reihe von Zahlen. Diese letzteren mögen wieder unter einander und mit den Ausgangszahlen verknüpft werden zu einer dritten Reihe von Zahlen u.s.f.. Jede in einer beliebigen Reihe stehende Zahl $F$ wird dann formell aus den Zahlen $a, b, c \ldots$ zusammengesetzt sein. Der Rechnungausdruck $F$ ist eine bestimmte Zahl, so lange $a, b, c \ldots$ bestimmt angenommene Zahlgrößen sind. Man nannte nun ursprünglich $F$ eine Funktion von $a, b, c, d \ldots$, wenn man sich vorbehielt, für $a, b, c, d \ldots$ jede beliebige Zahlgrößen wählen zu können, so daß $F$ andere und andere Werthe annehmen kann, wenn man $a, b, c, d \ldots$ andere und andere Werthe beilegt.

Diese Definition der Funktion erweiterte sich zunächst dadurch, daß man neben den vier Grundoperationen noch andere einführte. Indem nämlich das Produkt aus $n$ gleichen Factoren $b$ abgekürzt $b^n$ geschrieben wurde, entstand die Frage, $b$ aus $a$ und $n$ so zu finden, daß $b^n = a$ ist. Mit andern Worten: man führte das Radicieren als Operation ein, symbolisch angedeutet durch $\sqrt[n]{a}$. Alles, was durch diese letzte und die vier Grundoperationen aus einer Anzahl unbestimmt gelassener Zahlen $a, b, c \ldots$ zusammengesetzt werden konnte, nannte man Funktion der Größen $a, b, c \ldots$. Mit der Ausdehnung der Potenz mit ganzzahligen Exponenten auf solche mit beliebigen Exponenten ergab sich die neue Operation des Logarithmierens.

Durch die Forderung, daß eine Funktion, in dem bisher entwickelten Sinne genommen, einer Zahl gleich sein sollte, $f(a, b, c \ldots) = m$, kam man auf die Erweiterung des Funktionsbegriffes durch Gleichungen. Man nannte eine Größe einer beliebigen Gleichung (in der die bis jetzt angegebenen Operationen vorkommen) eine Funktion der übrigen in derselben vorkommenden und unbestimmt gelassenen Größen. Man konnte nun noch für solche Funktionen bestimmte Symbole einführen u.s.f..

Eine andere und scheinbar sehr allgemeine Definition einer Funktion gab zuerst

J.Bernoulli:[1]

"Wenn zwei veränderliche Größen so mit einander zusammenhängen, daß jedem
Werth der einen eine gewisse Anzahl bestimmter Werthe der andern entsprechen, so
nennt man jede der Größen eine Funktion der andern." Z.B. die Coordinaten eines
Punktes einer Curve sind Funktionen des Bogens, der zwischen ihm und einem
fest angenommenem Punkte liegt. Auch in der Mechanik treten viele Beispiele auf,
welche die Bernoullische Definition rechtfertigen.

Dieselbe gilt jedoch zunächst nur für reelle Zahlen. Sie ist aber überhaupt vollkommen unhaltbar und unfruchtbar. Es ist nämlich unmöglich, aus ihr irgend welche
allgemeinen Eigenschaften der Funktionen abzuleiten, und wenn dennoch in neuerer
Zeit die Analysten, welche die Bernoullische Definition adoptierten, die Funktionentheorie erfolgreich behandelten, so war dies die Folge davon, daß sie stillschweigend
noch andere Eigenschaften der Funktionen voraussetzten, als die, welche aus der
Bernoullischen Definition folgen. So z.B. folgt aus der besagten Definition durchaus nicht, daß jede Funktion einen Differenzialquotienten hat, letzterer definiert
als der Coefficient von $h$ in dem Ausdruck $(y = f(x)$, $y + k = f(x + h)$ gesetzt):
$k = f(x + h) - f(x) = ch + c_1 h$. Selbst dann nicht läßt sich die Existenz des Coefficienten $c$ beweisen, wenn man annimmt, daß die Funktion stetig sei. (Bertrand
führt einen solchen Beweis[2]; derselbe ist jedoch falsch.) Es giebt nämlich wirklich
Funktionen, die stetig sind und nicht differenzierbar sind, z.B.

$$\left. \begin{aligned} x &= b\cos(at) + b^2\cos(a^2 t) + b^3\cos(a^3 t) + \dots \\ y &= b\sin(at) + b^2\sin(a^2 t) + \dots \end{aligned} \right\} \ b < 1.$$

Diese Funktionen haben für jedes $t$ einen endlichen Werth, aber keinen Differenzialquotienten, sobald $ab > 1$ ist.[3]

Die Fourier'sche Darstellung der Funktionen, die in Bernoullischer Weise definiert sind zwischen einem Intervall $a$ bis $b$, ist, wie Dirichlet gezeigt hat, nur
anwendbar, wenn die Funktion in dem Intervall $a$ bis $b$ eine endliche Anzahl von
Maximis und Minimis hat.[4]

Der nächste Fortschritt in dem Funktionsbegriff wird durch die Einführung complexer Argumente bezeichnet. Da man sah, daß jeder Satz, den man über Gleichungen mit reellen Wurzeln gefunden hatte, auch dann noch gültig bleibt, wenn nicht
alle Wurzeln reell sind, sondern andere in der symbolischen Form $a + b\sqrt{-1}$ auftreten (wo $\sqrt{-1}$ definiert war durch die Gleichung $\sqrt{-1} \cdot \sqrt{-1} = -1$) und man

---

[1]Man vergleiche die Definitionen im Schreiben von Johann BERNOULLI an LEIBNIZ vom 5.Juli
1698 in LEIBNIZ: Mathematische Schriften, Erste Abteilung, Band III.B, S. 507, und in der Note
"Remarques sur ce qu'on a donné jusqu'ici de solutions des problemes sur les isoperimetres", Mem.
Acad. Roy. Sci. Paris 1718, in Johann BERNOULLI: Opera Omnia, Band II, S. 241.

[2]in seinem "Traité de calcul differentiel et de calcul intégral", erster Teil, Paris 1864

[3]WEIERSTRASS hat dieses Gegenbeispiel bereits am 18. Juli 1872 in der Berliner Akademie
vorgestellt: "Über continuirliche Functionen eines reellen Arguments, die für keinen Werth des
letzteren einen bestimmten Differentialquotienten besitzen.", in: Mathematische Werke, Band 2,
S.71–74.

[4]"Sur la convergence des séries trigonométriques qui servent à représenter une fonction arbitraire
entre des limites données", Crelles Journal, Band 4, S. 157–169 (1829), insb. S. 168–169, auch in
DIRICHLET: Werke, Band 1, S. 117–132, insb. S. 131.

genau so mit diesen letztern Größen rechnet, als wären sie reell, so lag es nahe, auch complexe Größen $a + b\sqrt{-1}$ als Argumente einzuführen.

(Gauss bewies, daß jede ganze rationale Funktion $f(x)$ sich in lineare und quadratische Factoren spalten läßt. Da bei quadratischen Gleichungen nun, wenn die Wurzeln nicht reell sind, dieselben in der Form $a + b\sqrt{-1}$ erscheinen, so ist klar, daß jede beliebige Gleichung sowohl reelle als auch complexe Wurzeln haben kann.) Diese Erweiterung der Argumente geschah zuerst an der Exponentialfunktion $e^x$. Euler erhielt durch Einführung von $a + bi$ an Stelle von $x$ in $e^x$, letzteres definiert als $\sum \frac{x^n}{n!}$, die Moivreschen Relationen zwischen $e^x$, $\sin x$ und $\cos x$ und sah, daß alle Folgerungen, die aus diesen Relationen sich ergaben, richtig waren. Nun wurden auch für andere Funktionen complexe Argumente eingeführt. Bei solchen Erweiterungen von Funktionen, die nur für ein beschränktes Gebiet von Argumenten definiert waren, kam es immer darauf an, dieselbe so zu stellen, daß die für die nicht erweiterte Funktion gefundenen Sätze auch für die erweiterte bestehen blieben.

Aus der Bernoullischen Definition der Funktion ist die Möglichkeit einer solchen Erweiterung nicht zu ersehen. Und in der That giebt es auch Funktionen (in Bernoullis Sinn), welche keine Erweiterung zulassen — nicht analytische —. Solche, deren Definition auf das ganze Zahlengebiet zu erweitern möglich ist, heißen analytische.

$f(x)$ sei ein aus $a, b, c \ldots x$ zusammengesetzter Ausdruck, so ist $f(u+vi) = p+qi$ zu setzen. Also

$$f'(u + vi) = \frac{\partial p}{\partial u} + i\frac{\partial q}{\partial u} \qquad \text{und} \qquad if'(u + vi) = \frac{\partial p}{\partial v} + i\frac{\partial q}{\partial v}.$$

Also

$$\frac{\partial p}{\partial v} = \frac{\partial q}{\partial u}; \quad \frac{\partial p}{\partial u} = -\frac{\partial q}{\partial v} \qquad \text{I.}$$

Diese Differentialgleichungen gelten für jede durch Rechnungsoperationen dargestellte Funktion. Demgemäß kann man die analytische Funktion so definieren: $p+qi$ ist eine analytische Funktion von $u+vi$, wenn $p, q$ von $u$ und $v$ so abhängen, daß die Gleichungen I gültig sind. Diese Definition rechtfertigt sich allerdings, indem man später sieht, daß alle Funktionen, auf die man stößt, sie befriedigen; sie setzt jedoch die Kenntnis und Möglichkeit der Ableitung voraus, ist also wohl schlecht geeignet, um von ihr aus die Theorie der analytischen Funktionen zu begründen.

Wie wir nun oben immer von Einfacherem zu Schwierigerm gegangen sind, so wollen wir auch jetzt von den einfachsten Funktionen (den sogenannten rationalen) ausgehen, dann den Funktionsbegriff erweitern durch Betrachtung von Ausdrücken, die aus unendlich vielen rationalen Funktionen zusammengesetzt sind. Es wird sich zeigen, daß wir schon dann die Mittel haben, jedes beliebige Abhängigkeits-Verhältnis zwischen Größen zu behandeln.

# Kapitel 5

# Rationale Funktionen

## 5.1 Identitätssätze und Interpolationsformeln

Jeder durch die vier Grundoperationen gebildete Ausdruck aus veränderlich gedachten Größen $a, b, c, d \ldots$ heißt eine rationale Funktion der letzteren. Sieht man in der Reihe der Größen $a, b, c, d \ldots x$ sämmtliche als fest gegeben an bis auf die Größe $x$, welche veränderlich sein soll, so haben wir in einem solchen Ausdruck eine rationale Funktion der einen Veränderlichen $x$ vor uns.

Alle rationalen Funktionen einer Variabeln können auf eine der folgenden beiden Formen gebracht werden:

$$1)\ a_0 + a_1 x + a_2 x^2 + \cdots + a_n x^n \qquad \text{oder} \qquad 2)\ \frac{b_0 + b_1 x + b_2 x^2 + \cdots + b_n x^n}{c_0 + c_1 x + c_2 x^2 + \cdots + c_m x^m}.$$

Die Funktionen der ersten Form heißen (rationale) ganze, die der zweiten Form (rationale) gebrochene Funktionen vom $n^{\text{ten}}$ Grade $(n > m)$.

Ebenso haben die rationalen Funktionen mehrerer Variabeln eine der beiden Formen

$$\sum a_{\lambda\mu\nu\ldots} x^\lambda y^\mu z^\nu \ldots \qquad \text{oder} \qquad \frac{\sum a_{\lambda\mu\nu\ldots} x^\lambda y^\mu z^\nu \ldots}{\sum b_{\lambda_1\mu_1\nu_1\ldots} x^{\lambda_1} y^{\mu_1} z^{\nu_1} \ldots},$$

(ganze Funktionen, gebrochene Funktionen mehrerer Variabeln).

"Zwei ganze Funktionen einer Variabeln sind nur dann identisch, wenn die Coefficienten gleich hoher Potenzen in beiden gleich sind." Die ganzen Funktionen denken wir uns dabei in die Form 1) gebracht.

Zunächst zeigen wir, daß eine ganze Funktion vom $n^{\text{ten}}$ Grade nur dann für mehr als $n$ Werthe der Variabeln 0 werden kann, wenn jeder Coefficient in derselben zu 0 wird. Es sei

$$\begin{aligned} f(x) &= a_0 + a_1 x + a_2 x^2 + a_3 x^3 + \cdots + a_n x^n \\ \text{und} \quad 0 &= a_0 + a_1 x_1 + a_2 x_1^2 + a_3 x_1^3 + \cdots + a_n x_1^n, \quad \text{so ist} \end{aligned}$$

$$f(x) = (x - x_1)\left[a_1 + a_2(x + x_1) + a_3(x^2 + xx_1 + x_1^2) + \cdots \right.$$
$$\left. \cdots + a_n(x^{n-1} + \cdots + x_1^{n-1})\right]$$

oder $f(x) = (x - x_1)f_1(x) = (x - x_1)(x - x_2)f_2(x) = \ldots = a_n(x - x_1)(x - x_2)\cdots$
$(x - x_n)$. Soll nun $f(x)$ außer für $x_1, x_2 \ldots x_n$ auch noch für $x_{n+1}$ verschwinden,
$x_{n+1} \neq x_1, x_2 \ldots x_n$, so muß $a_n = 0$ sein. Dann wird $f(x) = a_0 + a_1 x + \cdots +$
$a_{n-1}x^{n-1}$, und, da $f(x)$ für mehr als $(n-1)$ Werthe von $x$ verschwindet, auch
$a_{n-1} = 0$ u.s.f. $a_{n-2} = 0, \ldots a_3 = 0, a_2 = 0, a_1 = 0$.

Soll nun $f(x)$ identisch gleich sein der Funktion $\varphi(x)$, so muß $f(x) - \varphi(x) = 0$
für jeden Werth von $x$ verschwinden. Dies ist nach Vorhergehendem nicht anders
möglich, als wenn

$$a_0 = a_0', a_1 = a_1', a_2 = a_2', \ldots, a_n = a_n', a_{n+1} = 0, \ldots, a_{n+m} = 0,$$

wobei $f(x) = a_0 + a_1 x + a_2 x^2 + \cdots + a_n x^n + a_{n+1} x^{n+1} + \cdots + a_{n+m} x^{n+m}$ und
$\varphi(x) = a_0' + a_1' x + a_2' x^2 + \cdots + a_n' x^n$ war.

Damit ist unser Satz erwiesen. Wir haben aber noch mehr gezeigt, als in unserer Absicht lag. Es geht nämlich aus obigem noch folgender wichtiger Satz hervor:
"Damit $f(x)$ und $\varphi(x)$ zwei identische Funktionen von $x$ sind, von nicht höherem
als dem $n^{\text{ten}}$ Grade, ist nothwendig und hinreichend, daß dieselben für $(n+1)$ verschiedene Werthe der Variabeln dieselben Werthe annehmen."(Von den Funktionen
$f(x)$ und $\varphi(x)$ soll die vom höchsten Grade vom $n^{\text{ten}}$ Grade sein.)

Wir können nun leicht diejenige ganze Funktion von $x$ bestimmen, welche für
die von einander verschiedenen Werthe $x_0, x_1 \ldots x_n$ der Variabeln $x$ die Werthe
$y_0, y_1 \ldots y_n$ annimmt. $\frac{(x-x_1)(x-x_2)\cdots(x-x_n)}{(x_0-x_1)(x_0-x_2)\cdots(x_0-x_n)} y_0$ nimmt für $x = x_0$ den Werth $y_0$ an
und für $x = x_1$ oder $x_2$ oder $x_3 \ldots$ oder $x_n$ den Werth 0.

$$F(x) = \frac{(x-x_1)(x-x_2)\cdots(x-x_n)}{(x_0-x_1)(x_0-x_2)\cdots(x_0-x_n)} y_0 + \frac{(x-x_0)(x-x_2)\cdots(x-x_n)}{(x_1-x_0)(x_1-x_2)\cdots(x_1-x_n)} y_1 + \cdots$$
$$\cdots + \frac{(x-x_0)(x-x_1)\cdots(x-x_{n-1})}{(x_n-x_0)(x_n-x_1)\cdots(x_n-x_{n-1})} y_n$$

ist also eine Funktion, welche die verlangte Eigenschaft hat, und jede andere Funktion, welche dieselben Bedingungen erfüllt, ist identisch mit $F(x)$.

"Zwei Funktionen mit beliebig vielen Veränderlichen $x, y, z \ldots$, in $x, y, z \ldots$ vom
Grade $n, r, s \ldots$ resp., sind nur dann identisch, wenn der Coefficient von $x^\mu y^\varrho z^\sigma \ldots$
in der einen gleich ist dem Coefficienten desselben Gliedes in der andern. Es ist aber
zur Identität zweier solcher Funktionen hinreichend, daß sie für $(n+1)(r+1)(s+1) \ldots$
verschiedene Werthsysteme der Variabeln denselben Werth annehmen."(Wobei die
Werthesysteme gebildet sein müssen aus $(n+1)$ verschiedenen Werthen für $x$, $(r+1)$
für $y$ etc..) Dieser Satz wird bewiesen sein, wenn wir zeigen, daß eine Funktion
$f(\overset{n}{x}, \overset{r}{y}, \overset{s}{z}, \ldots)$ [1] nur dann für $(n+1)(r+1)(s+1) \ldots$ Werthesysteme, die wie im Satze
angegeben gebildet sind, verschwinden kann, wenn ihre Coefficienten sämmtlich
gleich 0 sind. [Denn sind $\varphi$ und $\psi$ zwei verschiedene Funktionen, so werden dieselben
identisch sein, wenn $f = \varphi - \psi$ identisch 0 ist.] Wir werden nun zeigen, daß, wenn

---

[1]Das Symbol über einer Veränderlichen bezeichnet den Grad des Polynoms in dieser Veränderlichen.

der Satz für zwei Variabele gültig ist, er auch für eine Funktion $f$ mit drei Variabeln gilt. Aus diesem Beweise wird erhellen, daß man ähnlich zeigen kann, daß unser Satz richtig ist für $(n + 1)$ Variable, wenn er es für $n$ Variable war. Da wir ihn für eine Variable bewiesen haben, so gilt er dann allgemein.

$$\text{I.} \quad \begin{cases} x_1, x_2, x_3 \ldots x_{n+1} & \text{seien} \quad n + 1 \quad \text{verschiedene} \quad \text{Zahlen} , \\ y_1, y_2 \ldots y_{r+1} & \quad '' \quad\quad r + 1 \quad\quad '' \quad\quad\quad '' \quad , \\ z_1, z_2 \ldots z_{s+1} & \quad '' \quad\quad s + 1 \quad\quad '' \quad\quad\quad '' \quad , \end{cases}$$

und wir wollen annehmen, daß $f(x_\nu, y_\varrho, z_\sigma)$ verschwindet für $\nu = 1, 2 \ldots n + 1$, $\varrho = 1, 2 \ldots r + 1$, $\sigma = 1, 2 \ldots s + 1$. Wir können nun $f(x, y, z)$ nach Potenzen von $z$ ordnen:

$$\begin{aligned} f(x, y, z) &= f_0(x, y) + f_1(x, y)z + f_2(x, y)z^2 + \cdots + f_s(x, y)z^s, \\ f(x_\nu, y_\varrho, z) &= f_0(x_\nu, y_\varrho) + f_1(x_\nu, y_\varrho)z + \cdots + f_s(x_\nu, y_\varrho)z^s. \end{aligned}$$

Diese Funktion der <u>einen</u> Variabeln $z$ soll für die $(s + 1)$ Werthe $z_1, z_2 \ldots z_{s+1}$ von $z$ verschwinden. Also muß $f_0(x_\nu, y_\varrho) = 0$, $f_1(x_\nu, y_\varrho) = 0$, ..., $f_s(x_\nu, y_\varrho) = 0$ sein. Damit ist der Satz für die drei Variabeln $x, y, z$ auf zwei, $x$ und $y$, zurückgeführt.

Ist das Werthesystem I. gegeben und außerdem $(n + 1)(r + 1)(s + 1)$ Größen, $w_{\nu, \varrho, \sigma}$, $\nu = 1, 2 \ldots n + 1$, $\varrho = 1, 2 \ldots r + 1$, $\sigma = 1, 2 \ldots s + 1$, so kann man eine ganze Funktion $f(\overset{n}{x}, \overset{r}{y}, \overset{s}{z})$ finden, welche den Bedingungen genügt $f(x_\nu, y_\varrho, z_\sigma) = w_{\nu, \varrho, \sigma}$. Dieselbe ist nämlich

$$\begin{aligned} f = &\sum_{\nu=1}^{\nu=n+1} \sum_{\varrho=1}^{\varrho=r+1} \sum_{\sigma=1}^{\sigma=s+1} w_{\nu, \varrho, \sigma} \times \\ &\times \frac{(x - x_1)(x - x_2) \cdots (x - x_{\nu-1})(x - x_{\nu+1}) \cdots (x - x_{n+1})}{(x_\nu - x_1)(x_\nu - x_2) \cdots (x_\nu - x_{\nu-1})(x_\nu - x_{\nu+1}) \cdots (x_\nu - x_{n+1})} \times \\ &\times \frac{(y - y_1) \cdots (y - y_{r+1})}{(y_\varrho - y_1) \cdots (y_\varrho - y_{r+1})} \cdot \frac{(z - z_1) \cdots (z - z_{s+1})}{(z_\sigma - z_1) \cdots (z_\sigma - z_{s+1})}. \end{aligned}$$

Ebenso läßt sich die entsprechende Aufgabe für beliebig viele Variable lösen.

Eine gebrochene rationale Funktion $\frac{f(x)}{g(x)}$ wird mit einer andern $\frac{\varphi(x)}{\psi(x)}$ identisch sein, wenn $\frac{f(x)}{g(x)} - \frac{\varphi(x)}{\psi(x)}$ oder $D = f(x) \cdot \psi(x) - \varphi(x) \cdot g(x)$ identisch 0 ist. Letzteres ist aber eine ganze rationale Funktion $2n^{\text{ten}}$ Grades, wenn die gebrochene Funktion vom höchsten Grade vom Grade $n$ ist. Wenn also die Differenz $D$ für $2n + 1$ Werthe von $x$ verschwindet, so ist $\frac{f(x)}{g(x)} \equiv \frac{\varphi(x)}{\psi(x)}$, voraus gesetzt, daß für keinen der $2n + 1$ Werthe von $x$ $g(x)$ oder $\psi(x)$ gleich 0 wird.

## 5.2 Algebraische Theorie der Polynomringe

Wenn $f$ eine rationale ganze Funktion ist — das Folgende gilt sowohl für ganze rationale Funktionen mit einer als auch mit beliebig vielen Veränderlichen —, $g$ und $h$ ebenfalls, und es ist $f = g \cdot h$, so heißt $f$ durch $g$ und durch $h$ theilbar.

Zwei Funktionen $f$ und $g$ haben einen gemeinsamen Theiler, wenn sie durch ein und dieselbe dritte Funktion theilbar sind. Es giebt nun für beliebig viele rationale Funktionen $f, g, h, i, k \ldots$ immer einen größten gemeinschaftlichen Theiler, d.h. einen solchen, von dem alle übrigen Theiler der Funktionen wieder Theiler sind. Da ein Theiler einer Funktion immer von niedrigerem Grade sein muß als diese, so muß der größte gemeinschaftliche Theiler mehrerer Funktionen von niedrigerem Grade sein als diejenige unter den Funktionen, die den niedrigsten Grad hat.

Läßt sich zeigen, daß die Funktionen $f, g, h \ldots$ einen gemeinschaftlichen Theiler $t$ vom Grade $\kappa$ und keinen von höherem Grade haben, so ist jeder andere gemeinschaftliche Theiler der Funktionen auch ein Theiler von $t$. Ist nämlich $f = t \cdot f'$, $g = t \cdot g'$, $h = t \cdot h' \ldots$ und zugleich $\vartheta$ ein anderer Theiler von $f, g, h \ldots$, also $f = \vartheta \cdot f''$, $g = \vartheta \cdot g''$, $h = \vartheta \cdot h'' \ldots$, so würde, wenn $\vartheta$ nicht Theiler von $t$ wäre, sondern mit $t$ einen kleinern Theiler $\vartheta'$ gemein hätte, so daß $\vartheta = \vartheta' \cdot \vartheta''$, $t = \vartheta' \cdot t'$ wäre, die Funktion $\vartheta' \cdot \vartheta'' \cdot t' = \vartheta'' \cdot t$ gemeinschaftlicher Theiler der Funktionen $f, g, h \ldots$ sein. Dies widerstreitet der Voraussetzung, daß $t$ der gemeinschaftliche Theiler vom höchsten Grade sein sollte. — Wir betrachten zunächst Funktionen einer Variabeln $x$:

$$f(x) = a_0 x^m + a_1 x^{m-1} + \cdots + a_m, \quad g(x) = b_0 x^n + b_1 x^{n-1} + \cdots + b_n \quad (m > n).$$

Wir können nun $b_0^n f(\overset{m}{x}) = h(\overset{m-n}{x}) g(\overset{n}{x}) + k(x)$ schreiben, wo $k(x)$ von niedrigerm Grade als $g$ ist. Setzen wir nämlich versuchsweise $h(\overset{m-n}{x}) = c_0 x^{m-n} + c_1 x^{m-n-1} + \cdots + c_{m-n}$, so ist

$$g \cdot h = b_0 c_0 x^m + (b_0 c_1 + b_1 c_0) x^{m-1} + (b_0 c_2 + b_1 c_1 + b_2 c_0) x^{m-2} + \cdots .$$

Nun bestimmen wir die $c$ so, daß wird

$$\left. \begin{aligned} b_0 c_0 &= a_0 b_0^n \\ b_0 c_1 + b_1 c_0 &= a_1 b_0^n \\ \vdots \qquad &\quad \vdots \\ b_0 c_{m-n} + b_1 c_{m-n-1} + \cdots + b_{m-n} c_0 &= a_{m-n} b_0^n. \end{aligned} \right\}$$

Dieses sind $m - n + 1$ Gleichungen für die $(m - n + 1)$ Größen $c$.

$$c_0 = a_0 b_0^{n-1}, \; c_1 = a_1 b_0^{n-1} - b_1 a_0 b_0^{n-2} = C_1 b_0^{n-2}, \; \ldots c_{m-n} = C_{m-n} b_0^{2n-m-1}.$$

Nachdem die $c$ so bestimmt sind, stimmen die Funktionen $b_0^n f(\overset{m}{x})$ und $h(\overset{m-n}{x}) g(\overset{n}{x})$ in $(m - n + 1)$ Gliedern überein. Also ist $k(x) = b_0^n f(x) - h(x) g(x)$ höchstens vom Grade $(n - 1)$, da $k(x)$ $(m + 1) - (m - n + 1) = n$ Glieder höchstens enthält. Wir können also immer setzen $b_0^n f(\overset{m}{x}) = h(\overset{m-n}{x}) g(\overset{n}{x}) + k(\overset{n-1}{x})$ oder, gleichmäßiger geschrieben, $\alpha \cdot F = G_1 \cdot F_1 + F_2$, wo $F$ und $F_1$ zwei gegebene Funktionen sind, $F_1$ von niedrigerem Grade als $F$ und $F_2$ von niedrigerem als $F_1$. Haben nun $F$ und $F_1$ einen gemeinschaftlichen Theiler $t$, so haben denselben auch $F_1$ und $F_2$. Wir schreiben daher $\beta \cdot F_1 = G_2 \cdot F_2 + F_3$, $F_3$ wieder von niedrigerem Grade als $F_2$. Jetzt muß $t$ auch Theiler von $F_3$ sein. Fahren wir in dem Algorithmus fort, so wird:

$$\text{I.} \quad \left\{ \begin{array}{rcl} \alpha F & = & G_1 F_1 + F_2 \\ \alpha_1 F_1 & = & G_2 F_2 + F_3 \\ \alpha_2 F_2 & = & G_3 F_3 + F_4 \\ \vdots & & \vdots \end{array} \right\},$$

wo jedes $F$ mit höherem Index von niedrigerem Grade ist als die von niedrigerem Index; alle Funktionen $F$ haben der größten gemeinsamen Theiler von $F$ und $F_1$ zum Theiler. Die Reihe der Gleichungen I muß nothwendig einmal abbrechen, da sich der Grad der Funktionen $F$ mit jedem höheren Index mindestens um eine Einheit vermindert. Es können nun zwei Fälle eintreten. Entweder nämlich hat die letzte der Gleichungen I die Form $\alpha_{n-1} F_{n-1} = G_n F_n$ oder $\alpha_{n-1} F_{n-1} = G_n F_n + \text{Const.}$. Im ersteren Falle ist $F_n$, eine wirkliche Funktion, der gesuchte größte gemeinschaftliche Theiler; im zweiten Falle haben $F$ und $F_1$ nur eine Constante als gemeinschaftlichen Theiler.

Für Funktionen mit mehreren Variabeln läßt sich in ähnlicher Weise der gemeinschaftliche Theiler finden.[2]

Ein anderer Weg, den gemeinschaftlichen Theiler zweier ganzer rationaler Funktionen $F(x)$ und $G(x)$ zu finden, ist folgender. Es ist immer möglich, zu zwei gegebenen Funktionen (Es sind im folgenden immer unter Funktionen ganze rationale Funktionen verstanden, wenn nicht das Gegentheil ausdrücklich bemerkt ist.) $F$ und $G$ zwei andere $\varphi$ und $\psi$ zu bestimmen, so daß $F\varphi + G\psi = c$ ist, wo $c$ eine Constante bezeichnet, die aber nicht willkürlich ist. Ist nämlich

$$F = a_0 x^m + a_1 x^{m-1} + \cdots + a_m, \quad G = b_0 x^n + b_1 x^{n-1} + \cdots + b_n,$$

und setzen wir

$$\varphi = \alpha_0 x^{n-1} + \alpha_1 x^{n-2} + \cdots + \alpha_{n-1}, \quad \psi = \beta_0 x^{m-1} + \beta_1 x^{m-2} + \cdots + \beta_{m-1},$$

so ist $F\varphi + G\psi = \gamma_0 x^{m+n-1} + \gamma_1 x^{m+n-2} + \cdots + \gamma_{m+n-1}$, wobei

$$\begin{array}{rcl} \gamma_0 & = & \alpha_0 a_0 + \beta_0 b_0 \\ \gamma_1 & = & \alpha_0 a_1 + \beta_0 b_1 + \alpha_1 a_0 + \beta_1 b_0 \\ \gamma_2 & = & \alpha_0 a_2 + \beta_0 b_2 + \alpha_1 a_1 + \beta_1 b_1 + \alpha_2 a_0 + \beta_2 b_0 \\ \vdots & & \ddots \\ \gamma_{m+n-1} & = & \qquad\qquad\qquad \alpha_{n-1} a_m + \beta_{m-1} b_n. \end{array}$$

---

[2] Auf dem Rand der Seite hat HURWITZ neben diesem Absatz ein "?" notiert.

Die Verallgemeinerung auf mehrere Veränderliche findet sich in anderen Vorlesungsmitschriften, etwa der von KILLING (1868), S. 22–27, oder von HETTNER (1874), S. 133–138 und 146–155, insb. S. 154: WEIERSTRASS gibt ein Kriterium an, wann zwei Polynome einen nicht-trivialen gemeinsamen Teiler besitzen, und ein Verfahren, um in diesem Falle den größten gemeinsamen Teiler zu bestimmen.

$F\varphi + G\psi = c$ liefert die Bedingungen $\gamma_0 = \gamma_1 = \gamma_2 \ldots = \gamma_{m+n-2} = 0$ ($\gamma_{m+n-1} = c$)[3]. Dieses sind $(m+n-1)$ homogene Gleichungen für die $m+n$ Größen $\alpha_0, \ldots \alpha_{n-1}$, $\beta_0, \ldots \beta_{n-1}$ und bestimmen daher im Allgemeinen die Verhältnisse

$$\alpha_0 : \alpha_1 : \alpha_2 : \alpha_3 : \cdots : \alpha_{n-1} : \beta_0 : \beta_1 : \cdots : \beta_{n-1},$$

so daß es in der That möglich ist, die Funktionen $\varphi$ und $\psi$ zu finden. (Bis auf einen willkürlichen Proportionalitätsfaktor sind $\varphi$ und $\psi$ eindeutig bestimmt.) Wird die Constante $c$, die im Allgemeinen durch jene $(m+n-1)$ homogenen Gleichungen bis auf einen Proportionalitätsfaktor bestimmt ist, gleich 0, so haben $F$ und $G$ einen gemeinschaftlichen Theiler. Dies (daß $c = 0$) ist eine nothwendige und hinreichende Bedingung dafür, daß $F$ und $G$ einen gemeinschaftlichen Theiler haben. Nothwendig ist sie, denn, wenn $F\varphi + G\psi = c$ ist und $F$ und $G$ haben einen gemeinschaftlichen Theiler (von höherem als vom $0^{\text{ten}}$ Grade), so muß derselbe auch in $c$ enthalten sein, d.h. $c$ muß gleich 0 sein. Wir wollen nun zeigen, daß die Bedingung $c = 0$ auch eine hinreichende ist.

Nehmen wir an, $\varphi$ und $\psi$ ließen sich bis auf einen Proportionalitätsfaktor eindeutig bestimmen, so daß $F_m\varphi + G_n\psi = 0$ [4] ist. $\varphi$ ist vom $(n-1)^{\text{sten}}$, $\psi$ vom $(m-1)^{\text{sten}}$ Grade. Bezeichnet dann $\chi$ eine ganze Funktion von $x$, so können wir $\chi$ so wählen, daß

$$\text{I} \quad \left\{ \begin{array}{rcl} F &=& \chi\psi + \psi_1 \\ G &=& -\chi\varphi - \varphi_1 \end{array} \right\}$$

ist und daß $\psi_1$ und folglich auch $\varphi_1$ (vermöge der Gleichung $F\varphi = -G\psi$) von niedrigerem Grade sind als $\psi$, $\varphi$ resp.. Aus den beiden Gleichungen I folgt dann

$$(G \cdot F - F \cdot G) = 0 = G(\chi\psi + \psi_1) - F(-\chi\varphi - \varphi_1)$$

oder, da $G\psi + F\varphi = 0$, $G\psi_1 + F\varphi_1 = 0$. Da wir aber angenommen haben, daß $\varphi$ und $\psi$ sich eindeutig bestimmen ließen aus der Gleichung $F\varphi + G\psi = 0$, so muß $\psi_1 = \varphi_1 = 0$ sein. Also aus I, $F = \chi\psi$, $G = -\chi\varphi$, d.h. $F$ und $G$ haben den gemeinschaftlichen Theiler $\chi$. — Aus dem Vorhergehenden folgt das wichtige Resultat: "Jede rationale Funktion läßt sich darstellen als Quotient zweier rationaler ganzer Funktionen, die keinen gemeinschaftlichen Theiler gemein haben."

Wie man nach dem größten gemeinschaftlichen Theiler zweier und mehrerer ganzer rationaler Funktionen fragen kann, so kann man auch das kleinste gemeinschaftliche Vielfache mehrerer gegebener rationaler oder ganzer Funktionen suchen. — Die Theorie der rationalen Funktionen ist sehr ausgebreitet. Zu ihr gehören die Determinanten- und die Invariantentheorie. Dann die Theorie der algebraischen Gleichungen. In letzterer ist der zuerst von Gauss bewiesene Satz ein fundamentaler: "Daß nämlich jede Gleichung vom $n^{\text{ten}}$ Grade $n$ Wurzeln von der Form $a + bi$ hat."

Für mehrere Gleichungen mit beliebig vielen Unbekannten (zunächst mit so vielen als Gleichungen vorhanden sind) gilt folgender Satz: "Sind $x_1, x_2 \ldots x_n$ die

---

[3]Formel im Text gestrichen
[4]Die Indices geben hier den Grad von $F$ bzw. $G$ an.

Unbekannten, so läßt sich das System der Gleichungen, wenn es überhaupt Wurzeln hat, zurückführen auf ein oder mehrere andere Systeme von der Form: Ganze rationale Funktion von $y_1$ gleich 0, und $y_2, y_3 \ldots y_n$ sämmtlich rationale Funktionen von $y_1$. Dabei sind die Unbekannten $y_1, y_2 \ldots y_n$ lineare Funktionen der ursprünglichen Unbekannten $x_1, x_2, x_3 \ldots x_n$. Ist das ursprüngliche Gleichungssystem für die $x$ ersetzbar durch ein einziges System für die $y$ von der angegebenen Form, so heißt das ursprüngliche Gleichungssystem irreduktibel, im anderen Falle reduktibel."

## 5.3  Stetigkeit rationaler Funktionen

Die complexen Werthe, die die Argumente von Funktionen annehmen können, bilden ein Continuum, indem wir gesehen haben, daß jeder complexen Zahl ein Punkt einer Ebene zugewiesen werden kann (complexe Zahlenebene) und daß umgekehrt zu jedem Punkt der Ebene eine bestimmte complexe Zahl zugehört. — Eine beschränkt veränderliche Größe ist eine solche, welche nicht alle complexen Zahlenwerthe annehmen soll.

Wir sagen von einer veränderlichen Größe — sei sie nun unbeschränkt oder beschränkt veränderlich —, sie könne unendlich kleine Werthe annehmen oder sie sei solcher Werthe fähig, wenn unter den Werthen, die sie annehmen kann, Größen sind kleiner als jede beliebig klein angenommene Größe.

Eine veränderliche Größe $x$ wird mit einer andern $y$ gleichzeitig unendlich klein, heißt: "Nach Annahme einer beliebig kleinen Größe $\varepsilon$ läßt sich für $x$ eine Grenze $\delta$ feststellen, so daß für jeden Werth von $x$, für welchen $|x| < \delta$, der zugehörige Werth von $|y| < \varepsilon$ wird."

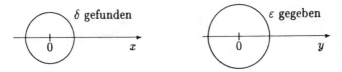

Wenn den Werthen $x_1, x_2, x_3 \ldots x_n$ einer oder mehrere Werthe von $y$ entsprechen, und es läßt sich nach Annahme einer beliebig kleinen Größe $\varepsilon$ eine Größe $\delta$ so feststellen, daß für $|x_1| < \delta, |x_2| < \delta \ldots |x_n| < \delta$  $|y| < \varepsilon$ wird, so sagt man, $x_1, x_2, \ldots x_n, y$ werden gleichzeitig unendlich klein.

"Ist $y = (a_{11}x_1 + a_{12}x_2 + \cdots a_{1n}x_n) + (x_1, x_2, \ldots x_n)_2 + \cdots + (x_1, x_2, \ldots x_n)_\nu$, wo das Symbol $(x_1, x_2, \ldots x_n)_a$ eine ganze rationale Funktion der Variabeln $x$ bezeichnet, die nur solche Glieder enthält $x_1^{a_1} x_2^{a_2} x_3^{a_3} \cdots x_n^{a_n}$, für welche $a_1 + a_2 + \cdots + a_n = a$ ist, so wird $y$ gleichzeitig mit den Variabeln $x$ unendlich klein."

Beweis: Es sei $g$ der, dem absoluten Betrage nach, größte Coefficient in dem Ausdruck für $y$. $\xi_a$ sei gleich $|x_a|$. Dann ist $\left|(x_1, x_2, \ldots x_n)_a\right| < |g|(\xi_1 + \xi_2 + \cdots + \xi_n)^a$, also, $\xi_1 + \xi_2 + \cdots + \xi_n = \xi$ gesetzt,

$$|y| < |g|(\xi + \xi^2 + \cdots + \xi^\nu), \qquad |y| < g \cdot \xi \cdot \frac{1 - \xi^\nu}{1 - \xi}.$$

Sind alle $|x| < \delta$, so wird $|y| < g(n\delta) \cdot \frac{1 - (n\delta)^\nu}{1 - \delta}$. Durch genügend klein gewähltes $\delta$

kann nun immer bewerkstelligt werden, daß $|y| < \varepsilon$, eine gegebene Größe, wird, so daß also in der That $y$ mit $x_1, x_2 \ldots x_n$ gleichzeitig unendlich klein wird.

$f(x_1, x_2, x_3 \ldots x_n)$ sei eine ganze rationale Funktion von $x_1, \ldots x_n$, so ist

$$f(x_1 + h_1, x_2 + h_2 \ldots x_n + h_n) - f(x_1, x_2 \ldots x_n)$$

die Änderung der Funktion, wenn sich die Variabeln resp. um $h_1, h_2 \ldots h_n$ ändern. Die Entwicklung der obigen Differenz ist offenbar eine ganze rationale Funktion in den $h$'s und wird gleich 0, wenn alle $h$'s gleich 0 werden; sie hat daher die Form

$$a_{11}h_1 + a_{12}h_2 + \cdots + a_{1n}h_n + (h_1, \ldots h_n)_2 + \ldots .$$

Folglich, nach dem obigen Satze:

"Erfährt jede der Variabeln einer ganzen rationalen Funktion eine unendlich kleine Änderung, so ändert sich auch die ganze Funktion um unendlich kleines." — Besser: Die Änderung der Funktion wird gleichzeitig unendlich klein mit der Änderung der Variabeln. — Man sagt dafür kürzer: "Die Funktion verändert sich continiuerlich mit den Argumenten."

Dieser Satz gilt allgemein für alle rationalen Funktionen, nur nicht für solche Werthsysteme der Variabeln, für welche die Funktion gleich $\frac{k}{0}$ wird.

Jede rationale Funktion läßt sich auf die Form bringen: $\frac{g(x_1, x_2 \ldots x_n)}{h(x_1, x_2 \ldots x_n)}$, wo die Funktionen $g$ und $h$ rational und ganz sind. Wir werden nun, um unsere Behauptung als richtig zu erweisen, die Differenz bilden müssen:

$$D = \frac{g(x_1 + h_1, x_2 + h_2 \ldots x_n + h_n)}{h(x_1 + h_1, x_2 + h_2, \ldots x_n + h_n)} - \frac{g(x_1 \ldots x_n)}{h(x_1 \ldots x_n)} = \frac{g+k}{h+l} - \frac{g}{h},$$

wo $k$ und $l$ gleichzeitig mit $h_1, h_2 \ldots h_n$ unendlich klein werden. $D$ ist $= \frac{hk - gl}{h(h+l)}$. Ist $h$, wie vorausgesetzt, nicht gleich 0, so wird dieser Bruch gleichzeitig mit $k$ und $l$ unendlich klein, also auch mit $h_1, h_2, \ldots h_n$.

# Kapitel 6

# Konvergenz von Funktionenreihen

Wie wir nun oben in der allgemeinen Zahlenlehre von Summen mit einer endlichen Anzahl Summanden den Fortschritt zu solchen mit unendlich vielen Gliedern machten, so wollen wir auch jetzt von solchen Ausdrücken, die aus einer endlichen Anzahl von rationalen Funktionen zusammengesetzt sind oder gedacht werden können, zu solchen übergehen, welche aus unendlich vielen rationalen Funktionen, die durch Addition mit einander verknüpft sind, gebildet sind. Dabei sollen die zusammensetzenden Funktionen alle dieselben Argumente $(x_1, \ldots x_n)$ haben. Ein solcher Ausdruck

$$f_1(x_1, \ldots x_n) + f_2(x_1, \ldots x_n) + f_3(x_1, \ldots x_n) + \ldots \text{in inf.},$$

soll, wenn er eine Bedeutung hat, auch noch eine Funktion von $(x_1, \ldots x_n)$ heißen. — Wir wollen uns zunächst auf den Fall beschränken, daß die $f$ Funktionen einer Variabeln $x$ sind, da alles, was im Folgenden gesagt wird, sich mit Leichtigkeit auf den allgemeineren Fall mehrerer Variabeln übertragen läßt.

Der Ausdruck $f_1(x) + f_2(x) + f_3(x) + \ldots$ hat natürlich nur für solche Werthe des Argumentes $x = x_0$ eine Bedeutung, für welche die Zahlenreihe $f_1(x_0), f_2(x_0), \ldots$ eine Summe hat, unbedingt convergent ist. Wir werden nun außerdem den Ausdrücken $f_1(x) + f_2(x) + \ldots$ noch solche Einschränkungen auferlegen, daß sie nicht nur für einzelne diskrete Werthe von $x$ Sinn haben, sondern, daß sie, wenn sie für $x = a$ convergieren, dies auch noch für unendlich wenig von $a$ verschiedene Werthe von $x$ thun, mit andern Worten, daß ihr "Gültigkeitsbereich" ein Continuum bildet; ferner werden wir sie so beschränken, daß sie sich stetig mit dem Argumente ändert. — Um dies zu erreichen, setzen wir fest, daß die Reihe $f_1(x), f_2(x), \ldots$ für alle Werthe von $x$, für welche sie überhaupt eine Summe hat, "gleichmäßig convergiert". Wir wissen nämlich, daß, wenn die Reihe für $x = x_0$ convergiert, sich für $n$ eine Grenze $\nu$ so feststellen läßt, daß für jedes $n > \nu$

$$\left| s_0 - \big( f_1(x_0) + f_2(x_0) + \cdots + f_n(x_0) \big) \right| < \delta,$$

wo $s_0$ die Summe der Reihe für $x = x_0$ und $\delta$ eine beliebig klein angenommene Größe bedeutet. Wenn nun eine Grenze $N$ für $n$ festgesetzt werden kann, so daß für jedes $n > N$   $|s - s_n| < \delta$ wird für <u>alle</u> Werthe des Argumentes, die in dem Gültigkeitsbereich der Reihe $f_1(x) + f_2(x) + \ldots$ liegen, so heißt diese letztere Reihe gleichmäßig convergent. Die Bedingung kann auch so ausgedrückt werden: $\big|f_{n+1}(x) + f_{n+2}(x) + \ldots \text{ in inf.}\big| < \delta$ für hinreichend großes $n$ und für jeden Werth von $x$ innerhalb des Gültigkeits- oder Convergenzbereiches der Funktion.

Eine Funktion, die gleichmäßig convergiert, erlaubt eine bis auf eine angebbare Genauigkeit angenäherte Berechnung. Es sei $y = f_1(x) + f_2(x) + \ldots$ und $\varphi_1(x), \varphi_2(x) \ldots$ Funktionen, für welche $\big|f_a(x) - \varphi_a(x)\big| < \varepsilon$, wo $\varepsilon$ eine (sehr) kleine Größe ist. Ist nun $y$ gleichmäßig convergent, so kann eine Zahl $n$ angegeben werden, so daß $\big|y - f_1(x) - f_2(x) \cdots - f_n(x)\big| < \delta$ oder

$$\big|y - \varphi_1(x) - \varphi_2(x) \cdots - \varphi_n(x) - \big(f_1(x) - \varphi_1(x)\big) - \big(f_2(x) - \varphi_2(x)\big) - \ldots\big| < \delta,$$

also auch

$$\big|y - \varphi_1(x) - \varphi_2(x) \cdots - \varphi_n(x)\big|$$
$$- \big|f_1(x) - \varphi_1(x)\big| - \big|f_2(x) - \varphi_2(x)\big| - \cdots - \big|f_n(x) - \varphi_n(x)\big| < \delta,$$

und, da $\big|f_a(x) - \varphi_a(x)\big| < \varepsilon$, $\big|y - \varphi_1(x) - \varphi_2(x) \cdots - \varphi_n(x)\big| < \delta + n\varepsilon$ ist, also mit einem angebbaren Grade von Genauigkeit $|y| = \big|\varphi_1(x) + \varphi_2(x) + \cdots + \varphi_n(x)\big|$ gesetzt werden kann.

Wir wollen nun zeigen, daß jede Funktion $\varphi(x) = f_0(x) + f_1(x) + \ldots$, die gleichmäßig convergiert, sich stetig mit dem Argumente ändert. Dazu muß nachgewiesen werden, daß, wenn $x = x_0$ gesetzt wird, wo $x_0$ dem Convergenzbereiche von $\varphi$ angehört, $\varphi(x_0 + h) - \varphi(x_0)$ zu gleicher Zeit mit $h$ unendlich klein wird.

Wir bringen $\varphi(x)$ in die Form $\varphi(x) = f_0(x) + \cdots + f_{n-1}(x) + \varphi_1(x)$. Ist $\delta$ eine beliebig klein angenommene Größe und $\delta = \delta_1 + 2\delta_2$, so können wir $n$ so groß wählen, daß $\big|\varphi_1(x)\big| < \delta_2$ wird für jeden Wert von $x$. $\varphi(x_0 + h) - \varphi(x_0)$ ist nun

$$= \sum_{\nu=0}^{\nu=n-1} f_\nu(x_0 + h) - f_\nu(x_0) + \varphi_1(x_0 + h) - \varphi_1(x_0),$$

$\big|\varphi_1(x_0 + h)\big| < \delta_2, \big|\varphi_1(x_0)\big| < \delta_2$, also $\big|\varphi_1(x_0 + h) - \varphi_1(x_0)\big| < 2\delta_2$. Von den Gliedern der Summe $\displaystyle\sum_{\nu=0}^{\nu=n-1} \big(f_\nu(x_0 + h) - f_\nu(x_0)\big)$ wissen wir aber — die $f_\nu(x_0)$ sind ja rationale Funktionen —, daß man für $h$ eine Grenze $\varepsilon$ feststellen kann, so daß für jedes $h < \varepsilon$ $\big|f_\nu(x_0 + h) - f_\nu(x_0)\big| < \frac{\delta_1}{n}$ wird, und folglich

$$\left|\sum_{\nu=0}^{n-1} \big(f_\nu(x_0 + h) - f_\nu(x_0)\big)\right| < \left(\sum_{\nu=0}^{n-1} \big|f_\nu(x_0 + h) - f_\nu(x_0)\big|\right) < \delta_1.$$

Anderseits war $\big|\varphi_1(x_0 + h) - \varphi_1(x_0)\big| < 2\delta_2$, folglich $\big|\varphi(x_0 + h) - \varphi(x_0)\big| < (\delta_1 + 2\delta_2) = \delta$. Es läßt sich also in der That nach Annahme einer beliebig kleinen Größe $\delta$ für $h$

eine Größe $\varepsilon$ derart festsetzen, daß für jedes $h < \varepsilon$   $\left|\varphi(x_0 + h) - \varphi(x_0)\right| < \delta$ wird, q.e.d..

Wir wollen noch bemerken, daß man, ebenso wie man Summen aus unendlich vielen rationalen Funktionen mehrerer Variabeln bildet, auch Produkte aus ihnen zusammensetzen kann und diese Produkte eine Sinn habende Funktion der Variabeln nennt für alle Werthe der letztern, die das Produkt zu einem endlichen (ausführbaren) machen.[1]

---

[1] vergleiche auch Abschnitt 12.4

# Kapitel 7

# Potenzreihen

## 7.1 Konvergenzverhalten von Potenzreihen

Zunächst wollen wir solche Funktionen $f_1(x) + f_2(x) + \ldots$ in inf. betrachten, bei welchen alle constituierenden Funktionen $f$ rationale ganze Funktionen sind. Indem wir uns aus $f_1(x), f_2(x), f_3(x), \ldots$ alle die Glieder in ein und dieselbe Gruppe gebracht denken, die gleich hohe Potenzen von $x$ enthalten, die Glieder, die in einer Gruppe stehen, zusammenfassen, können wir unsere specielle Art von Funktionen in der Form schreiben

$$\varphi(x) = a_0 + a_1 x + a_2 x^2 + a_3 x^3 + \ldots \text{ in inf..}$$

$\varphi(x)$ heißt eine Potenzreihe von $x$.

Für die Potenzreihen gilt folgender Fundamentalsatz über ihre Convergenz:

"Bleiben die Glieder $a_0, a_1 x, a_2 x^2, \ldots$ in inf. einer Potenzreihe für $x = x_0$ sämmtlich dem absoluten Betrage nach kleiner als eine angebbare Größe $g$, so ist die Potenzreihe für alle $|x| < |x_0|$ convergent."

$|a_n x_0^n| < g$ nach Voraussetzung oder, $|a_n| = \alpha_n$, $|x| = \xi$, $|x_0| = \xi_0$ gesetzt: $\alpha_n \xi_0^n < g$, daher $\alpha_n \xi^n < g \cdot \left(\frac{\xi}{\xi_0}\right)^n$. Nun ist $\sum_{n=0}^{\infty} g \left(\frac{\xi}{\xi_0}\right)^n$ unbedingt convergent, wenn $\xi < \xi_0$ ist; $\sum_0^{\infty} g \left(\frac{\xi}{\xi_0}\right)^n$ hat nämlich dann den Werth $g \cdot \frac{1}{1-\xi/\xi_0}$. $\sum \alpha_n \xi^n$ ist also auch ausführbar für $\xi < \xi_0$. Unsere Potenzreihe ist daher für jedes $|x| < |x_0|$ unbedingt convergent.

Die Summen der Glieder unserer Potenzreihe vom $r^{\text{ten}}$ an, $\sum_r^{\infty} a_n x^n$, ist, dem absoluten Betrage nach kleiner als $\sum_r^{\infty} g \cdot \left(\frac{\xi}{\xi_0}\right)^n = g \cdot \left(\frac{\xi}{\xi_0}\right)^r \cdot \frac{1}{1-\xi/\xi_0}$. Diese Summe — der Rest der Potenzreihe — kann folglich durch hinreichend groß gewähltes $r$ so klein gemacht werden, als man nur will.

Einen bestimmten Werth des Argumentes wollen wir, in Rücksicht auf die geometrische Veranschaulichung der complexen Zahlen, als eine Stelle, einen Punkt bezeichnen. Alle Punkte, für welche eine Funktion convergiert, bilden ihren Convergenzbezirk. Ein Punkt $x_1$ liegt im Innern des Convergenzbezirks, wenn eine, wenn auch noch so kleine Größe $\delta$ angegeben werden kann, so daß die Funktion

auch noch für jedes $x$ convergiert, welches der Bedingung genügt $|x - x_1| < \delta$. Die
Punkte $x$ heißen die Umgebung des Punktes $x_1$ vom Radius $\delta$ und sind geometrisch
repräsentiert durch sämmtliche Punkte des Innern eines um $x_1$ mit $\delta$ als Radius
beschriebenen Kreises.

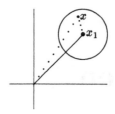

Ein Punkt $x_1$ liegt an der Grenze des Convergenzbezirks, wenn die Punkte seiner
Umgebung von beliebig klein gewähltem Radius nicht sämmtlich dem Convergenzbezirk angehören, aber wenn unter ihnen doch eine ganze Anzahl enthalten sind,
für die die Funktion convergiert.

Ein Punkt $x_1$ liegt außerhalb des Convergenzbereichs, wenn $\delta$ so klein gewählt
werden kann, daß die Umgebung vom Radius $\delta$ des Punktes $x_1$ <u>keinen</u> Punkt enthält,
für welchen die Funktion convergiert.

Aus dem Satze, daß eine unendliche Reihe complexer Größen unbedingt convergent ist, wenn es die Reihe ihrer absoluten Beträge ist, folgen sofort folgende
Sätze: Liegt ein Punkt $x_1$ im Innern, auf der Grenze, außerhalb des Convergenzbe-
reiches einer Potenzreihe, so liegen sämmtliche Punkte innerhalb, auf der Grenze,
außerhalb desselben, welche auf der Kreisperipherie liegen, die durch $x_1$ geht und
deren Mittelpunkt der Nullpunkt ist. Daraus ergiebt sich:

"Der Convergenzbezirk einer Potenzreihe ist immer durch einen Kreis um den
Nullpunkt begrenzt." Für jeden Punkt des Innern des Convergenz<u>kreises</u> convergiert
die Potenzreihe. Es ist aber immer zu untersuchen, ob auch noch die Punkte der
Peripherie des Convergenzkreises die Funktion zu einer convergenten Reihe machen
oder nicht.

Für Potenzreihen gilt nun noch folgendes bekannte Convergenzkriterium:

"Die Reihe $a_0, a_1 x, a_2 x^2, \ldots$ convergiert, wenn für wachsendes $n$ sich $\left|\frac{a_n}{a_{n-1}}\right|$ dem
Werth $k$ nähert, für jedes $x < \frac{1}{k}$."

$\left|\frac{a_n}{a_{n-1}}\right|$ nähert sich der Größe $k$ mit wachsendem $n$ heißt: $k - \left|\frac{a_n}{a_{n-1}}\right| < \delta$ oder auch
$\left|\frac{a_n}{a_{n-1}}\right| - k < \delta$ (wo $\delta$ eine beliebig klein angenommene Größe ist) für hinreichend groß
gewähltes $n$. Angenommen, man könne nun zeigen, daß $\left|\frac{a_n}{a_{n-1}}\right|$ beständig kleiner als
$h$ sei, so hat man $|a_n| < |a_{n-1}| h$. Daraus leitet man her: $|a_n| < h^n |a_0|$, also: $|a_n x_0^n| <$
$|a_0|$ für jedes $|x_0| = \frac{1}{h}$. Unsere Reihe würde also nach dem Fundamentalsatz über
Convergenz für jedes $x_0 < \frac{1}{h}$ convergieren. Ist nun $\left|\frac{a_n}{a_{n-1}}\right| < k + \delta$ von $n = r$ an,
so convergiert $x^r (a_r + a_{r+1} x + a_{r+2} x^2 + \ldots)$ für alle $|x| < \frac{1}{k+\delta}$. Da aber $\delta$ so klein
gewählt werden kann, als man nur immer will, so ist die Potenzreihe convergent für
jedes $x < \frac{1}{k}$.

Für die Reihe $\sum \frac{x^n}{n!}$ ist z.B. $\frac{a_n}{a_{n-1}} = \frac{1}{n}$. Es kann aber $\frac{1}{n}$ durch passende Wahl von

$n$ so klein gemacht werden, als man will; daher convergiert $\sum \frac{x^n}{n!}$ für jeden beliebig großen Werth von $x$.

Ein anderes Criterium für die Convergenz der Potenzreihe $\sum a_n x^n$ ist folgendes: "Wenn $\sqrt[n]{a_n}$ von einem Gliede an beständig kleiner als $k$ ist, so convergiert die Reihe für jedes $|x| < \frac{1}{k}$."

Diese Sätze über Convergenz lassen sich sofort auf Potenzreihen mit mehreren Variabeln übertragen. Wir wollen diese Übertragung nur für Reihen mit 2 Variabeln durchführen, da dieselbe für mehr Variabeln dann keinerlei Schwierigkeit hat. Zunächst sei bemerkt, daß eine Potenzreihe $\sum a_{\lambda\mu} x^\lambda y^\mu$, wenn sie als solche gelten soll, eine unbedingt summierbare sein muß, daß also die einzelnen Glieder in irgend welcher Reihenfolge summiert werden dürfen.[1]

"Wenn eine Potenzreihe $\sum a_{\lambda\mu} x^\lambda y^\mu$ für $x = x_0$ und $y = y_0$ nur Glieder enthält von endlichem Werth, etwa der absolute Betrag jedes einzelnen kleiner als $g$, so convergiert dieselbe für jedes Werthsystem $x, y$, für welches $x < x_0$, $y < y_0$ ist."

Es ist $|a_{\lambda\mu} x_0^\lambda y_0^\mu| < g$, also $|a_{\lambda\mu} x^\lambda y^\mu| < g \cdot \left|\frac{x}{x_0}\right|^\lambda \cdot \left|\frac{y}{y_0}\right|^\mu$, daher

$$\sum a_{\lambda\mu} x^\lambda y^\mu < \sum g \cdot \left|\frac{x}{x_0}\right|^\lambda \cdot \left|\frac{y}{y_0}\right|^\mu = g \cdot \frac{1}{1-x/x_0} \cdot \frac{1}{1-y/y_0},$$

sobald $|x| < |x_0|$ und $|y| < |y_0|$, womit unsere Behauptung erwiesen ist. Der Rest $\varrho_n$ unserer Potenzreihe, d.h. die Summe aller Glieder $a_{\lambda\mu} x^\lambda y^\mu$, für welche $\lambda + \mu \geq n$ ist, ist kleiner als $g \sum_{\lambda+\mu \geq n} \left|\frac{x}{x_0}\right|^\lambda \cdot \left|\frac{y}{y_0}\right|^\mu$. Oder, wenn $\varepsilon > \left|\frac{x}{x_0}\right|$ und $\varepsilon > \left|\frac{y}{y_0}\right|$, $\varrho_n < g \cdot \sum_{\lambda+\mu \geq n} \varepsilon^{\lambda+\mu}$ oder, da $\left(\frac{1}{1-\varepsilon}\right)^2 = \sum \varepsilon^{\lambda+\mu} = \sum_{\lambda+\mu < n} \varepsilon^{\lambda+\mu} + \sum_{\lambda+\mu \geq n} \varepsilon^{\lambda+\mu}$, so ist $\varrho_n \leq g\left(\frac{1}{(1-\varepsilon)^2} - \sum_{\lambda+\mu < n} \varepsilon^{\lambda+\mu}\right)$ und, wenn $\frac{1}{(1-\varepsilon)^2} = 1 + c_1\varepsilon + c_2\varepsilon^2 + \ldots$,

$$\varrho_n \leq g(c_{n+1}\varepsilon^{n+1} + c_{n+2}\varepsilon^{n+2} + \ldots).$$

Unter der Umgebung $\delta$ der Stelle $x_0, y_0, z_0 \ldots$ einer Potenzreihe der Variabeln $x, y, z \ldots$ verstehen wir alle Stellen $x, y, z, \ldots$, für welche $|x - x_0| < \delta$, $|y - y_0| < \delta$, $|z - z_0| < \delta \ldots$. Wenn es möglich ist, die absoluten Beträge von $x_0, y_0, z_0, \ldots$ noch zu erhöhen, ohne daß die Convergenz der Reihe aufhört, so liegt die Stelle $x_0, y_0, z_0 \ldots$ innerhalb des Convergenzbezirks der Potenzreihe.

Durch Addition, Subtraktion, Multiplikation zweier und also auch beliebig vieler, allerdings nur <u>endlich</u> vieler Potenzreihen entstehen wieder Potenzreihen.

$$\sum a_\lambda x^\lambda \pm \sum b_\lambda x^\lambda = \sum (a_\lambda \pm b_\lambda) x^\lambda.$$

$$\sum a_\lambda x^\lambda \cdot \sum b_\mu x^\mu = \sum a_\lambda b_\mu x^{\lambda+\mu} = \sum c_\nu x^\nu, \quad \text{wo} \quad c_\nu = \sum_{\lambda+\mu=\nu} a_\lambda b_\mu.$$

Natürlich convergieren die so erhaltenen neuen Potenzreihen nur für solche Werthe des Arguments, für welche sämmtliche Potenzreihen convergieren, aus denen die neuen zusammengesetzt sind.

---

[1] Dieser Satz ist in der Mitschrift durch einen Strich am Rande hervorgehoben.

Das Gesagte gilt auch für Potenzreihen mit mehreren Variabeln:

$$\sum a_{\lambda\mu} x^\lambda y^\mu \cdot \sum b_{\lambda'\mu'} x^{\lambda'} y^{\mu'} = \sum a_{\lambda\mu} b_{\lambda'\mu'} x^{\lambda+\lambda'} y^{\mu+\mu'} = \sum c_{\lambda\mu} x^\lambda y^\mu,$$

$$c_{\lambda\mu} = \sum_{\lambda'+\lambda''=\lambda,\mu'+\mu''=\mu} a_{\lambda'\mu'} b_{\lambda''\mu''}.$$

## 7.2 Weierstraßscher Doppelreihensatz mit Anwendungen

Wir betrachten jetzt eine Summe aus unendlich vielen Potenzreihen $\varphi_0(x)+$ $\varphi_1(x) + \ldots, \varphi_\nu(x) = \sum_\lambda a_\lambda^{(\nu)} x^\lambda$. Es frägt sich, wann ist diese Summe unbedingt convergent und kann daher geschrieben werden in der Form

$$a_0 + a_1 x + a_2 x^2 + \ldots, \quad \text{wo} \quad a_\lambda = \sum_\nu a_\lambda^{(\nu)}.$$

Jedenfalls dann, wenn die Summe der absoluten Beträge der Glieder der $\sum_{\lambda\nu} a_\lambda^{(\nu)} x^\lambda$ einen endlichen Werth hat. Bilden wir daher zu jedem $\varphi_\nu(x)$ eine Potenzreihe $\psi_\nu(x)$, indem wir jeden Coefficienten von $\varphi_\nu(x)$ durch seinen absoluten Betrag ersetzen, und ist die Summe $\psi_0(x) + \psi_1(x) + \ldots$ für $x = x_0$ endlich, wobei $x_0$ reell und größer als 0, so ist auch $\varphi_0(x) + \varphi_1(x) + \ldots$ für jedes $|x| < x_0$ unbedingt convergent, kann also nach den Sätzen über Gruppenzerlegung in die Form einer gewöhnlichen Potenzreihe gebracht werden.[2]

Für Potenzreihen mit mehreren Variabeln gilt der entsprechende Satz: "$\varphi_0(x,y,z) + \varphi_1(x,y,z) + \varphi_2(x,y,z) + \ldots$ sei eine Summe aus unendlich vielen Potenzreihen. Bilden wir dann die Funktionen $\psi_\nu(x,y,z)$, welche die absoluten Beträge der Coefficienten in $\varphi_\nu(x,y,z)$ zu Coefficienten haben, und ist $\psi_0(x,y,z) +$ $\psi_1(x,y,z) + \ldots$ für $x = x_0, y = y_0, z = z_0$ unbedingt summierbar, so ist $\varphi_0 + \varphi_1 +$ $\varphi_2 + \ldots$ wieder eine Potenzreihe, kann wenigstens durch Zusammenfassen gleichstelliger Glieder der $\varphi$ in eine solche transformiert werden, für alle Werthsysteme $x, y, z$, für welche $|x| < x_0, |y| < y_0, |z| < z_0$ ist." Entsprechend für noch mehr Variable.

Es sei $F(x_1, x_2 \ldots x_\varrho)$ eine Potenzreihe der Variabeln $x_1, \ldots x_\varrho$. Für $x_1, x_2 \ldots x_\varrho$ substituiere man Potenzreihen von neuen Variabeln $u_1, \ldots u_n$, $x_1 = \varphi_1(u_1, \ldots u_n)$, $x_2 = \varphi_2(u_1, \ldots u_n) \ldots x_\varrho = \varphi_\varrho(u_1, \ldots u_n)$.

Man muß natürlich die $u_1, u_2 \ldots u_n$ auf solche Werthsysteme beschränken, die solche Werthe von $x_1, \ldots x_\varrho$ bestimmen, für welche $F$ convergiert.

$F$ ist gleich $\sum A_{\lambda_1 \ldots \lambda_\varrho} x_1^{\lambda_1} x_2^{\lambda_2} \cdots x_\varrho^{\lambda_\varrho}$. Wenn man nun die Substitution ausführt, erhält man für jedes Glied von $F$ eine Potenzreihe der Variabeln $u_1, u_2 \ldots u_n$. Es wird $A_{\lambda_1, \ldots \lambda_\varrho} x_1^{\lambda_1} x_2^{\lambda_2} \cdots x_\varrho^{\lambda_\varrho} = \varphi_{\lambda_1, \ldots \lambda_\varrho}(u_1, \ldots u_n)$. Und also

$$F = \sum_{\lambda_1, \ldots \lambda_\varrho} \varphi_{\lambda_1, \ldots \lambda_\varrho}(u_1, u_2 \ldots u_n).$$

---

[2]HURWITZ verweist auf dem Rand neben diesem Absatz auf einen Nachtrag, der in seiner Mitschrift auf den letzten drei Seiten steht und in der vorliegenden Bearbeitung als Abschnitt 7.4 an das Ende dieses Kapitels, Seite 71, gesetzt wurde.

Es entsteht die Frage: Wann kann ich die Summe der unendlich vielen Potenzreihen $\varphi_{\lambda_1,\ldots\lambda_\varrho}(u_1,\ldots u_n)$ durch Zusammenfassen in Eine Potenzreihe verwandeln? — Dazu brauchen wir nur das soeben gegebene Criterium anzuwenden. Wir haben also diejenigen Funktionen $\psi_{\lambda_1,\ldots\lambda_\varrho}(u_1,u_2\ldots u_n)$ zu bilden, welche entstehen, wenn an die Stelle der Coefficienten der Funktionen $\varphi_{\lambda_1,\ldots\lambda_\varrho}(u_1,u_2\ldots u_n)$ deren absolute Beträge gesetzt werden, und zu untersuchen, für welche Werthe der $u$ die $\sum \psi_{\lambda_1,\ldots\lambda_\varrho}(u_1,u_2\ldots u_n)$ unbedingt summierbar ist. Dieses letztere ist aber gewiß für die Werthe der Fall, für welche $\sum |A_{\lambda_1,\ldots\lambda_\varrho}|\psi_1^{\lambda_1}\psi_2^{\lambda_2}\cdots\psi_\varrho^{\lambda_\varrho}$ unbedingt summierbar ist, wo $\psi_\nu$ aus $\varphi_\nu(u_1,\ldots u_n) = x_\nu$ gefunden wird, indem man die Coefficienten von $\varphi_\nu$ durch ihre absoluten Beträge ersetzt. Nämlich die Coefficienten von $\psi_{\lambda_1,\ldots\lambda_\varrho}(u_1,\ldots u_n)$ sind die absoluten Beträge von Rechnungsausdrücken, die aus den Coefficienten von $\varphi_1,\varphi_2\ldots\varphi_\varrho$ durch Addition und Multiplikation zusammengesetzt sind, und die entsprechenden Coefficienten von $\sum |A_{\lambda_1,\ldots\lambda_\varrho}|\psi_1^{\lambda_1}\cdots\psi_\varrho^{\lambda_\varrho}$ sind dieselben Rechnungsausdrücke, aber aus den absoluten Beträgen der Coefficienten von $\varphi_1,\varphi_2\ldots\varphi_\varrho$ zusammengesetzt. $\sum |A_{\lambda_1,\ldots\lambda_\varrho}|\psi_1^{\lambda_1}\cdots\psi_\varrho^{\lambda_\varrho}$ hat aber einen endlichen Werth für $u_\nu = v_\nu$ ($\nu = 1,\ldots n$), wenn für diese Werthe von $u_\nu$ die $\psi_1,\ldots\psi_\varrho$ Werthe annehmen, für welche $F(\psi_1,\ldots\psi_\varrho)$ convergiert. Ist $\psi_\nu$ (für $u_1 = u_2 = \ldots u_n = 0$) gleich $\alpha_\nu$, so kann man $v_1,\ldots v_n$ so bestimmen, daß $\psi_\nu(v_1,\ldots v_n) < \alpha_\nu + \delta_\nu$ wird, so daß die $\alpha_\nu + \delta_\nu$ im Convergenzbezirk von $F(x_1,\ldots x_\varrho)$ liegen; dabei ist vor allem nöthig, daß die $\alpha_\nu$ im Convergenzbezirk von $F$ lagen.

"Die Umwandlung von $F(x_1,\ldots x_\varrho)$ in eine Potenzreihe nach $u_1,\ldots u_n$ ist möglich, sobald $|u_1| \leq v_1, |u_2| \leq v_2 \ldots |u_n| \leq v_n$, wenn $v_1, v_2 \ldots v_n$, an Stelle von $u_1, u_2 \ldots u_n$ gesetzt, ein Werthesystem $x_1, x_2 \ldots x_\varrho$ aus den Gleichungen

$$x_1 = \psi_1(u_1,\ldots u_n), \quad x_2 = \psi_2(u_1,\ldots u_n) \ldots x_\varrho = \psi_\varrho(u_1,\ldots u_n)$$

liefern, für welches $F(x_1,\ldots x_\varrho)$ unbedingt summierbar ist."

Ist z.B. $F$ für die ganze Ebene convergent, so ist die Umformung möglich für alle Werthsysteme von $u_1, u_2 \ldots u_n$, für welche $\varphi_1,\ldots\varphi_n$ convergieren. — $e^x = 1 + x + \frac{x^2}{2!} + \frac{x^3}{3!} + \ldots$ convergiert für jeden Werth von $x$. Also kann

$$e^{\varphi(u)} = 1 + \varphi(u) + \frac{(\varphi(u))^2}{2!} + \frac{(\varphi(u))^3}{3!} + \ldots = c_0 + c_1 u + c_2 u^2 + \ldots$$

gesetzt werden für jeden Werth von $u$, für welchen die Potenzreihe $\varphi(u)$ convergiert.

Soll $\varphi(u)$ so gewählt werden, daß $e^{\varphi(u)} = 1 + u$ wird, so muß $d.\big(\varphi(u)\big) = \frac{du}{1+u} = du\,(1 - u + u^2 - u^3 + u^4 \ldots)$, also $\varphi(u) = u - \frac{1}{2}u^2 + \frac{1}{3}u^3 - \frac{1}{4}u^4 + \ldots$ gesetzt werden. Diese Reihe convergiert für $|u| < 1$. Also ist, da aus $e^{\varphi(u)} = 1 + u$ $\quad\varphi(u) = l(1+u)$ folgt, $l(1+u) = u - \frac{1}{2}u^2 + \frac{1}{3}u^3 - + \ldots$ für jedes $|u| < 1$.

*Division von Potenzreihen*

Unter welchen Umständen ist der Bruch $\frac{1}{a_0 + a_1 x + a_2 x^2 + \ldots}$ wieder eine Potenzreihe? Die erste Bedingung ist, $a_0$ darf nicht gleich 0 sein; denn sonst würde der Bruch für $x = 0$ die Form $\frac{1}{0}$ annehmen, und er könnte also nicht in Form einer Potenzreihe dargestellt werden.

Wir setzen $a_1 x + a_2 x^2 + \ldots = -\varphi(x)$. Dann wird $\frac{1}{a_0 - \varphi(x)} = \frac{1}{a_0} + \frac{\varphi(x)}{a_0^2} + \frac{(\varphi(x))^2}{a_0^3} + \ldots$ für alle Werthe von $x$, für welche $\big|\varphi(x)\big| < a_0$ ist.

Es frägt sich, wann kann man diese Summe von unendlich vielen Potenzreihen in eine einzige zusammenfassen? Nach unserm oben gegebenen Kriterium für $|x| < x_0$ ($x_0$ ist eine positive reelle Größe.), wenn $\left|\frac{1}{a_0}\right| + \frac{\psi(x_0)}{|a_0|^2} + \frac{\psi(x_0)^2}{|a_0|^3} + \ldots$ einen endlichen Werth hat. Letzteres ist der Fall, wenn $\left|\frac{\psi(x_0)}{a_0}\right| < 1$ ist, oder, da $\psi(x_0) = a_1|x_0| + |a_2|x_0^2 + \ldots$ ist, wenn $|a_1|x_0 + |a_2|x_0^2 + \ldots < |a_0|$ ist. Es werden sich aber immer Werthe von $x$ finden lassen, welche dieser Bedingungsgleichung genügen, da wir voraussetzen, daß die Reihe $a_0 + a_1 x + a_2 x^2 + \ldots$ einen Convergenzbezirk hat.

Setzt man versuchsweise $\frac{1}{a_0 + a_1 x + \ldots} = b_0 + b_1 x + \ldots$, so kann man (nach der Methode der unbestimmten Coefficienten) die Coefficienten $b_0, b_1 \ldots$ berechnen. Dabei haben wir stillschweigend den folgenden Satz angewandt:

## 7.3   Identitätssätze und Interpolationsproblem

"Haben zwei Potenzreihen für jeden Werth des Argumentes, der zwischen zwei Grenzen liegt, dieselben Werthe, so stimmen sie in ihren Coefficienten überein." Es ist also, wenn man weiß, daß eine Potenzreihe überhaupt einen Convergenzbezirk hat, ganz gleichgültig, wie man ihre Coefficienten bestimmt. Der Satz über die Identität und über den Quotienten zweier Potenzreihen (wenn $\frac{1}{a_0 + a_1 x + \ldots}$ wieder eine Potenzreihe ist, so ist auch $\frac{b_0 + b_1 x + \ldots}{a_0 + a_1 x + \ldots}$ wieder eine solche) läßt sich sofort auf Potenzreihen mit mehreren Variabeln übertragen.

Wir können sagen: "Der Quotient zweier Potenzreihen kann wieder in eine Potenzreihe entwickelt werden, wenn das constante Glied des Nenners nicht gleich 0 ist, und wir können sicher sein, daß die resultierende Reihe wieder einen Convergenzbezirk hat." — Zum Beweise unseres Satzes über die Identität zweier Potenzreihen stellen wir folgende Betrachtungen an:

Es sei $f(x) = a_0 + a_1 x + a_2 x^2 + \ldots$ eine gegebene Potenzreihe. Beschränken wir uns nun auf solche Werthe des Argumentes, für welche $|x| \leq r$ ist, wo $r$ innerhalb des Convergenzbezirkes der Potenzreihe liegt, so läßt sich für die zugehörigen Werthe der Funktion $f(x)$ eine obere Grenze angeben. $r_1$ sei größer als $r$, liege aber auch noch im Convergenzkreis von $f(x)$. Dann wird $|a_\lambda| r_1^\lambda$ eine angebbare Größe $g$ für alle Werthe von $\lambda$ nicht überschreiten (vgl. p. 100)[3]: $|a_\lambda| r_1^\lambda < g$. $|f(x)|$ ist kleiner als $g \cdot \frac{1}{1 - \xi/r_1}$, wenn $\xi = |x| < r_1$ ist. (Siehe p. 63.) Wenn $\xi \leq r$ ist, so ist auch immer $|f(x)| < g \cdot \frac{1}{1 - r/r_1}$.

Jetzt sind wir im Stande, folgenden Satz zu beweisen: "Ist $a_0$ nicht gleich 0, so lassen sich für $x$ solche Werthe annehmen, daß $f(x)$ nicht gleich 0 ist." $f(x)$ ist gleich $a_0 + x(a_1 + a_2 x + \ldots)$. Bleibt $|x| < r$, so können wir nach dem so eben Entwickelten für $|a_1 + a_2 x + \ldots|$ eine obere Grenze $h$ feststellen. Dann ist also $|x(a_1 + a_2 x + \ldots)| < |x| \cdot h$. $|f(x)|$ liegt also zwischen $|a_0| + |x|h$ und $|a_0| - |x|h$. Jetzt kann $|x|$ so klein genommen werden, daß $|x|h < |a_0|$ ist und folglich $f(x)$

---

[3] WEIERSTRASS verweist hier auf die Cauchyschen Ungleichungen für Taylorkoeffizienten, um die Beschränktheit von $f(x)$ nachzuweisen; vom heutigen Standpunkt aus läge es natürlich näher zu argumentieren, daß Potenzreihen stetig sind (Seite 58 und Seite 60) und somit auf Kompakta ihr Maximum annehmen (Seite 91).

positiv wird. Wenn dagegen $a_0 = 0$ ist, so wird $f(x)$ für $x = 0$ auch zu 0. Man kann aber eine Grenze $\varrho$ für $x$ so feststellen, daß 0 der einzige Werth von $x$ ist, so daß $|x| < \varrho$ und $f(x) = 0$ ist.

Allgemein sei $f(x) = x^m(a_m + a_{m+1}x + \ldots)$, so kann man nach obigem für $|x|$ eine obere Grenze $\sigma$ so feststellen, daß für keinen Werth von $|x| < \sigma$  $a_m + a_{m+1}x + \ldots = 0$ wird.

Wir wollen nun noch eine zweite Potenzreihe $f_1(x) = b_0 + b_1x + b_2x^2 + \ldots$ betrachten und annehmen, daß $f(x)$ und $f_1(x)$ für alle Werthe von $|x| < \varrho$ dieselben Werthe annehmen; so können wir jetzt zeigen, daß $f(x)$ und $f_1(x)$ in allen ihren Coefficienten übereinstimmen müssen. Wäre nämlich Letzteres nicht der Fall, so würde etwa $f(x) - f_1(x)$ gleich sein $(a_m - b_m)x^m + (a_{m+1} - b_{m+1})x^{m+1} + \ldots$. Wir können nun für diese Reihe eine Grenze $\sigma$ feststellen, so daß sie für keinen Werth $|x| < \sigma$ außer für $x = 0$ verschwindet. Dieses widerstreitet aber unserer Voraussetzung, daß $f(x) - f_1(x) = 0$ sei für alle Werthe von $|x| < \varrho$, also auch für unendlich viele Werthe von $|x| < \sigma$. Daher muß $a_m = b_m, a_{m+1} = b_{m+1} \ldots$ sein, q.e.d.. Es ist aber für die Identität von $f(x)$ und $f_1(x)$, wie aus unserm Beweise ersichtlich, schon hinreichend, daß $f(x)$ und $f_1(x)$ übereinstimmen für sämmtliche Werthe von $x$, die in einer unendlichen Reihe von Größen $x_0, x_1, x_2 \ldots$ enthalten sind, in welcher Reihe allerdings nur eine endliche Anzahl von Gliedern enthalten sein darf, die eine gegebene Größe $\varrho$ überschreiten.

Stimmen $f(x)$ und $f_1(x)$ für unendlich viele Punkte des Innern eines Kreises (um $x_0$) überein, der innerhalb beider Convergenzkreise von $f(x)$ und $f_1(x)$ liegt, so stimmen $f(x)$ und $f_1(x)$ in allen Coefficienten überein (die beiden Convergenzkreise fallen daher zusammen).

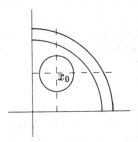

Sind $f(x, y)$ und $F(x, y)$ zwei Potenzreihen zweier Variabeln, die für alle Werthe-systeme $(x, y)$ übereinstimmen, für welche $|x| < \varepsilon$ und $|y| < \delta$ ist, so sind sie in ihren Coefficienten identisch. Wir können nämlich die Potenzreihen so schreiben:

$$f(x, y) = f_0(y) + f_1(y)x + f_2(y)x^2 + \ldots$$
$$F(x, y) = F_0(y) + F_1(y)x + F_2(y)x^2 + \ldots$$

Es folgt aus dem, was über Potenzreihen mit einer Variabeln gesagt wurde, daß $f_\lambda(y) = F_\lambda(y)$ für einen bestimmten Werth von $y$ ($|y| < \delta$). Und, da $f_\lambda(y)$ und $F_\lambda(y)$ für alle Werthe $y$, für welche $|y| < \delta$ ist, so müssen $f_\lambda$ und $F_\lambda$ in ihren Coefficienten übereinstimmen, folglich auch $f(x, y)$ und $F(x, y)$ in allen ihren Coefficienten. Es würde zur Identität von $f(x,y)$ und $F(x,y)$ ausreichen, daß sie für die reellen Werthe von $x$ und $y$ übereinstimmen, die eine gegebene Grenze nicht überschreiten, oder wenn sich zwei Reihen von Werthen aufstellen lassen $x_1, x_2 \ldots, y_1, y_2 \ldots$, so daß immer nur eine endliche Anzahl von Werthen in ihnen enthalten sind, die eine gegebene Grenze überschreiten, und so daß $f(x_\nu, y_\mu) = F(x_\nu, y_\mu)$. — Diese Sätze lassen sich mit Leichtigkeit auf Potenzreihen mit beliebig vielen Variabeln erweitern.

Es läßt sich, wie wir oben gesehen haben, eine rationale ganze Funktion $n^{\text{ten}}$ Grades bestimmen, die für $(n+1)$ verschiedene Werthe des Arguments eben so viele gegebene Werthe annimmt. Man könnte nun die entsprechende Aufgabe stellen: Es seien $x_0, x_1, x_2 \ldots$ in inf. und $X_0, X_1, X_2 \ldots$ in inf. zwei Reihen von Werthen. Man soll eine Potenzreihe $f(x)$ bestimmen, so daß $f(x_\nu) = X_\nu$ ist. Man muß aber darauf verzichten, die Aufgabe allgemein zu lösen.

Man könnte so verfahren: $C_0 + C_1(x - x_0) + C_2(x - x_0)(x - x_1) + \ldots$ ist eine Potenzreihe, die für $x = x_0$ den Werth $C_0$ annimmt, für $x = x_1$ den Werth $C_0 + C_1(x_1 - x_0)$ u.s.w.. Setzt man also

$$\begin{aligned}
X_0 &= C_0 \\
X_1 &= C_0 + C_1(x_1 - x_0) \\
X_2 &= C_0 + C_1(x_2 - x_0) + C_2(x_2 - x_0)(x_2 - x_1) \\
&\vdots \qquad\qquad\qquad \ddots
\end{aligned},$$

so erhält man die Coefficienten $C_0, C_1 \ldots$, und die Potenzreihe würde die verlangte Eigenschaft haben. Ist die Reihe der Werthe $x_0, x_1, x_2 \ldots$ irgend welche beliebige, so wird man nicht sagen können, daß dies die einzige Potenzreihe ist, welche die verlangte Eigenschaft hat, da unser Criterium für die Identität zweier Reihen Übereinstimmung der letzteren für die Werthe einer Reihe verlangt, in welcher nur eine endliche Anzahl von Gliedern eine gegebene Grenze überschreiten. Ist also die Reihe $x_0, x_1, x_2 \ldots$ eine solche, so wird man auch eine Potenzreihe in der angegebenen Weise erhalten können, die für $x = x_\nu$ einen gegebenen Werth $X_\nu$ annimmt; allerdings muß die so gefundene Potenzreihe noch in Bezug auf ihre Convergenz untersucht werden.

Dies kann auch so ausgesprochen werden: "Ist die Reihe $x_0, x_1, x_2 \ldots$ summierbar, so läßt sich die Funktion $f(x)$, für welche $f(x_\nu) = X_\nu$ ist, in der angegebenen Weise finden." Im andern Falle kann man andere Formen für die gesuchte Reihe aufstellen, z.B. $C_0 \varphi_0(x) + C_1 \varphi_1(x)(x - x_0) + C_2 \varphi_2(x)(x - x_0)(x - x_1) + \ldots$, wo die $\varphi_\nu(x)$ Potenzreihen sind.[4]

---

[4]Die Ausführungen in den letzten beiden Absätzen sind zumindest unklar: Die Aussage ist zwar richtig, wenn der Entwicklungspunkt $c$ von $f$ von 0 verschieden ist und die $x_\nu$ im Kreis um $c$ mit Radius $|c|$ liegen; dann aber erscheint die Summierbarkeitsbedingung an die $x_\nu$ nicht sehr sinnvoll.

Leider enthalten die vorliegenden Mitschriften der Vorlesung aus anderen Jahren keine entsprechenden Passagen. So bleibt offen, ob WEIERSTRASS hier einen ähnlichen Ansatz gemacht hat wie bei dem Spezialfall des Produktsatzes auf Seite 130.

## 7.4  Nachträge

Auf p. 66 ist Folgendes zu setzen:
  Es sei die Reihe

$$(1) \quad \varphi_0(x) + \varphi_1(x) + \ldots \text{in inf.}$$

gegeben, und jedes $\varphi_\nu(x)$ stelle eine innerhalb eines gewissen Bezirkes convergente Potenzreihe dar, sei also

$$\varphi_\nu(x) = \sum_\lambda a_\lambda^{(\nu)} x^\lambda.$$

Durch Zusammenfassen gleich hoher Potenzen von $x$ in (1) erhalten wir eine Reihe

$$\sum_\lambda a_\lambda x^\lambda, \quad \text{wobei} \quad a_\lambda = \sum_\nu a_\lambda^{(\nu)}.$$

Wir sind hier noch nicht im Stande, ein <u>nothwendiges</u> und hinreichendes Criterium für die Zulässigkeit dieses Zusammenfassens zu geben, und wir werden später auf diesen Punkt zurückkommen[5].

Ein <u>hinreichendes</u> Criterium ist folgendes:
  "Ersetzt man in jedem $\varphi_\nu(x)$ die Coefficienten durch ihre absoluten Beträge, wodurch $\varphi_\nu(x)$ in $\psi_\nu(x)$ übergehen möge, und ist dann die Reihe

$$\psi_0(x) + \psi_1(x) + \ldots$$

für einen positiven Werth von $x$, etwa für $x = x_0$, convergent, so convergiert (1) für jedes $x$, dessen absoluter Betrag kleiner als $x_0$ ist, und die Transformation von (1) in eine Potenzreihe von $x$ ist gestattet."

Es ist nämlich nur zu erweisen, daß in der fraglichen Reihe $\sum_\lambda a_\lambda x^\lambda$ das allgemeine Glied $a_\lambda x^\lambda$ dem absoluten Betrage nach für $|x| < x_0$ stets unter einer gewissen Grenze bleibt. Nun ist

$$\left| a_\lambda x^\lambda \right| = \xi^\lambda \left| \sum_\nu a_\lambda^{(\nu)} \right|, \quad \text{wo} \quad \xi = |x| \text{ ist;}$$

$$\left| \sum_\nu a_\lambda^{(\nu)} \right| \text{ ist kleiner oder gleich } \sum_\nu \left| a_\lambda^{(\nu)} \right|.$$

Greifen wir eine ganz beliebige Anzahl von Gliedern aus $\xi^\lambda \sum_\nu \left| a_\lambda^{(\nu)} \right|$ heraus, und möge unter den heraus gegriffenen das dem Index $(\nu)$ nach höchste das Glied $a_\lambda^{(\varrho)}$ sein, so sind die heraus gegriffenen Glieder in

$$\psi_0(\xi) + \psi_1(\xi) + \cdots + \psi_\varrho(\xi)$$

enthalten, und folglich, da $\xi < x_0$, ist die Summe derselben kleiner als

$$\psi_0(x_0) + \psi_1(x_0) + \cdots + \psi_\varrho(x_0).$$

---

[5]Wie bereits bemerkt, steht dieser Text auf den letzten Seiten des Manuskriptes!

Setzt man
$$s = \psi_0(x_0) + \psi_1(x_0) + \cdots + \psi_\varrho(x_0) + \ldots \text{in inf.},$$

so bleibt also $\xi^\lambda \left| \sum_\nu a_\lambda^{(\nu)} \right|$ für jedes $\lambda$ unter der unveränderlichen Grenze $s$; also ist $\sum a_\lambda x^\lambda$ für $|x| < x_0$ convergent und nach dem Satze von der Gruppenzerlegung für $|x| < x_0$ gleich $\varphi_0(x) + \varphi_1(x) + \ldots$.

# Kapitel 8

# Differentialrechnung

## 8.1 Erste und höhere Differentiale für eine und mehrere Veränderliche

Wir betrachten jetzt eine Potenzreihe mit einer Variabeln und untersuchen, wann es möglich ist, an Stelle der Variabeln $x$  $u+v$ gesetzt, den neu entstehenden Ausdruck in eine Potenzreihe von $u$ und $v$ umzuformen.

Es sei $f(x) = \sum A_\lambda x^\lambda = \sum A_\lambda (u + v)^\lambda$. Wir wenden jetzt unser Criterium p. 67 an. Es ist in unserem Falle $\varphi(u,v) = u + v$, also auch $\psi(u,v) = u + v$. Ist $r$ der Radius des Konvergenzkreises von $f(x)$, so ist $f(u_1 + v_1)$ in eine Potenzreihe $F(u_1,v_1)$ entwickelbar, so bald $|u_1| < u$ und $|v_1| < v$ und $u + v \leq r$ ist, also so bald $|u_1| + |v_1| < r$ ist. In Worten:

"Eine Potenzreihe, deren Argument eine Summe ist, läßt sich in eine solche nach den beiden Summanden umformen, sobald die Summe der absoluten Beträge dieser letztern einen Werth ergiebt, der innerhalb des Convergenzbezirks der ursprünglichen Reihe liegt."

Es ist also $f(x + \xi) = f_0(x) + f_1(x)\xi + f_2(x)\xi^2 + \ldots$ für alle Werthe von $x$, für welche $|x| + |\xi| < r$ ist, $r$ der Convergenzradius von $f(x)$; für $\xi = 0$ wird $f(x) = f_0(x)$.

Analog für Potenzreihen mit mehreren Variabeln. "Convergiert $f(x,y,z)$ für alle Werthsysteme der Variabeln, für welche $|x| < r, |y| < r', |z| < r''$ ist, so läßt sich $f(x+\xi, y+\eta, z+\zeta)$ in eine Potenzreihe von $\xi, \eta, \zeta$, deren Coefficienten Potenzreihen von $x, y, z$ sind, verwandeln, unter den Bedingungen: $|x| + |\xi| < r, |y| + |\eta| < r'$ und $|z| + |\zeta| < r''$."

Wie wir gesehen haben, ist, wenn alle $f$ Potenzreihen sind, $f(x + h) = f(x) + h.f'(x) + hf_0(x,h)$, oder

$$f(x + h) - f(x) = h.f'(x) + hf_0(x,h)$$

für $|x| + |h| < r$, wo $f(x,h)$ eine Potenzreihe ist, die mit $h$ gleichzeitig unendlich klein wird. Wenn es bei irgend einer stetigen Funktion (analytischem Ausdruck) gelingt, die Änderung desselben, wenn $x$ sich um $h$ ändert, also $f(x + h) - f(x)$, darzustellen als eine Summe, deren einer Theil proportional zu $h$ ist, deren anderer verschwindet mit $h$, selbst wenn er noch durch $h$ dividirt wird, so nennt man den ersten Theil dieser Summe $h.f'(x)$ die Differenzialänderung der Funktion, geschrieben $d.f(x) = dx.f'(x)$, indem man an Stelle von $h$ $dx$ schreibt. $f'(x)$ heißt auch der Differenzialcoefficient von $f(x)$, auch die erste Ableitung von $f(x)$.

"Eine Potenzreihe von $x$ ist immer differenzirbar, d.h. besitzt immer eine Ableitung, und die letztere hat genau denselben Convergenzbezirk wie die Potenzreihe." Da man nämlich für jedes $|x| < r$ ein genügend kleines $|h|$ finden kann, so daß $|x| + |h|$ noch kleiner als $r$ bleibt, so findet bei richtiger Wahl von $h$ für jedes $x$, für welches $f(x)$ convergirt, die Gleichung statt: $f(x+h) - f(x) = h.f'(x) + hf_0(x, h)$. Und da $f(x+h) - f(x)$ convergent ist, so muß auch $h.f'(x)$, welches einen Theil dieser Differenz aus macht, convergiren, also auch $f'(x)$ für jeden Werth von $x$, der im Innern des Convergenzbezirks von $f(x)$ liegt. Andererseits kann aber $f'(x)$ auch keinen größern Convergenzkreis als $f(x)$ haben; denn es ist, wenn $f(x) = \sum a_\lambda x^\lambda$ war, $f'(x) = \sum \lambda a_\lambda x^{\lambda-1}$ nach der Definition von $f'(x)$; also ist $x.f'(x) = \sum_{\lambda=1}^{\lambda=\infty} \lambda \cdot a_\lambda x^\lambda$ und jedes Glied von $xf'(x)$ größer als das gleichstellige in $f(x)$, abgesehen vom ersten Gliede in $f(x)$. Daher muß jeder Punkt, für welchen $f'(x)$, also auch $xf'(x)$ convergirt, auch $f(x)$ convergent machen, q.e.d..

Die Ableitung $f'(x)$ einer Potenzreihe $f(x)$ ist wieder eine Potenzreihe und hat also wieder eine Ableitung $f''(x)$, die die $2^{\text{te}}$ Ableitung von $f(x)$ heißt. Allgemein heißt die erste Ableitung der $(n - 1)^{\text{sten}}$ Ableitung von $f(x)$ die $n^{\text{te}}$ Ableitung von $f(x)$, geschrieben $f^{(n)}(x)$. Da nun nachgewiesen, daß die erste Ableitung von $f(x)$ wieder eine Potenzreihe mit demselben Convergenzbezirk wie $f(x)$ ist, so gilt allgemein der Satz: "Jede Potenzreihe hat unendlich viele Ableitungen, die selbst wieder Potenzreihen sind und denselben Convergenzkreis haben wie die Stammfunktion."

Im Allgemeinen wird man bei einer beliebigen Funktion erst zu untersuchen haben, ob sie eine Ableitung hat, ob diese Ableitung wieder differenzirbar ist u.s.f.. Es wird sich zeigen, daß selbst im Begriff der Stetigkeit einer Funktion nichts enthalten ist, was einen Schluß auf die Differenzierbarkeit erlaubte: mit andern Worten: eine Funktion kann stetig sein, ohne eine Ableitung zu besitzen.

Es sei $f(x, y)$ eine Funktion der Variabeln $x$ und $y$,

$$f(x + h, y) - f(x, y) = h.f^{1,0}(x, y) + h(x, y, h),$$

$f^{1,0}(x, y)$ der Differenzialcoefficient von $f(x, y)$, wenn $y$ als constant betrachtet wird.

$$
\begin{aligned}
f(x + h, y + k) - f(x + h, y) &= kf^{0,1}(x + h, y) + k(x, y, k, h) \\
&= k.f^{0,1}(x, y) + hk(x, y, h) + k(x, y, k, h).
\end{aligned}
$$

$$f(x + h, y + k) - f(x, y) = h.f^{1,0}(x, y) + k.f^{0,1}(x, y) + h(x, y, h) + k(x, y, k, h).$$

Läßt sich so der Zuwachs von $f(x, y)$, wenn $x$ um $h$, $y$ um $k$ größer wird, darstellen als Summe zweier linearer Funktionen von $h$ und $k$, von denen die Coefficienten der einen unabhängig von $h$ und $k$ sind, während die der andern mit $h$ und $k$ gleichzeitig unendlich klein werden, so nennt man die erste lineare Funktion, für $h$ $dx$ und für $k\,dy$ geschrieben, also $dx\,f^{1,0}(x,y) + dy\,f^{0,1}(x,y)$, die Differenzialänderung der Funktion $f(x,y)$,

$$d.f(x,y) = f^{1,0}(x,y)\,dx + f^{0,1}(x,y)\,dy.$$

Bei Potenzreihen $f(x,y)$ sind $f^{1,0}(x,y)$ und $f^{0,1}(x,y)$ Potenzreihen, die denselben Convergenzbereich haben wie $f(x,y)$. Denn $f^{1,0}(x,y)$ z.B. ist die erste Ableitung der Potenzreihe $f(x,y)$, wenn in ihr $y$ als constant angesehen wird, also ist unsere Behauptung nach p. 74 richtig. — Dies alles läßt sich sofort auf Funktionen mit beliebig vielen Variabeln erweitern. Z.B. wenn

$$f(x+h, y+k, z+l) - f(x,y,z) = hc_1 + kc_2 + lc_3 + hc_1' + kc_2' + lc_3',$$

wo $c_1, c_2, c_3$ unabhängig von $h, k, l$ und $c_1', c_2', c_3'$ mit $h, k, l$ gleichzeitig unendlich klein werden, so nennt man $hc_1 + kc_2 + lc_3$ die Differenzialänderung $d.f(x,y,z)$ von $f(x,y,z)$, und es zeigt sich, daß ($h = dx, k = dy, l = dz$ gesetzt) ist:

$$d.f(x,y,z) = f^{1,0,0}(x,y,z)\,dx + f^{0,1,0}(x,y,z)\,dy + f^{0,0,1}(x,y,z)\,dz.$$

*Definition des Differentials:* Ist $f(x+dx, y+dy, z+dz, \ldots) - f(x,y,z,\ldots)$ darstellbar in der Form $C_1\,dx + C_2\,dy + C_3\,dz + \ldots$, wo $C_1, C_2, C_3 \ldots$ stetige Funktionen von $dx, dy, dz, \ldots$ sind, und bezeichnet $c_1, c_2, c_3 \ldots$ das, was aus $C_1, C_2, C_3 \ldots$ wird für $dx = dy = dz = 0$, so heißt $c_1\,dx + c_2\,dy + c_3\,dz + \ldots$ die Differenzialänderung von $f(x,y,z\ldots)$.

Wir wollen zeigen, daß, in welcher Weise die Darstellung der Funktionsänderung auch erhalten ist, man immer auf dieselbe Differenzialänderung kommen muß.

Sei einmal $f(x+h, y+k) - f(x,y) = C_1 h + C_2 k$, das andere mal $f(x+h, y+k)$ $- f(x,y) = C_1' h + C_2' k$, so wird $(C_1 - C_1')h + (C_2 - C_2')k \equiv 0$ für jeden Werth von $h$ und $k$. Bezeichnet $\overline{C_1}$ und $\overline{C_1'}$ das, was $C_1$ und $C_1'$ für $k = 0$ wird, so haben wir für $k = 0$ $(\overline{C_1} - \overline{C_1'})h = 0$, also $\overline{C_1} = \overline{C_1'}$ für jeden Werth von $h$; für $h = 0$ wird also $c_1 = c_1'$, wenn $c_1$ und $c_1'$ erhalten wird, indem man $h$ und $k$ in $C_1$ und $C_1'$ gleich 0 setzt. Ebenso wird $c_2 = c_2'$, wo $c_2$ und $c_2'$ die analoge Bedeutung haben. $c_1 h + c_2 k$ ist aber die Differenzialänderung, die man in dem ersten Falle erhält, $c_1' h + c_2' k$ die in dem zweiten erhaltene; beide sind aber einander gleich, was wir zeigen wollten.

*Bezeichnungen:* Wenn $d.f(x) = dx\,f'(x)$ gesetzt wird, so muß $d.[d.f(x)] = f''(x).dx^2$ gesetzt werden. Dies schreibt man $d^2 f(x) = f''(x)\,dx^2$ und allgemein $d^n f(x) = f^{(n)}(x)\,dx^n$ oder $f^{(n)} = \frac{d^n f(x)}{dx^n}$. Für mehrere Variabele (z.B. für zwei) heißt $d.f(x,y)$ das vollständige Differential; $d_x f(x,y)$ wird die Differenzialänderung von $f(x,y)$ bezeichnet, wenn $y$ als Constante betrachtet wird. Daher:

$$d\,f(x,y) = dx.d_x f(x,y) + dy.d_y f(x,y).$$

$d_x.d_y.f(x,y)$ heißt: Es ist erst nach $y$ "partiell" zu differenzieren und das Resultat nach $x$.

Hierbei kommt man auf den Satz $d_x d_y f(x,y) = d_y d_x f(x,y)$, den man bei Potenzreihen sofort (verificieren) beweisen kann. Diesen Satz erweitert man sofort dahin: Wenn ich eine Funktion $f(x_1, x_2 \ldots x_\varrho)$ $\nu_1$ mal nach $x_1$, dann $\nu_2$ mal nach $x_2 \ldots \nu_\varrho$ mal nach $x_\varrho$ differenziere, so erhalte ich dasselbe Resultat, als wenn ich

dieselben Differentiationen in irgend welcher andern Reihenfolge vornehme. Man
kann daher jede Differentiation bezeichnen durch $d_{x_1}^{\nu_1} d_{x_2}^{\nu_2} \ldots d_{x_\varrho}^{\nu_\varrho} f(x_1, \ldots x_\varrho)$ oder
nach Jacobi durch $\frac{\partial^{\nu_1 + \nu_2 \cdots + \nu_\varrho} f(x_1, \ldots x_\varrho)}{\partial x_1^{\nu_1} \partial x_2^{\nu_2} \cdots \partial x_\varrho^{\nu_\varrho}}$. Cauchy wendet an Stelle des Zeichens $\frac{\partial}{\partial x}$
für partielle Differentiationen das Zeichen $D_x$ an. —

## 8.2  Rechenregeln der Differentialrechnung

$y_1, y_2 \ldots y_m$ seien Funktionen von $x_1, x_2 \ldots x_n$, die differenzierbar in Bezug auf die
$x$ sind. $f(y_1, y_2 \ldots y_m)$ sei ein analytischer Ausdruck von $y_1, \ldots y_m$. Jedes Werthsystem dieser letzten Variabeln innerhalb eines gewissen Bereiches soll einen Werth
von $f$ ergeben, und $f(y_1, \ldots y_m)$ soll differenzierbar in Bezug auf die $y$ sein. Die
Gesammtheit der Werthesysteme, welche $x_1, x_2 \ldots x_n$ annehmen können als Argumente von $y_1, y_2 \ldots y_n$ sei $X$, $Y$ das Entsprechende für die $y_1, \ldots y_m$ in Bezug auf
$f(y_1, \ldots y_n)$, $X_y$ sei die Gesammtheit der Werthsysteme von $x_1, x_2 \ldots x_n$, welche
solche $y_1, \ldots y_n$ ergeben, die zu dem Bereich $Y$ gehören.

Wir wollen nun zeigen, daß $f(y_1, y_2 \ldots y_n)$, welches identisch $\varphi(x_1, x_2 \ldots x_m)$
werden möge durch Substitution der Funktionen von $x$ an Stelle der $y$, auch nach
den $x$ differenzierbar ist, wobei die oben gemachten Voraussetzungen nothwendig
sind, daß die $y$ nach den $x$ und daß $f$ nach den $y$ differenzierbar seien.

Gehört das Werthesystem $y_1, \ldots y_m$ dem Bereiche $Y$ von $f$ an, so ist (für hinreichend klein gewählte $k$'s):

$$f(y_1 + k_1, y_2 + k_2, \ldots y_m + k_m) - f(y_1, \ldots y_m) = k_1 F_1 + k_2 F_2 + \cdots + k_m F_m,$$

wobei $F_\lambda = \frac{\partial f}{\partial y_\lambda} + F_\lambda'$ ist, $F_\lambda'$ verschwindet zu gleicher Zeit mit $k_\lambda$. Ist $x_1, x_2 \ldots x_n$ ein
Werthesystem, angehörig dem Bereiche $X_y$, und bezeichnet $\Delta y_\lambda$ die Veränderung,
die $y_\lambda$ erleidet, indem an Stelle von $x_1, x_2 \ldots x_n$ resp. $x_1 + h_1, x_2 + h_2, \ldots x_n + h_n$
gesetzt wird, so ist $\Delta y_\lambda = h_1 G_1^{(\lambda)} + h_2 G_2^{(\lambda)} + \cdots + h_n G_n^{(\lambda)}$. $G_\mu^{(\lambda)}$ ist gleich $\frac{\partial y_\lambda}{\partial x_\mu} + G_\mu'^\lambda$,
wo $G_\mu'^\lambda$ zugleich mit $h_1, h_2 \ldots h_n$ unendlich klein wird. $D$ ist

$$= f(y_1 + \Delta y_1, \ldots y_m + \Delta y_m) - f(y_1, \ldots y_m)$$

$$= \varphi(x_1 + h_1, x_2 + h_2, \ldots x_n + h_n) - \varphi(x_1, \ldots x_n)$$

$$= F_1 \Delta y_1 + F_2 \Delta y_2 + \cdots + F_m \Delta y_m = \sum_{\lambda=1}^{\lambda=m} \left( \frac{\partial f}{\partial y_\lambda} + F_\lambda' \right) (h_1 G_1^{(\lambda)} + \cdots + h_n G_n^{(\lambda)}).$$

Der Coefficient von $h_\mu$ ist $\sum \left( \frac{\partial f}{\partial y_\lambda} + F_\lambda' \right) \left( \frac{\partial y_\lambda}{\partial x_\mu} + G_\mu'^\lambda \right)$. Nennen wir letztern abkürzend
$H_\mu$, so ist $D = \sum_{\mu=1}^n h_\mu . H_\mu$. Nun können wir $H_\mu$ in der That in zwei Summanden
zerlegen, von denen der eine unabhängig von $h_1, \ldots h_n$ ist, der andere aber zugleich
mit den Größen $h$ unendlich klein wird. Der erste Summand ist gleich $\sum_{\lambda=1}^m \frac{\partial f}{\partial y_\lambda} \frac{\partial y_\lambda}{\partial x_\mu}$.
Daher ist $\sum_{\mu=1}^n \sum_{\lambda=1}^m \frac{\partial f}{\partial y_\lambda} \cdot \frac{\partial y_\lambda}{\partial x_\mu} \cdot dx_\mu$ als die Differenzialänderung von $f(y_1, \ldots y_m) =$
$\varphi(x_1, \ldots x_n)$ zu bezeichnen. Also

$$d\varphi = \sum_{\mu=1}^n \sum_{\lambda=1}^m \frac{\partial f}{\partial y_\lambda} \cdot \frac{\partial y_\lambda}{\partial x_\mu} \cdot dx_\mu.$$

Aus diesem Satze können wir alle Regeln der Differentialrechnung ableiten.

Wenn wir haben $y_1 = \varphi_1(x_1, \ldots x_n), y_2 = \varphi_2(x_1, \ldots x_n)$ und $f(y_1, y_2) = \frac{y_1}{y_2}$, so müssen wir, wenn wir unsern Satz anwenden wollen, erst zeigen, daß $f$ nach $y_1$ und $y_2$ differenzierbar ist. $\frac{\partial f}{\partial y_1}$ ist aber gleich $\frac{1}{y_2}$. Es bleibt noch nachzuweisen, daß $\frac{\partial f}{\partial y_2}$ einen Sinn hat.

$$
\begin{aligned}
f(y_1, y_2 + \Delta y_2) - f(y_1, y_2) &= \frac{y_1}{y_2 + \Delta y_2} - \frac{y_1}{y_2} = -\frac{y_1 \Delta y_2}{y_2(y_2 + \Delta y_2)} \\
&= \Delta y_2\left(-\frac{y_1}{y_2^2}\right) + (\Delta y_2)^2 \cdot \frac{y_1}{y_2^2(y_2 + \Delta y_2)}.
\end{aligned}
$$

Die Funktionsveränderung läßt sich also in der That darstellen als Summe zweier Summanden, von denen der eine proportional dem Wachstum der Variabeln ist, der zweite aber mit dem letztern unendlich klein wird, selbst, wenn er noch durch den Zuwachs $(\Delta y_2)$ dividiert wird. Es ist daher gemäß unsern Definitionen $\frac{\partial f}{\partial y_2} = -\frac{y_1}{y_2^2}$ zu setzen. — Jetzt kann jeder aus beliebig vielen Funktionen $f_1, f_2 \ldots f_r$ der Variabeln $x_1, x_2 \ldots x_n$ durch rationale Operationen zusammengesetzte Ausdruck differenziert werden.

Es ist zu untersuchen, ob eine Summe aus unendlich vielen rationalen Funktionen differenzierbar ist. Wenn die Funktionen, aus denen die Summe zusammengesetzt ist, nur für reelle Werthe der Veränderlichen eine endliche Summe haben, so kann daraus nicht auf die Existenz eines Differenzialcoefficienten geschlossen werden (derselbe ist also dann nicht etwa die Summe der Differenzialcoefficienten der einzelnen Summanden). Bildet jedoch der Bereich der Variabeln ein zweifach ausgedehntes Continuum, so kann der Differenzialcoefficient in der erwähnten Weise gefunden werden, indem man sicher ist, daß er existiert. —

## 8.3   Differentiation von Potenzreihen

Eine Potenzreihe $\sum a_\lambda x^\lambda$ läßt sich, indem man $x = a + h$ setzt und $|a| + |h| < r$ ($r$ der Radius des Convergenzkreises von $\sum a_\lambda x^\lambda$) annimmt, in eine solche nach $h$ verwandeln.

Da $h = x - a$ ist, so läßt sich $\sum a_\lambda x^\lambda$ darstellen in der Form $\sum A_\lambda(x - a)^\lambda$ unter der Bedingung $|a| + |x - a| < r$. Geometrisch ausgedrückt heißt das Folgendes: "Die Umwandlung einer Potenzreihe nach $x$, wir wollen sie durch $P(x)$ bezeichnen, in eine nach Potenzen von $(x - a)$ fortschreitende, sie sei durch $P(x|a)$ bezeichnet, ist möglich für die Punkte im Innern des Kreises, der um $a$ beschrieben den Convergenzkreis von $P(x)$ von innen berührt."

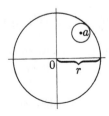

Eine solche Umwandlung der Potenzreihe ist gleichbedeutend mit einer Verlegung der Axen der geometrischen Repräsentation nach dem Punkte $a$, und sie ist sehr geeignet zur Untersuchung des Verhaltens der Potenzreihe in der Stelle $x = a$. Für Potenzreihen mit mehreren Variabeln gilt der entsprechende Satz:

$\sum a_{\lambda\mu\nu\ldots} x^\lambda y^\mu z^\nu \ldots = P(x, y, z \ldots)$ ist umwandelbar in

$$\sum A_{\lambda\mu\nu\ldots}(x-a)^\lambda (y-b)^\mu (z-c)^\nu \ldots = P(x, y, z \ldots | a, b, c \ldots)$$

unter den Bedingungen $|a| + |x - a| < r_1$, $|b| + |y - b| < r_2$, $|c| + |z - c| < r_3 \ldots$.

Wenn eine Funktion in der Form $F(x|a)$ geschrieben wird, so soll dies heißen, daß sie an der Stelle $x = a$ definiert ist.

$F(x, y, z)$ sei gleich $P(x, y, z | a, b, c)$. Wir wollen zeigen, daß, wenn $a_1, b_1, c_1$ im Convergenzbezirk von $P$ liegt, $P(x, y, z | a, b, c)$ verwandelt werden kann in $P_1(x, y, z | a_1, b_1, c_1)$. $P$ möge convergieren, sobald $|x - a| < r_1$, $|y - b| < r_2$, $|z - c| < r_3$ ist. Dann erfüllen $a_1, b_1, c_1$ nach Voraussetzung die Bedingungen $|a_1 - a| < r_1$, $|b_1 - b| < r_2$, $|c_1 - c| < r_3$. Es ist nun $x - a = (x - a_1) + (a_1 - a)$, und $P(x, y, z | a, b, c)$ kann also in $P_1(x, y, z | a_1, b_1, c_1)$ umgewandelt werden, wenn $|x - a_1| + |a_1 - a| < r_1$, $|y - b_1| + |b_1 - b| < r_2$, $|z - c_1| + |c_1 - c| < r_3$ ist. Diese Bedingungen sind aber immer zu erfüllen, da $|a_1 - a| < r_1$, $|b_1 - b| < r_2$, $|c_1 - c| < r_3$ angenommen ist. — Derselbe Satz gilt für beliebig viele Variable.

Jede Potenzreihe $P(x_1, x_2 \ldots x_n | a_1, a_2 \ldots a_n)$ ist nach den $x$ differenzierbar. Diese Potenzreihe entsteht nämlich aus $P(y_1, y_2 \ldots y_n)$ durch die Substitutionen $y_1 = x_1 - a_1$, $y_2 = x_2 - a_2 \ldots y_n = x_n - a_n$.

Es ist also nach dem Satze p. 76,

$$d.P(x_1, \ldots x_n | a_1, \ldots a_n) = \sum_\lambda \frac{\partial P(y_1, \ldots y_n)}{\partial y_\lambda} \cdot \frac{\partial y_\lambda}{\partial x_\lambda} dx_\lambda = \sum_\lambda \frac{\partial P}{\partial y_\lambda} dx_\lambda,$$

oder ausgeschrieben:

$$d \sum_\lambda a_{\lambda_1, \ldots \lambda_\varrho}(x_1 - a_1)^{\lambda_1} \cdots (x_n - a_n)^{\lambda_n} = \sum_\nu \sum_\lambda \lambda_\nu a_{\lambda_1, \ldots \lambda_\varrho} \frac{(x_1 - a_1)^{\lambda_1} \cdots (x_n - a_n)^{\lambda_n}}{x_\nu - a_\nu} dx_\nu.$$

Es sei z.B. $F(x) = P(x|b) = \sum A_\lambda (x - b)^\lambda$, so ist

$$\left.\begin{array}{rcl}
F'(x) & = & \sum (\lambda + 1) A_{\lambda+1}(x - b)^\lambda, \\
F''(x) & = & \sum (\lambda + 1)(\lambda + 2) A_{\lambda+2}(x - b)^\lambda, \\
\vdots & & \vdots \\
F^{(\nu)}(x) & = & \sum (\lambda + 1) \cdots (\lambda + \nu) A_{\lambda+\nu}(x - b)^\lambda.
\end{array}\right\}$$

Setzen wir in diesen Gleichungen $x = b$, was ein zulässiger Werth ist, so erhalten wir für die Coefficienten die Werthe $A_0 = F(b)$, $A_1 = F'(b)$, $A_2 = \frac{F^{(2)}(b)}{2!}, \ldots A_\nu = \frac{F^{(\nu)}(b)}{\nu!}$.

Wenn wir also wissen, daß $F(x)$ darstellbar ist in der Form $P(x|b)$, so ist $F(x) = \sum_\lambda \frac{F^{(\lambda)}(b)}{\lambda!} (x - b)^\lambda$.

Für Potenzreihen mit mehreren Variabeln findet man in ähnlicher Weise:

$$F(x_1, x_2 \ldots x_n) = \sum_{\lambda_1, \ldots \lambda_n} \frac{F^{(\lambda_1 \ldots \lambda_n)}(b_1, b_2 \ldots b_n)}{\lambda_1! \lambda_2! \cdots \lambda_n!} (x_1 - b_1)^{\lambda_1} (x_2 - b_2)^{\lambda_2} \cdots (x_n - b_n)^{\lambda_n}$$

$$= \sum_{\lambda_1, \ldots \lambda_n} \left( \frac{\partial^{\lambda_1 + \lambda_2 + \cdots + \lambda_n} F(x_1, x_2 \ldots x_n)}{\partial x_1^{\lambda_1} \partial x_2^{\lambda_2} \cdots \partial x_n^{\lambda_n}} \right)_{x_\nu = b_\nu} \cdot \frac{(x_1 - b_1)^{\lambda_1} (x_2 - b_2)^{\lambda_2} \cdots (x_n - b_n)^{\lambda_n}}{\lambda_1! \lambda_2! \cdots \lambda_n!}.$$

Setzen wir in dieser Formel $x_\nu = b_\nu + h_\nu$ und, nachdem dies geschehen, an Stelle von $b_\nu$ wieder $x_\nu$, so erhalten wir die bekannte Taylor'sche Entwicklung:

$$F(x_1 + h_1, x_2 + h_2 \ldots x_n + h_n) = \sum_{\lambda_1, \ldots \lambda_n} \left( \frac{\partial^{\lambda_1 + \lambda_2 + \cdots + \lambda_n} F(x_1, x_2 \ldots x_n)}{\partial x_1^{\lambda_1} \partial x_2^{\lambda_2} \cdots \partial x_n^{\lambda_n}} \right) \cdot \frac{h_1^{\lambda_1} h_2^{\lambda_2} \cdots h_n^{\lambda_n}}{\lambda_1! \lambda_2! \cdots \lambda_n!}.$$

# 8.4   Beispiel einer nicht differenzierbaren stetigen Funktion

Wir wollen jetzt an einem Beispiele zeigen, daß eine Funktion recht wohl stetig sein kann und doch keinen Differenzialquotienten zu besitzen braucht.

$f(x)$ sei eine für $x = -\infty$ bis $x = \infty$ definierte und stetige Funktion. Soll dann $f(x)$ an der Stelle $x_0$ differenzierbar sein, so muß

$$\left. \begin{array}{l} f(x_0 + h) - f(x_0) = h.C + h.f_1(h) \\ f(x_0 - h) - f(x_0) = (-h).C + (-h).f_1(-h) \end{array} \right\}$$

sein, wo $C$ unabhängig von $h$ ist und $f_1(h)$ mit $h$ zugleich unendlich klein wird.

$f(x)$ sei nun gleich $\sum_{n=0}^{\infty} b^n \cos[(a^n x)\pi]$, $b$ sei kleiner als 1, $a$ eine ungerade Zahl. $f(x)$ convergiert für jeden reellen Werth von $x$ und zwar gleichmäßig. Der Rest der Reihe vom $r^{\text{ten}}$ Gliede an ist nämlich

$$= \sum_{n=r}^{\infty} b^n \cos(a^n x)\pi < \sum_{n=r}^{\infty} b^n = \frac{b^r}{1 - b}.$$

Der Rest kann also durch Vergrößerung von $r$ so klein gemacht werden, als man will. $x_0$ sei ein beliebiger reeller, dem Argumente unserer Funktion beigelegter Werth. Wir setzen $a^m x_0 = \alpha_m + x_m$, so daß $\alpha_m$ eine ganze Zahl ist und $-\frac{1}{2} < x_m < \frac{1}{2}$ wird. Diese Zerlegung der Zahl $a^m x_0$ ist eine eindeutig bestimmte. Wir setzen außerdem

$$x_0 = \frac{\alpha_m}{a^m} + \frac{x_m}{a^m}, \quad x' = \frac{\alpha_m}{a^m} + \frac{1}{a^m}, \quad x'' = \frac{\alpha_m}{a^m} - \frac{1}{a^m}.$$

Dadurch wird $x' - x_0 = \frac{1 - x_m}{a^m}$, $x'' - x_0 = -\frac{1 + x_m}{a^m}$. Da $x_m$ zwischen $+\frac{1}{2}$ und $-\frac{1}{2}$ liegt für jedes $m$, so kann durch Vergrößerung von $m$  $x'$ und $x''$ dem Werth von $x_0$ so nahe gebracht werden, als man nur will. $x' - x_0$ werde gleich $h$, $x'' - x_0 = h'$ gesetzt. $D = \frac{f(x_0 + h) - f(x_0)}{h}$ wird

$$= \sum_{n=0}^{\infty} \frac{b^n \cos((a^n x')\pi) - b^n \cos((a^n x_0)\pi)}{x' - x_0}$$

$$= -\pi \sum_{n=0}^{m-1} b^n a^n \cdot \frac{\sin\left(a^n \cdot \frac{x+x_0}{2}\right)\pi \cdot \sin\left(a^n \cdot \frac{x-x_0}{2}\right)\pi}{\left(\frac{x'-x_0}{2}a^n\right)\pi}$$

$$+ \sum_{n=0}^{\infty} \frac{b^{n+m}\{\cos(a^{n+m}x')\pi - \cos(a^{n+m}x_0)\pi\}}{x' - x_0}.$$

Nun ist im ersten Theil der Summe $\frac{\sin\left(a^n \cdot \frac{x'-x_0}{2}\right)\pi}{\left(a^n \cdot \frac{x'-x_0}{2}\right)\pi} < 1$, denn $a^n \frac{x'-x_0}{2} = \frac{1-x_m}{2a^{m-n}} < 1$

für $n \leq m$, und $\sin a^n \frac{x'+x_0}{2}\pi < 1$, also der absolute Betrag des ersten Theils von $D$

$$< +\pi \sum_{n=0}^{m-1} b^n a^n = +\pi \cdot \frac{(ba)^m - 1}{(ba) - 1} < \frac{\pi(ab)^m}{ab - 1}.$$

Diesen ersten Theil können wir daher gleich $\varepsilon \frac{\pi(ab)^m}{ab-1}$ setzen, wo $|\varepsilon| < 1$ ist.

Wir schreiten jetzt zur Reduktion des zweiten Theils von $D$. $a^{n+m}x'$ ist gleich $a^n(\alpha_m + 1)$. Also, da $a$ als ungerade vorausgesetzt ist, $\cos(a^{n+m}x')\pi = (-1)^{1+\alpha_m}$ und, da $a^{n+m}x_0 = a^n(\alpha_m + x_m)$, $\cos(a^{n+m}x_0)\pi = (-1)^{\alpha_m}\cos(a^n x_m\pi)$. Es wird daher der zweite Theil von $D$:

$$(-1)^{\alpha_m+1} \sum_{n=0}^{\infty} \frac{b^{n+m}\left(1 + \cos(a^n x_m)\pi\right)}{(1 - x_m)/a^m} = (-1)^{\alpha_m+1}(ab)^m \sum_{n=0}^{\infty} \frac{b^n\left(1 + \cos(a^n x_m)\pi\right)}{1 - x_m}.$$

Wir können den zweiten Theil gleich $(-1)^{\alpha_m+1}(ab)^m \cdot \frac{1}{1-x_m}\eta$ setzen, wobei $|\eta| > 1$ ist, oder auch, da $x_m$ größer als $-\frac{1}{2}$ und kleiner als $\frac{1}{2}$ ist, also $1 - x_m < \frac{3}{2}$, gleich $(-1)^{\alpha_m+1}(ab)^m \cdot \frac{2}{3}\eta$, wo $|\eta| > 1$, aber ein anderes ist als das vorige $\eta$.

$D = \frac{f(x_0+h)-f(x_0)}{h}$ ist jetzt gleich $+(-1)^{\alpha_m+1} \cdot \frac{2\eta}{3}(ab)^m\left\{1 \pm \frac{\varepsilon}{\eta} \cdot \frac{3}{2} \cdot \frac{\pi}{ab-1}\right\}$. $\frac{\varepsilon}{\eta}$ ist ein echter Bruch; wählt man aber $b$ so, daß $\frac{3}{2}\frac{\pi}{ab-1} < 1$ ist, so wird auch $ab > 1$ und jedenfalls $\left\{1 \pm \frac{\varepsilon}{\eta}\frac{3}{2}\frac{\pi}{ab-1}\right\}$ positiv.

$\frac{f(x_0-h_1)-f(x_0)}{-h_1}$ findet sich gleich $(-1)^{\alpha_m}\frac{2\eta'}{3}(ab)^m\left\{1 \pm \frac{3}{2}\frac{\varepsilon'}{\eta'}\frac{\pi}{ab-1}\right\}$. In dem letzten Differenzenquotient ist $h_1 = -h' = \frac{1+x_m}{a^m}$ gesetzt. $h$ und $h_1$ können, durch hinreichend groß gewähltes $m$, so klein gemacht werden, als man will; mit wachsendem $m$ wird aber der erste wie der zweite Differenzenquotient größer und größer (dem absoluten Betrage nach); während jedoch der eine positiv unendlich groß wird, nähert sich der andere der Grenze $-\infty$. (Dabei müssen jedoch für $a$ und $b$ die immer zu erfüllenden Ungleichungen bestehen $\frac{3\pi}{2(ab-1)} < 1$ und $ab > 1$, von denen die erste die zweite einschließt; siehe oben.)

Da $f(x_0 + h) - f(x_0)$ eine stetige Funktion von $h$ ist, so muß auch $h(-1)^{\alpha_m+1}$ $(ab)^m \cdot \frac{2\eta}{3}\{\ldots\} = f(x_0+h) - f(x_0)$ eine stetige Funktion von $h$ sein. Da nun ferner mit wachsendem $m$ (also abnehmendem $h$) $\alpha_m$ nicht beständig gerade oder ungerade sein wird, so wird die Funktion $f(x_0 + h) - f(x_0)$ mit abnehmendem $h$ immer vom Positiven ins Negative springen, und, da sie sich stetig ändert zwischen $h'$ und $h''$, wenn sie für $h'$ positiv, für $h''$ negativ ist, alle Werthe zwischen $f(x_0 + h')$ $-f(x_0) = h's$ und $f(x_0 + h'') - f(x_0) = h''r$ durchlaufen. Da nun, je kleiner $h$ angenommen wird, $(-1)^{\alpha_m}(ab)^m\frac{2\eta}{3}\{\ldots\}$ größer und größer wird, so wird die Funktion für hinreichend kleines $h$ jeden beliebigen Werth annehmen können.

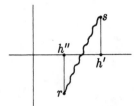

Nur für specielle Werthe von $x_0$ wird dies nicht zutreffen, für solche nämlich, bei denen $(-1)^{\alpha_m}$ stets positiv oder stets negativ ist. Da $x_0 = \frac{\alpha_1}{a} + \frac{x_1}{a} = \frac{\alpha_2}{a^2} + \frac{x_2}{a^2} = \frac{\alpha_3}{a^3} + \frac{x_3}{a^3} = $ etc. ist, so ist

$$x_0 = \frac{\alpha_1}{a} + \frac{\alpha_2 - \alpha_1 a}{a^2} + \frac{\alpha_3 - \alpha_2 a}{a^3} + \dots,$$

und, wenn dann die Zähler aller dieser Brüche gerade oder ungerade sind, so ist dies mit allen $\alpha$ der Fall. In letzterem Falle kann man in der Nähe von $x_0$ Werthe $x_0'$ angeben, für welche nicht alle $\alpha$ gerade oder ungerade sind. (Siehe weiter unten im Anhange[1].)

---

[1] nicht im Manuskript enthalten

# Kapitel 9

# $\mathbb{R}$ und $\mathbb{R}^n$ als metrische topologische Räume

## 9.1 Offene Mengen und Zusammenhangskomponenten

Eine unbeschränkt veränderliche reelle Größe ist eine solche, die alle Werthe zwischen $-\infty$ und $+\infty$ annehmen kann; sämmtliche Punkte einer Geraden repräsentieren das Gebiet einer solchen Veränderlichen. Wir denken uns nun einen Verein von unbeschränkt veränderlichen Größen. (Im Folgenden handelt es sich nur um reelle Größen; auf complexe Veränderliche läßt sich alles folgende leicht übertragen.) Jedes bestimmte System der Veränderlichen heißt eine Stelle im Gebiete der Größen. Sind $x_1, x_2 \ldots x_n$ die Variabeln, $a_1, a_2 \ldots a_n$ eine Stelle in ihrem Gebiete — was so zu verstehen ist, daß $x_1 = a_1, x_2 = a_2 \ldots x_n = a_n$ im Werthesystem ist —, so ist, wenn $|x'_1 - a_1| < \delta, |x'_2 - a_2| < \delta \ldots |x'_n - a_n| < \delta$, $x'_1, x'_2 \ldots x'_n$ eine Stelle in der Umgebung $\delta$ der Stelle $a_1, a_2 \ldots a_n$. $x'_\nu$ liegt zwischen $a_\nu + \delta$ und $a_\nu - \delta$.

In dem Gebiete einer unbeschränkt Veränderlichen $x$ sei in irgend welcher Weise eine unendliche Anzahl von Stellen definiert; die Gesammtheit dieser Stellen werde durch $x'$ bezeichnet. Dann können die $x'$ entweder durch discrete oder durch continuierlich aufeinander folgende Punkte einer Geraden repräsentiert sein — im letztern Falle sagt man, sie bilden ein Continuum. Dieses ist analytisch so zu definieren: Ist $a$ eine Stelle des definierten Gebietes $x'$, und liegen in einer hinreichend klein gewählten Umgebung von $a$ sämmtliche Stellen dieser Umgebung in dem Gebiete $x'$, so bilden die $x'$ ein Continuum.

In einer Umgebung einer Stelle $a$ eines Gebietes $x'$ liege eine andere Stelle $a_1$, so daß sämmtliche Stellen des Intervalls $a$ bis $a_1$ zu dem Gebiete $x'$ gehören; $a_2$ habe

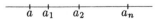

in Bezug auf $a_1$ dieselbe Eigenschaft wie $a_1$ in Bezug auf $a$; ebenso möge sich $a_3$ zu $a_2$, $a_4$ zu $a_3$ ... $a_n$ zu $a_{n-1}$ verhalten. Dann sagen wir, es sei von $a_1$ zu $a_n$ ein continuierlicher Übergang möglich. Zwischen $a$ und $b$ sei kein continuierlicher Übergang im Gebiete $x'$ möglich, so gehört aber zu $a$, wie zu $b$ ein ganzes Continuum von Werthen $x'$. Es besteht also ein Gebiet, in welchem continuierliche Übergänge von einer Stelle zu einer andern möglich sind, aus einem oder mehreren getrennten continuierlichen Stücken. Was unter den Grenzen eines continuierlichen Stückes zu verstehen ist, ist unmittelbar klar.

Alles dieses läßt sich ohne Schwierigkeit auf ein Gebiet von $n$ Variabeln — auf eine $n$-fache Mannigfaltigkeit — übertragen. Für $n = 3$ läßt es sich noch geometrisch veranschaulichen, was es heißt, von einer Stelle zu einer andern finde ein continuierlicher Übergang statt. —

Die Möglichkeit eines continuierlichen Überganges von einer Stelle zu einer andern ruft auch die von der letztern zur ersten hervor.

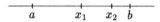

Dies ist nicht selbstverständlich, denn z.B. wird es eine Umgebung von $x_1$ geben, die $x_2$ enthält, aber nicht umgekehrt eine Umgebung von $x_2$, die $x_1$ enthält, denn die Umgebung von $x_2$ darf nicht größer als $\overline{x_2 b}$ sein. Man braucht aber zwischen $x_1$ und $x_2$ nur solche Stellen einzuschalten, welche zwischen $x_1$ und $x_2$ solche Intervalle bilden, die kleiner oder gleich $\overline{x_2 b}$ sind, um zu zeigen, daß auch von $b$ nach $a$ ein continuierlicher Übergang möglich ist, wenn er es von $a$ nach $b$ war.

## 9.2   Supremumsprinzip und Satz von BOLZANO-WEIERSTRASS für ℝ

$g$ heißt die obere Grenze einer veränderlichen Größe, wenn es keinen Werth der Veränderlichen giebt größer als $g$ und wenn in dem Intervall $g - \delta \ldots g$, $\delta$ sei eine noch so kleine Größe, sich noch immer Stellen des Gebietes der Veränderlichen vorfinden. $g'$ ist die untere Grenze, wenn es keinen Werth der Variabeln giebt kleiner als $g'$ und wenn in jedem, noch so kleinen Intervall $g' \ldots g' + \delta$ sich Stellen des Gebietes vorfinden. Ob $g$ und $g'$ selbst dem Gebiete angehören oder nicht, ist gleichgültig. ($g$ kann gleich $\infty$ und $g'$ gleich $-\infty$ werden.)

"Jedes Gebiet einer veränderlichen Größe hat eine obere und eine untere Grenze." Wir nehmen an, die Veränderliche sei nur positiver Werthe fähig und könne nicht gleich $\infty$ werden. Der allgemeine Fall läßt sich dann leicht auf diesen speciellen zurückführen. Dem Beweise unseres Satzes schicken wir folgendes voraus: $a_0, a_1, a_2 \ldots$ sei eine Reihe von Zahlen, die nicht abnehmen und sämmtlich kleiner als eine angebbare (endliche) Größe $g$ sind. Bilden wir dann die Zahlen $b_1 = a_1 - a_0$, $b_2 = a_2 - a_1 \ldots b_\nu = a_\nu - a_{\nu-1} \ldots$, so ist $b = b_1 + b_2 + b_3 + \ldots$ in inf. eine endliche Größe. Die Summe von beliebig vielen Gliedern der Reihe $b_1, b_2, b_3 \ldots$, von welchen $b_n$ den höchsten Index habe, ist nämlich kleiner oder gleich $a_n - a_0$, also sicherlich kleiner als $g$, daher $\sum_{i=1}^\infty b_i$ endlich.

Eine Stelle, die in unserm Gebiete liegt, werde wieder durch $x'$ bezeichnet. $a$ sei eine positive ganze Zahl. Ich betrachte nun die Zahlenreihe $\frac{1}{a}, \frac{2}{a}, \frac{3}{a}, \frac{4}{a} \ldots$. Von $x'$ haben wir vorausgesetzt, daß $x'$ beständig größer als 0 und kleiner als $G$, wo $G$ eine positive Zahl bedeutet. Man kommt daher in der obigen Zahlenreihe zu einem ersten Gliede, daß größer oder gleich $G$ und also auch größer als jeder Werth, den $x'$ annehmen kann, ist. In dem Intervalle $\frac{a_1}{a} \ldots \frac{a_1+1}{a}$ müssen dann nothwendig eine oder mehrere Stellen, die zu dem Gebiete gehören, liegen, wenn wir unter $\frac{a_1+1}{a}$ das erste Glied der Zahlenreihe verstehen, das alle für $x'$ zulässigen Werthe an Größe übertrifft. In dieser Weise gehört zu jeder Zahl $a$ eine Zahl $a_1$. Zu den Gliedern der Reihe $a, a^2, a^3, a^4, \ldots a^n \ldots$ mögen so die Zahlen $a_1, a_2, a_3, a_4 \ldots a_n \ldots$ gehören, so daß in jedem der Intervalle

$$\frac{a_1}{a} \ldots \frac{a_1+1}{a}$$

$$\frac{a_2}{a^2} \ldots \frac{a_2+1}{a^2}$$

$$\frac{a_3}{a^3} \ldots \frac{a_3+1}{a^3}$$

$$\vdots$$

$$\frac{a_n}{a^n} \ldots \frac{a_n+1}{a^n}$$

mindestens Eine Stelle des Gebietes $x'$ liegt.

Wir wollen nun zeigen, daß in der Reihe $\frac{a_1}{a}, \frac{a_2}{a^2}, \frac{a_3}{a^3} \ldots, \frac{a_n}{a^n} \ldots$ jedes Glied größer ist als das vorhergehende. Dazu zerlegen wir das Intervall $\frac{a_n}{a^n} \ldots \frac{a_n+1}{a^n}$ in die Reihe von Intervallen:

$$\text{I.} \quad \left\{ \begin{array}{l} \frac{a_n}{a^n} \ldots \frac{a_n}{a^n} + \frac{1}{a^{n+1}} \\[2mm] \frac{a_n}{a^n} + \frac{1}{a^{n+1}} \ldots \frac{a_n}{a^n} + \frac{2}{a^{n+1}} \\[2mm] \vdots \\[2mm] \frac{a_n}{a^n} + \frac{a-1}{a^{n+1}} \ldots \frac{a_n}{a^n} + \frac{a}{a^{n+1}}. \end{array} \right.$$

Mindestens muß es in Einem dieser Intervalle Stellen der definierten Art geben (Stellen $x'$), da es deren in dem Intervalle $\frac{a_n}{a^n} \ldots \frac{a_n+1}{a^n}$ gab. Das Intervall $\frac{a_n}{a^n} + \frac{m-1}{a^{n+1}} \ldots \frac{a_n}{a^n} + \frac{m}{a^{n+1}}$ sei das letzte, welches von den Intervallen I. Stellen $x'$ enthält. Dieses Intervall $\frac{a \cdot a_n + (m-1)}{a^{n+1}} \ldots \frac{a \cdot a_n + m}{a^{n+1}}$ ist aber identisch mit dem Intervall $\frac{a_{n+1}}{a^{n+1}} \ldots \frac{a_{n+1}+1}{a^{n+1}}$, also $a_{n+1} = a \cdot a_n + m - 1$, daher $\frac{a_{n+1}}{a^{n+1}} \geq \frac{a_n}{a^n}$, wie behauptet wurde.

Bilden wir nun die Differenzen $b_0 = \frac{a_1}{a}, b_1 = \frac{a_2}{a^2} - \frac{a_1}{a}, b_2 = \frac{a_3}{a^3} - \frac{a_2}{a^2}, b_3 = \frac{a_4}{a^4} - \frac{a_3}{a^3} \ldots$ und die Summen

$$b = b_0 + b_1 + b_2 + b_3 + \ldots = \frac{a_1}{a} + \frac{m_1-1}{a^2} + \frac{m_2-1}{a^3} + \ldots,$$

so ist $b$ die obere Grenze des Gebietes $x'$.

$b$ ist nämlich zuvörderst eine endliche Größe (vgl. p. 84). Die Summe der $n$ ersten Glieder von $b$ ist $\frac{a_n}{a^n}$, also $b > \frac{a_n}{a^n}$ (alle Glieder von $b$ sind ja positive Zahlen); aber $b \leq \frac{a_n+1}{a^n}$. Es kann keinen Werth von $x'$ geben, der größer $b$; denn durch hinreichend groß gewähltes $n$ kann $b$ dem $\frac{a_n+1}{a^n}$ so nahe gebracht werden, als man nur will, und es gibt keinen Werth von $x'$ größer $\frac{a_n+1}{a^n}$. Da ferner $b$ immer zwischen $\frac{a_n}{a^n}$ und $\frac{a_n+1}{a^n}$ liegt, zwischen diesen Grenzen aber mindenstens ein Werth von $x'$ liegt und, wie eben gezeigt, kein Werth von $x'$ größer $b$ ist, so folgt, daß zwischen $b$ und $b - \delta$ immer mindestens ein Werth $x'$ liegt ($\delta$ irgend eine, noch so kleine Größe). —

"In jedem discreten Gebiete von einer Mannigfaltigkeit, welches unendlich viele Stellen enthält, giebt es mindestens eine Stelle, die dadurch ausgezeichnet ist, daß in jeder noch so kleinen Umgebung derselben sich unendlich viele Stellen des Gebietes vorfinden."

(Stellt man das Gebiet durch Punkte einer Curve, etwa einer Geraden, dar, so findet in dieser Stelle gewissermaßen eine Verdichtung des Gebietes statt.) Z.B.: Ist $a_0 + a_1 + a_2 + \ldots$ in inf. eine convergente Reihe, so bilden die Größen $s_0, s_1, s_2, s_3$, $s_4 \ldots$, wo unter $s_n$ $\sum_{i=0}^{n} a_i$ verstanden ist, ein discretes Gebiet von unendlich vielen Stellen. Die Stelle, in deren Umgebung, sei dieselbe noch so klein, sich unendlich viele andere Stellen des Gebietes finden, ist hier $s$, die Summe der Reihe. Es ist nämlich $s - s_n < \delta$ oder $s - \delta < s_n$, wenn $\delta$ eine beliebig klein gewählte Größe ist, und, nach Wahl von $\delta$, $n$ größer als eine bestimmte Zahl angenommen wird. Es liegen also zwischen $s$ und $s - \delta$, $\delta$ sei noch so klein, unendlich viele der Größen $s_n$. —

Wir nehmen (zum Beweise unseres Satzes) zunächst an, daß die definierten Stellen innerhalb zweier Grenzen $g_0$ und $g_1$ enthalten sind.

$a$ sei eine beliebige ganze Zahl. Wir bilden die Reihe

$$\text{I.} \qquad -\frac{m}{a}, -\frac{m-1}{a}, -\frac{m-2}{a}, \ldots, -\frac{1}{a}, 0, +\frac{1}{a}, \frac{2}{a}, \ldots, \frac{n-2}{a}, \frac{n-1}{a}, \frac{n}{a}.$$

Dieselbe ist nach links soweit fortgesetzt, daß $-\frac{m}{a} < g_0$ ist, und nach rechts so weit, daß $\frac{n}{a} > g_1$ ist. Betrachten wir nun sämmtliche Intervalle in der Reihe I., $\frac{\mu}{a} \ldots \frac{\mu+1}{a}$, deren es nur eine endliche Anzahl giebt, da die Reihe I. nur endlich viele Glieder hat, so ist klar, daß mindestens Eines unter denselben sein muß, innerhalb dessen unendlich viele Stellen des definierten Gebietes liegen; denn es sind ja unendlich viele Stellen definiert und nur endlich viele Intervalle. Das erste Intervall, welches unendlich viele Stellen des Gebietes fasst, sei $\frac{\mu_1}{a} \ldots \frac{\mu_1+1}{a}$. Unterhalb $\frac{\mu_1}{a}$ giebt es also nur vereinzelte Stellen des Gebietes. Zu jeder Zahl $a$ gehört nun eine Zahl $\mu_1$; wir bilden die letztern zu den Zahlen der Reihe $a, a^2, a^3, \ldots$ und bezeichnen die zugehörigen $\mu$'s durch $\mu_1, \mu_2, \mu_3 \ldots$. Dann haben wir die Reihe von Intervallen:

$$\left.\begin{array}{c} \frac{\mu_1}{a} \cdots \frac{\mu_1+1}{a} \\ \frac{\mu_2}{a^2} \cdots \frac{\mu_2+1}{a^2} \\ \vdots \\ \frac{\mu_n}{a^n} \cdots \frac{\mu_n+1}{a^n} \\ \frac{\mu_{n+1}}{a^{n+1}} \cdots \frac{\mu_{n+1}+1}{a^{n+1}} \\ \vdots \end{array}\right\}$$

von denen wir wissen, daß jedes unendlich viele Stellen des Gebietes enthält und daß unterhalb der untern Grenze jedes Intervalls nur noch endlich viele Stellen des Gebietes liegen. Daraus können wir schließen: $\frac{\mu_{n+1}+1}{a^{n+1}} > \frac{\mu_n}{a^n}$ und $\frac{\mu_{n+1}}{a^{n+1}} < \frac{\mu_n+1}{a^n}$, also:

$$\text{1) } \mu_{n+1} + 1 > a \cdot \mu_n \qquad \text{und} \qquad \text{2) } \mu_{n+1} < a \cdot \mu_n + a.$$

Aus 1) können wir folgern (da es sich um eine Einheit handelt): $\mu_{n+1} \geq a \cdot \mu_n$ und $\frac{\mu_{n+1}}{a^{n+1}} \geq \frac{\mu_n}{a^n}$. Die Zahlen $\frac{\mu_1}{a}, \frac{\mu_2}{a^2}, \frac{\mu_3}{a^3}, \frac{\mu_4}{a^4} \ldots$ bilden also eine Reihe von wachsenden Größen, von denen jedoch keine die Grenze überschreitet, über die hinaus sich keine Stellen des Gebietes vorfinden. Daher ist

$$\text{I.} \qquad A = \frac{\mu_1}{a} + \frac{\mu_2 - a\mu_1}{a^2} + \frac{\mu_3 - a\mu_2}{a^3} + \ldots$$

eine endliche Größe (vgl. p. 84), und ich behaupte, $A$ ist eine solche Stelle, in deren Umgebungen sich unendlich viele Stellen des Gebietes finden. Man kann nämlich zu jeder Umgebung $A - \delta \ldots A + \delta$ von $A$ durch hinreichend groß gewähltes $r$ Intervalle $\frac{\mu_r}{a^r} \ldots \frac{\mu_r+1}{a^r}$ finden, die ganz innerhalb des Intervalls $A - \delta \ldots A + \delta$ liegen, so daß, da zwischen $\frac{\mu_r}{a^r} \ldots \frac{\mu_r+1}{a^r}$ unendlich viele Stellen des Gebietes liegen, dies auch für das Intervall $A - \delta \ldots A + \delta$ gilt. — Die Größe $A$ ist eine vollkommen bestimmte. Wählt man z.B. $a = 10$, so erhalten wir $A$ durch Gleichung I auf dieser Seite in Form eines Decimalbruchs.

## 9.3  Anwendungen

$c_0, c_1, c_2 \ldots$ in inf. sei eine Reihe von Zahlgrößen. Man bilde $s_0 = c_0, s_1 = c_0 + c_1$, $s_2 = c_0 + c_1 + c_2 \ldots$, so machen die Größen $s_0, s_1, s_2 \ldots$ ein Gebiet von unendlich vielen discreten Stellen aus. Nehmen wir außerdem an, daß $s_n$ eine angebbare Größe nicht überschreiten kann, so muß nach unserm Satze mindestens eine Stelle $s$ existieren, in deren Umgebung, letztere sei so klein, wie man will, noch unendlich viele Stellen $s_n$ liegen. Wir wollen nun zeigen, daß es nur Eine solche Stelle $s$ geben kann, wenn noch vorausgesetzt wird, daß $s_n - s_{n+r}$ unendlich klein wird, wenn $n$ unendlich groß wird ($s_n - s_{n+r}$ gleichzeitig mit $\frac{1}{n}$ unendlich klein wird) für jeden Werth von $r$.

Es mögen nämlich $s$ und $s'$ zwei solche Stellen sein und $s < s'$. Da in jedem noch so kleinen Intervall $s - \delta \ldots s + \delta$ unendlich viele Stellen $s_n$ liegen, so müssen auch solche darin liegen, bei denen $n$ jede beliebige Zahl übersteigt. $\varepsilon$ sei eine beliebig klein gewählte Größe, so kann $n$ so groß angenommen werden, daß $s_n - s_{n+r} < \varepsilon$ für jedes $r$. Liegt nun $s_n$ innerhalb des Intervalls $s - \delta \ldots s + \delta$, so liegt, da $s - s_{n+r} = s - s_n + \varepsilon'$, $\varepsilon' < \varepsilon$ ist, und $\varepsilon$ und folglich auch $\varepsilon'$ beliebig klein gewählt werden kann, auch $s_{n+r}$ für jedes $r$ innerhalb des Intervalls. Keine Stelle $s_m$, für welche $m > n$, wo $n$ eine angebbare Zahl ist, kann also über $s + \delta$ hinaus fallen, daher kann es auch über $s$ hinaus keine Stelle $s'$ mehr geben, welche dieselbe ausgezeichnete Stellung einnimmt wie $s$. —

$y = f(x)$ sei eine stetige Funktion von $x$. "Gehört zu $x_1$ ein positiver Werth von $y$, zu $x_2$ ein negativer, so giebt es zwischen $x_1$ und $x_2$ einen Werth von $x$, für den $y = 0$ wird."

Man kann jedenfalls zwischen $x_1$ und $x_2$ zwei Werthe $x_1'$ und $x_2'$ so angeben, daß in dem Intervall $x_1 \ldots x_1'$ $y$ immer positiv und zwischen $x_2'$ und $x_2$ immer negativ ist.

$$x_1 \qquad x_1' \qquad x_2' \qquad x_2$$

Ist nun $a$ eine ganze Zahl, so daß $\frac{1}{a}$ kleiner als $x_1' - x_1$ und auch kleiner als $x_2 - x_2'$ (also auch $\frac{1}{a^n}$ kleiner als $x_1' - x_1$ und kleiner als $x_2 - x_2'$), und betrachten wir die Intervalle $\frac{m}{a} \ldots \frac{m+1}{a}, \ldots, \frac{n-1}{a} \ldots \frac{n}{a}$, wo $\frac{m+1}{a} > x_1 \geq \frac{m}{a}$, $\frac{n}{a} \geq x_2 > \frac{n-1}{a}$, so wird es unter diesen eine Anzahl geben, in denen $y$ positiv ist; unter diesen muß es ein letztes geben, $\frac{\mu-1}{a} \ldots \frac{\mu}{a}$, so daß es in dem Intervalle $\frac{\mu}{a} \ldots \frac{\mu+1}{a}$ aufhört, daß in demselben $y$ beständig positiv ist.

So gehört zu jeder Zahl $a$ eine Zahl $\mu$, und alle Zahlen $\frac{\mu}{a}$ liegen zwischen $x_1$ und $x_2$. Betrachten wir nun etwa alle Stellen $\frac{\mu_1}{a}, \frac{\mu_2}{a^2}, \frac{\mu_3}{a^3}, \ldots$, also alle Stellen $\frac{\mu}{a}$ für die Zahlenreihe $a, a^2, a^3 \ldots$, so muß es zwischen $x_1$ und $x_2$ eine Stelle $x_0$ geben, so daß in jeder noch so kleinen Umgebung $x_0 - \delta \ldots x_0 \ldots x_0 + \delta$ derselben sich Stellen $\frac{\mu_\lambda}{a^\lambda}$ in unendlicher Anzahl finden. Da aber $y$ eine stetige Funktion von $x$ sein soll, so kann ich nach Annahme von $\varepsilon$　$\delta$ so klein wählen, daß in dem Intervalle $x_0 - \delta \ldots x_0 \ldots x_0 + \delta$　$y - y_0 < \varepsilon$ bleibt $\bigl(y_0$ ist gleich $f(x_0)\bigr)$. In dem Intervalle $x_0 - \delta \ldots x_0 + \delta$ liegen aber Intervalle $\frac{\mu_n}{a^n} \ldots \frac{\mu_n+1}{a^n}$ ganz drin. Wäre nun $y_0$ positiv, so könnte $\varepsilon$ so klein gewählt werden, daß $y$ zwischen $x_0 - \delta$ und $x_0 + \delta$ beständig positiv wäre; wäre $y_0$ negativ, so könnte $\varepsilon$ so klein genommen werden, daß $y$ beständig negativ zwischen $x_0 - \delta$ und $x_0 + \delta$ wäre. Beides ist nicht zulässig; also muß $y_0 = 0$ sein, q.e.d..

Der Satz über die obere Grenze ist ein specieller Fall des Satzes über den Verdichtungspunkt. Alle Stellen irgend eines Gebietes mögen zwischen 0 und $G$ liegen. Unter der Reihe von Zahlen $0, \frac{1}{a}, \frac{2}{a}, \frac{3}{a} \ldots \frac{m}{a} \ldots$ giebt es eine erste Zahl, die größer ist als jede beliebige der Stellen des Gebietes. Diese erste sei $\frac{\mu+1}{a}$, so liegt zwischen $\frac{\mu}{a}$ und $\frac{\mu+1}{a}$ mindestens noch eine Stelle des Gebietes. Zu jeder Zahl $a$ gehört so eine Zahl $\mu$; wir erhalten also unendlich viele Stellen $\frac{\mu}{a}$. Es muß nun nach unserm Satz eine Stelle $g$ geben, in deren Umgebung, sie sei noch so klein, sich Stellen $\frac{\mu}{a}$ finden. Die Stelle $g$ ist die obere Grenze; denn in jedem Intervall $g - \delta \ldots g$, $\delta$ sei so klein, wie es will, findet sich mindestens eine Stelle des definierten Gebietes; $a$ kann nämlich jede beliebige Größe überschreiten, da in der Umgebung von $g$ sich unendlich viele Stellen $\frac{\mu}{a}$ finden. Man kann nun $a$ so groß wählen, daß $\frac{1}{a} < \delta$ wird, so daß also das Intervall $\frac{\mu}{a} \ldots \frac{\mu+1}{a}$ ganz in der Umgebung $\delta$ von $g$ liegt. Ferner kann es keine Stelle des Gebietes geben größer als $g$, da im entgegengesetzten Falle Intervalle $\frac{\mu}{a} \ldots \frac{\mu+1}{a}$ existieren würden, über welche hinaus noch Stellen des Gebietes liegen.

## 9.4　Gleichmäßige Stetigkeit

Man kann für die Stetigkeit einer Funktion folgende Definition geben: "$f(x)$ (wo $x$ nur reelle Werthe annehmen soll) ist stetig zwischen den Grenzen $x = a$ und $x = b$, wenn nach Annahme einer beliebig kleinen Größe $\varepsilon$ eine Zahl $\delta$ von der Art gefunden werden kann, daß für alle Werthe $x_1$ und $x_2$, für welche $|x_1 - x_2| < \delta$ ist, auch $\bigl|f(x_1) - f(x_2)\bigr| < \varepsilon$ wird." Es soll gezeigt werden, daß diese Definition mit der früher gegebenen übereinstimmt. Wir theilen, vom Nullpunkt ausgehend, die Gerade $\overline{ab}$ in Intervalle $\frac{m}{a_1} \ldots \frac{m+1}{a_1}$, wo $a_1$ eine ganze positive Zahl ist und $m$ alle ganzen Werthe von $-\infty$ bis $+\infty$ durchläuft.

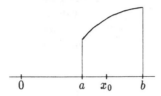

Zwischen $a$ und $b$ fallen nur endlich viele solcher Intervalle. In jedem dieser Intervalle hat $f(x)$ eine obere und eine untere Grenze; also auch $(f(x_2) - f(x_1))$ eine obere Grenze. Dasjenige Intervall, in welchem diese obere Grenze den größten Werth hat, greifen wir heraus; es sei $\frac{\mu}{a_1} \ldots \frac{\mu+1}{a_1}$. Lassen wir $a_1$ alle positiven ganzen Zahlen durchlaufen, so erhalten wir unendlich viele solcher Intervalle $\frac{\mu}{a_1} \ldots \frac{\mu+1}{a_1}$ (zwischen $a$ und $b$). Es giebt also eine Stelle $x_0$, in deren Umgebung unendlich viele Stellen $\frac{\mu}{a_1}$ liegen. Es läßt sich nun, da wir $f$ zwischen $a$ und $b$ nach unserer früheren Definition als stetig annehmen, $\xi$ finden, so daß für $|h| < \xi$   $\left|f(x_0+h) - f(x_0)\right| < \frac{1}{4}\varepsilon$ ist.

Wenn dann $x'$ und $x''$ in dem Intervalle $x_0 - \xi \ldots x_0 + \xi$ liegen, so ist: $\left|f(x') - f(x_0)\right| < \frac{1}{4}\varepsilon$ und $\left|f(x'') - f(x_0)\right| < \frac{1}{4}\varepsilon$, folglich $\left|f(x') - f(x'')\right| < \frac{1}{2}\varepsilon$.

Es läßt sich jetzt, da bei $x_0$ unendlich viele Stellen $\frac{\mu}{a_1}$ liegen, $a_1$ so groß annehmen, daß das Intervall $\frac{\mu}{a_1} \ldots \frac{\mu+1}{a_1}$ ganz innerhalb des Intervalls $x_0 - \xi \ldots x_0 + \xi$ liegt. Für Werthe von $x_1$ und $x_2$, die innerhalb des Intervalls $\frac{\mu}{a_1} \ldots \frac{\mu+1}{a_1}$ liegen, für welche also $|x_1 - x_2| < \frac{1}{a_1}$, ist also auch $\left|f(x_1) - f(x_2)\right| < \frac{1}{2}\varepsilon$. Da unter allen Intervallen $\frac{m}{a_1} \ldots \frac{m+1}{a_1}$ dem Intervall $\frac{\mu}{a_1} \ldots \frac{\mu+1}{a_1}$ die größte obere Grenze der Differenz $\left|f(x_1) - f(x_2)\right|$ zukommt, so ist für je zwei andere Werthe $x_1$ und $x_2$, welche der Bedingung $|x_1 - x_2| < \frac{1}{a_1}$ genügen, wenn beide Werthe in ein und demselben Intervalle $\frac{m}{a_1} \ldots \frac{m+1}{a_1}$ liegen, ebenfalls $\left|f(x_1) - f(x_2)\right| < \frac{1}{2}\varepsilon$. Liegen $x_1$ und $x_2$ aber in zwei verschiedenen (natürlich aufeinanderfolgenden) Intervallen $\frac{m}{a_1} \ldots \frac{m+1}{a_1}$ und $\frac{m+1}{a_1} \ldots \frac{m+2}{a_1}$, so ist gewiß $\left|f(x_1) - f(x_2)\right| < \varepsilon$. Wir können also in der That eine Zahl $\delta = \frac{1}{a_1}$ finden, so daß, wenn nur $|x_1 - x_2| < \delta$ wird, $\left|f(x_1) - f(x_2)\right| < \varepsilon$ ausfällt, wo $\varepsilon$ die beliebig klein angenommene Größe war.

Unsere erste Definition der Stetigkeit hat also die in der zweiten Definition ausgesprochene Eigenschaft als Folge.

# 9.5   Supremumsprinzip und Satz von Bolzano-Weierstrass für $\mathbb{R}^n$; Maxima und Minima

Ist $a$ eine ganze (positive) Zahl, so bezeichnen wir mit $\left(\frac{a_1}{a}, \frac{a_2}{a}, \frac{a_3}{a} \ldots \frac{a_\nu}{a} \ldots \frac{a_n}{a}\right)$ einen bestimmten Bezirk, nämlich die Gesammtheit der Werthesysteme von $x_1, x_2, x_3 \ldots$

$x_\nu \ldots x_n$, bei welchen $x_\nu$ zwischen $\frac{a_\nu}{a}$ und $\frac{a_\nu+1}{a}$ liegt.

Wir nehmen nun an, daß unendlich viele Stellen (Werthesysteme) $x_1, x_2 \ldots x_n$ definiert sein, und zwar soll keine der Stellen kleiner als eine angebbare und keine größer als eine andere angebbare Stelle sein. Es wird dann unter den Bereichen $\left(\frac{a_1}{a}, \frac{a_2}{a}, \ldots \frac{a_n}{a}\right)$ [$a_1, a_2 \ldots a_n$ sind ganze positive oder negative Zahlen.] einen ersten geben, in welchem sich unendlich viele der definierten Stellen geben. Diesen ersten Bereich zertheile ich wieder in Unterbereiche, indem das Intervall $\frac{a_\lambda}{a} \ldots \frac{a_\lambda+1}{a}$ in die Theilintervalle

$$\frac{a_\lambda}{a} \ldots \frac{a_\lambda}{a} + \frac{1}{a^2} \, ; \quad \frac{a_\lambda}{a} + \frac{1}{a^2} \ldots \frac{a_\lambda}{a} + \frac{2}{a^2} \, ; \quad \ldots \quad \frac{a_\lambda}{a} + \frac{a-1}{a^2} \ldots \frac{a_\lambda}{a} + \frac{a}{a^2}$$

zerlegt wird. So erhalten wir $a^n$ Unterbereiche zu dem Bereich $\left(\frac{a_1}{a}, \frac{a_2}{a} \ldots \frac{a_n}{a}\right)$, die ganz in dem letztern liegen. $\left(\frac{a_1'}{a^2}, \frac{a_2'}{a^2} \ldots \frac{a_n'}{a^2}\right)$ sei der erste dieser Unterbereiche, der unendlich viele Stellen des Gebietes in sich faßt. Aus dem Bereiche $\left(\frac{a_1'}{a^2}, \ldots \frac{a_n'}{a^2}\right)$ leitet sich dann ein Bereich $\left(\frac{a_1''}{a^3}, \ldots \frac{a_n''}{a^3}\right)$ ab, welcher ganz innerhalb desselben liegt und (von den Unterbereichen des Bereichs $\left(\frac{a_1'}{a^2}, \ldots \frac{a_n'}{a^2}\right)$) der erste ist, welcher unendlich viele Stellen enthält. Fährt man so fort, so erhält man immer engere und engere Bereiche, innerhalb derer sich noch unendlich viele Stellen des Gebietes finden, und die Stelle

$$\left\{ \begin{aligned}
A_1 &= \frac{a_1}{a} + \frac{a_1' - a a_1}{a^2} + \frac{a_1'' - a a_1'}{a^3} + \ldots \\
A_2 &= \frac{a_2}{a} + \frac{a_2' - a a_2}{a^2} + \frac{a_2'' - a a_2'}{a^3} + \ldots \\
A_3 &= \frac{a_3}{a} + \frac{a_3' - a a_3}{a^2} + \frac{a_3'' - a a_3'}{a^3} + \ldots \\
&\vdots \qquad\qquad \vdots
\end{aligned} \right.$$

hat die Eigenschaft, daß in jeder noch so kleinen Umgebung $\delta$ derselben sich noch unendlich viele Stellen des Gebietes anfinden.

Es seien unendlich viele Stellen $(x_1, x_2 \ldots x_n)$ definiert. Die Stelle $(c_1, c_2 \ldots c_n)$ gehöre nicht zu dem definierten Gebiete. Setzt man dann

$$\xi_1 = \frac{x_1 - c_1}{(x_1 - c_1)^2 + \cdots + (x_n - c_n)^2} \, , \quad \xi_2 = \frac{x_2 - c_2}{(x_1 - c_1)^2 + \cdots + (x_n - c_n)^2} \, , \quad \ldots$$

$$\xi_n = \frac{x_n - c_n}{(x_1 - c_1)^2 + \cdots + (x_n - c_n)^2} \, ,$$

so entspricht jeder Stelle $(x_1, x_2 \ldots x_n)$ eine Stelle $(\xi_1, \xi_2 \ldots \xi_n)$, aber auch umgekehrt jeder Stelle $(\xi_1, \ldots \xi_n)$ eine Stelle $(x_1, \ldots x_n)$. Es ist nämlich

$$\xi_1^2 + \xi_2^2 + \cdots + \xi_n^2 = \frac{1}{(x_1 - c_1)^2 + \cdots + (x_n - c_n)^2} \, ,$$

also

$$x_1 - c_1 = \frac{\xi_1}{\xi_1^2 + \xi_2^2 + \cdots + \xi_n^2} \, , \quad \ldots \quad x_n - c_n = \frac{\xi_n}{\xi_1^2 + \cdots + \xi_n^2} \, .$$

Zu dem definierten Gebiete $(x_1, \ldots x_n)$ erhält man so ein zugehöriges Gebiet $(\xi_1, \ldots \xi_n)$, in welchem es keine unendlich große Stelle giebt, da $(c_1, c_2 \ldots c_n)$ nach Voraussetzung keine Stelle des Gebietes $(x_1, \ldots x_n)$ ist. Einer Grenzstelle des Gebietes $(\xi)$

entspricht eine solche im Gebiete $(x)$. Ist die erste die Stelle $\xi_1 = \xi_2 = \xi_3 = \ldots = 0$, so ist die letztere die Stelle $x_1 = x_2 = x_3 = \ldots = \infty$.

Einer Stelle $(x_1, \ldots x_n)$ eines Gebietes entspreche immer eine Stelle $y$; dann ist auch $y$ eine veränderliche Größe und hat also eine untere und eine obere Grenze; die letztere sei $g$. Dann giebt es [in dem Gebiete der $x$](Es ist nicht nöthig, daß die Stelle zu dem definierten Gebiete gehört.) mindestens eine Stelle von folgender Beschaffenheit: Wenn ich irgend eine noch so kleine Umgebung derselben betrachte und für die in dieser Umgebung liegenden Stellen des Gebietes $x$ die zugehörigen Werthe $y$ betrachte, so haben diese Werthe von $y$ auch ihre Grenze und dieselbe ist gerade $g$. Ähnliches gilt für die untere Grenze.

Wir beweisen diesen Satz nur für ein Gebiet einer Variabeln $x$.

Wir betrachten sämmtliche Intervalle $\frac{\mu}{a} \ldots \frac{\mu+1}{a}$, in denen $x$ liegen, für welche es zugehörige $y$ giebt. Für letztere giebt es in jedem solchen Intervall $\frac{\mu}{a} \ldots \frac{\mu+1}{a}$ eine obere Grenze $g_\mu$. Unter den sämmtlichen Intervallen muß es aber mindestens eins geben, für welches die obere Grenze $g_\mu = g$ ist, da ja sämmtliche $y$ zusammen betrachtet die obere Grenze $g$ haben sollten. Giebt es mehrere Intervalle, für die $g_\mu = g$ ist, so fassen wir irgend eins, z.B. das erste, derselben ins Auge. Es giebt nun unendlich viele Stellen $\frac{\mu}{a}$ (für jede Zahl $a$ eine), so daß für $\frac{\mu}{a} \ldots \frac{\mu+1}{a}$ $g_\mu = g$ ist; folglich muß es eine Stelle $x_0$ geben, in deren Umgebung unendlich viele Stellen $\frac{\mu}{a}$ liegen. Nimmt man nun einen noch so kleinen Bereich $x_0 - \delta \ldots x_0 \ldots x_0 + \delta$, so kann man unendlich viele Bereiche $\frac{\mu}{a} \ldots \frac{\mu+1}{a}$ finden, die zwischen $x_0 - \delta$ und $x_0 + \delta$ liegen. Folglich ist die obere Grenze von $x_0 - \delta \ldots x_0 + \delta$ identisch mit der von $\frac{\mu}{a} \ldots \frac{\mu+1}{a}$, also gleich $g$, q.e.d..

Es ist eine häufig vorkommende Frage, ob es unter den Werthen, die eine Größe annehmen kann, ein Maximum oder ein Minimum giebt (Maximum und Minimum im absoluten Sinne). $y$ sei eine continuierliche Funktion von $x$, $y = f(x)$. $x$ soll zwischen zwei bestimmten Grenzen $a$ und $b$ liegen. Unter welchen Umständen giebt es für $y$ ein Maximum und ein Minimum? Es giebt für die $y$ eine obere Grenze. Es muß also nach unserm Satze in dem Gebiete der $x$ eine Stelle $x_0$ geben, so daß zwischen $x_0 - \delta$ und $x_0 + \delta$ die obere Grenze von $y$ auch $g$ ist. $x_0$ liegt entweder im Innern von $a \ldots b$ oder an der Grenze ($x_0 = a$ oder $x_0 = b$).

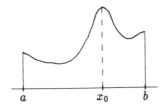

Im erstern Falle ist $f(x_0)$ ein Maximum. Nämlich $f(x_0)$ muß gleich $g$ sein: Da nämlich $f(x) - f(x_0)$ durch genügend klein gewähltes $|x - x_0|$ so klein gemacht werden kann, als man will, andererseits aber $f(x)$, da $x$ in dem Intervall $x_0 - \delta \ldots x_0 + \delta$ liegt, der Größe $g$ beliebig nahe gebracht werden kann, so muß $f(x_0) = g$ sein. (Wäre $f(x_0) = g + h$, so wäre $f(x) - f(x_0) = f(x) - g - h$, und $f(x)$ könnte dem $g$ nicht beliebig nahe kommen, wenn nicht $h = 0$ ist.)

Stimmt aber $x_0$ mit $a$ oder $b$ überein, so kann man nur dann von $a$ resp. $b$ behaupten, daß $f(a)$ resp. $f(b)$ ein Maximum ist, wenn $f(x)$ sich auch noch in $a$ resp. $b$ stetig ändert.

Liegt $x'$ zwischen $a$ und $b$ und ist $f(x') > f(a), f(b)$, so kann der Werth $x_0$ nur zwischen $a$ und $b$ liegen. Das, was eben über das Maximum entwickelt wurde, läßt sich sofort auf das Minimum übertragen.

Auch für Funktionen von mehreren Variabeln gilt Analoges. Ist $y = f(x_1, x_2 \ldots x_n)$ eine stetige Funktion der Variabeln $x_1, x_2 \ldots x_n$, so giebt es für den Werth von $y$ zwischen zwei Stellen $(a_1, a_2 \ldots a_n)$ und $(b_1, b_2 \ldots b_n)$ immer eine obere Grenze $g$ und in dem Intervall zwischen denselben Stellen eine ausgezeichnete Stelle $(x_1^0, x_2^0, x_3^0 \ldots x_n^0)$, in deren Umgebung, sie sei noch so klein, die obere Grenze der zu den Stellen der Umgebung gehörigen $y$ auch $g$ ist. Damit folgert man wieder, daß, wenn $(x_1^0, x_2^0 \ldots x_n^0)$ größer als $(a_1, a_2 \ldots a_n)$ und kleiner als $(b_1, b_2 \ldots b_n)$ ist, $f(x_1^0, x_2^0 \ldots x_n^0) = g$ und also ein Maximum der Funktionswerthe ist; daß aber, wenn $(x_1^0, \ldots x_n^0)$ mit einer der Grenzstellen $(a_1, \ldots), (b_1, \ldots)$ zusammenfällt, $f(x_1^0, \ldots x_n^0)$ nur dann ein Maximum ist, wenn die Funktion sich an der Stelle $(a_1, a_2 \ldots a_n)$ resp. $(b_1, b_2 \ldots b_n)$ stetig ändert. —

Alle Sätze, die wir oben für Gebiete von reellen Variabeln aufgestellt haben, lassen sich sofort auf Gebiete von complexen Variabeln übertragen, indem jede $n$-fache Mannigfaltigkeit von complexen Variabeln eine $2n$-fache Mannigfaltigkeit von reellen Variabeln dadurch bestimmt, indem man die beiden Coordinaten einer jeden der complexen Variabeln betrachtet. Z.B. Ein Gebiet einer complexen Variabeln $u + vi$ ruft ein Gebiet zweifacher Mannigfaltigkeit von zwei reellen Variabeln $(u, v)$ hervor.

# Kapitel 10

# Analytische Funktionen einer Veränderlichen

## 10.1 Analytische Fortsetzung

Die beiden Convergenzkreise von $f(x|b)$ und $g(x|a)$ ($f$ und $g$ Potenzreihen) mögen in einander greifen. $c_1$ sei ein Punkt, der beiden Convergenzkreisen angehört.

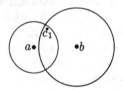

Dann läßt sich $f(x|b)$ in $f_1(x|c_1)$ und $g(x|a)$ in $g_1(x|c_1)$ umformen, und die Reihen $f_1(x|c_1)$ und $g_1(x|c_1)$ werden für jeden Werth von $x$ convergieren, welcher innerhalb eines um $c_1$ mit dem Radius $r - |c_1 - a|$ resp. $s - |c_1 - b|$ beschriebenen Kreises, wenn $r$ der Radius des um $a$ und $s$ der Radius des um $b$ beschriebenen Kreises ist.

Sagen wir nun, zwei Potenzreihen $f(x)$ und $g(x)$ coincidieren an einer Stelle $c$, wenn $f(x|c)$ mit $g(x|c)$ identisch ist, so können wir folgenden Satz aussprechen:

"Coincidieren zwei Potenzreihen $f(x|b)$ und $g(x|a)$ für irgend eine Stelle $c_1$, die im Innern beider Convergenzkreise der Reihen liegt, so coincidieren sie auch für jede andere Stelle $c_n$, die gleichzeitig in dem Convergenzkreis der einen wie der andern liegt."

Von dem Punkte $c_1$ aus ist ein continuierlicher Übergang zu jedem andern Punkte $c_n$ möglich, etwa so: $c_1, c_2, c_3 \ldots c_n$.

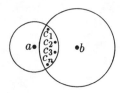

Aus $f_1(x|c_1)$ leiten wir nun der Reihe nach her $f_2(x|c_2)$, aus letzterer Reihe wieder $f_3(x|c_3)$, aus dieser wieder $f_4(x|c_4)$ u.s.f. $\ldots f_n(x|c_n)$, ebenso aus $g_1(x|c_1)$ $g_2(x|c_2)$, $g_3(x|c_3)\ldots g_n(x|c_n)$. Dabei ist voraus gesetzt, daß, was immer zu erfüllen ist, $c_\nu$ im Convergenzkreis von $f(x|c_{\nu-1})$ wie auch von $g(x|c_{\nu-1})$ liegt.

Da nun $f_1(x|c_1) \equiv g_1(x|c_1)$, so muß auch $f_2(x|c_2) \equiv g_2(x|c_2), \ldots f_n(x|c_n) \equiv g_n(x|c_n)$ sein. Zeigen wir nun noch, daß, wenn wir aus $f(x|b)$ eine Reihe $f_2'(x|c_2)$ herleiten und aus $g(x|a)$ eine Reihe $g_2'(x|c_2)$, die entstehende Reihe $f_2'(x|c_2)$ identisch ist mit $f_2(x|c_2)$ und $g_2'(x|c_2) \equiv g_2(x|c_2)$, so ist damit erwiesen, daß auch $f_n'(x|c_n)$ und $g_n'(x|c_n)$, die direkt aus $f(x|b)$ und $g(x|a)$ abgeleitet sind, identisch sind mit $f_n(x|c_n)$ und $g_n(x|c_n)$, resp., also auch unter sich identisch sind.

$f(x|b)$ ist aber identisch mit $f_1(x|c_1)$ für sämmtliche Punkte in einer gewissen Umgebung von $c_1$. Ferner ist $f_1(x|c_1)$ identisch mit $f_2(x|c_2)$ in einer gewissen Umgebung von $c_2$, also ist auch $f(x|b)$ identisch mit $f_2(x|c_2)$ in einer gewissen Umgebung von $c_2$, und, da schließlich $f_2'(x|c_2)$ für eine gewisse Umgebung von $c_2$ ebenfalls identisch ist mit $f(x|b)$, so ist auch $f_2'(x|c_2) \equiv f_2(x|c_2)$. Ebenso zeigt man, daß $g_2'(x|c_2) \equiv g_2(x|c_2)$ ist. Wie nun aus der Identität von $f_1(x|c_1)$ und $g_1(x|c_1)$ die Identität von $f_2'(x|c_2)$ und $g_2'(x|c_2)$ folgte, so folgt aus letzterer die von $f_3'(x|c_3)$ und $g_3'(x|c_3)$, u.s.f. die Identität von $f_n'(x|c_n)$ und $g_n'(x|c_n)$, q.e.d..

Von zwei Potenzreihen, die wie $f(x|b)$ und $g(x|a)$ für alle Punkte, die im Innern ihrer beiden Convergenzkreise liegen, identisch sind, sagt man, die eine sei eine unmittelbare Fortsetzung der andern. Von einer für $a$ definierten Potenzreihe $f(x|a)$ ausgehend kann man eine Reihe von andern Potenzreihen aufstellen, von denen jede eine unmittelbare Fortsetzung der vorhergehenden ist.

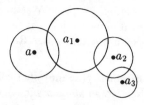

Von zwei nicht auf einander folgenden dieser Potenzreihen sagt man, jede sei eine mittelbare Fortsetzung der andern. Man kann so aus $f(x|a)$ unendlich viele Potenzreihen herleiten und jede derselben ist eine mittel- oder unmittelbare Fortsetzung jeder andern. Die Gesammtheit der Stellen, in deren Umgebung Fortsetzungen einer Potenzreihe $P(x|a)$ existieren, bilden ein Continuum. Ist nämlich in $\bar{a}$ eine Fortsetzung von $P(x|a)$ möglich, sie sei $\overline{P}(x|\bar{a})$, und ist $\bar{\bar{a}}$ eine Stelle der Umgebung von $\bar{a}$, so kann $\overline{P}(x|\bar{a})$ umgebildet werden in $\overline{\overline{P}}(x|\bar{\bar{a}})$, und letztere Potenzreihe ist als eine

Fortsetzung der ersten, $\overline{P}(x|\overline{a})$, also auch von $P(x|a)$ anzusehen. Daher ist, wenn in $\overline{a}$ eine Fortsetzung von $P(x|a)$ existiert, dieses auch mit allen Punkten in einer gewissen Umgebung von $\overline{a}$ der Fall; also bilden die Stellen $\overline{a}$ ein Continuum.

## 10.2 Analytische Funktionen

Eine Reihe $f(x|a)$ heißt, sofern sie einer Fortsetzung fähig ist, ein Funktionen-Element. Wir stellen nun die Definition einer analytischen Funktion auf:

"Liegt ein Punkt $x'$ innerhalb des Convergenzbezirks eines Funktionenelements, welches eine Fortsetzung des ursprünglich gegebenen Funktionenelements $f(x|a)$ ist, so hat dieses einen bestimmten Werth für $x'$, und diesen bestimmten Werth nennen wir <u>einen</u> Werth der durch das Ausgangsfunktionenelement bestimmten analytischen Funktion." (Es können an einer Stelle $x'$ mehrere nicht coincidierende Fortsetzungen existieren. Deshalb sagten wir <u>ein</u> Werth der analytischen Funktion.)

Hat man aus $f(x|a)$ sämmtliche möglichen Fortsetzungen abgeleitet, so ist es gleichgültig, welches Funktionenelement als Ausgangselement bei der Bestimmung der durch $f(x|a)$ gegebenen analytischen Funktion angesehn wird. "Jedes Element kann aus jedem andern durch eine bestimmte Operation erhalten werden."

Wir werden nämlich zeigen, daß jedes Element durch Umbildungen aus jedem andern hergeleitet werden kann. Wenn an die Stelle von $(x - a)$ in der Reihe $f(x|a)$ $(x - a_1) + (a_1 - a)$ gesetzt wird und dieselbe dann nach Potenzen von $(x - a_1)$ entwickelt wird, so heißt die resultierende Reihe $f(x|a_1)$ eine "Umbildung" der Reihe $f(x|a)$.

Unsere Behauptung, daß durch solche Umbildungen jedes Element aus jedem andern erhalten werden kann, wird als richtig erwiesen sein, wenn gezeigt ist, daß aus jeder Umbildung einer Reihe $f(x|a)$ letztere wieder erhalten werden kann.

Der Convergenzkreis von $f(x|a)$ habe den Radius $r$. Liegt dann $a_1$ im Innern desselben, so läßt sich $f(x|a)$ umbilden in $f(x|a|a_1)$, und, wenn $|a_1 - a| = d$ ist, so ist der Convergenzkreis von $f(x|a|a_1)$ ein Kreis vom Radius $(r - d)$. Ist nun $d < r - d$, also $d < \frac{r}{2}$, so liegt $a$ im Kreise um $a_1$: Man kann also aus $f(x|a|a_1)$ eine Reihe $f(x|a|a_1|a)$ ableiten, die nach Potenzen von $(x - a)$ fortschreitet, und wir wollen nun zeigen, daß diese Reihe identisch ist mit der Ausgangsreihe $f(x|a)$. Nun stimmt aber $f(x|a)$ mit $f(x|a|a_1)$ überein für alle Punkte im Innern des um $a_1$ gezogenen Kreises. $f(x|a|a_1)$ stimmt andererseits mit $f(x|a|a_1|a)$ für alle Punkte im Innern des um $a$ gezogenen kleineren Kreises überein. $f(x|a)$ stimmt also auch mit $f(x|a|a_1|a)$ für die Punkte im Innern dieses letztern Kreises überein, da derselbe ganz im Innern des Kreises um $a_1$ liegt. Daraus folgt dann schließlich, daß $f(x|a)$ und $f(x|a|a_1|a)$, die beide nach $(x-a)$ fortschreiten, in ihren Coefficienten übereinstimmen, w.z.b.w..

Liegen nun $a$ und $a_1$ beliebig zu einander, jedoch $a_1$ im Kreise um $a$, so können wir wieder aus $f(x|a)$ $f(x|a|a_1)$ bilden, aber nicht direkt die erste Reihe aus der letzteren.

Wir können aber zwischen $a$ und $a_1$ (etwa auf der Verbindungsgeraden $\overline{aa_1}$) Stellen $c_1, c_2, c_3 \ldots c_n$ einschalten, so daß, wenn aus

$$f(x|a) \qquad f(x|a|c_1),$$
$$f(x|a|c_1) \qquad f(x|a|c_1|c_2),$$
$$\vdots \qquad \vdots$$
$$f(x|a|c_1 \ldots |c_{n-1}) \qquad f(x|a|c_1 \ldots |c_n),$$
$$f(x|a|c_1 \ldots |c_n) \qquad f(x|a|c_1 \ldots |c_n|a_1)$$

gebildet wurde, auch rückwärts aus der letzten Potenzreihe, die identisch ist mit $f(x|a|a_1)$, die vorletzte, aus dieser die drittletzte u.s.f. aus der zweiten $f(x|a|c_1)$ die erste $f(x|a)$ und also mittelbar aus der letzten $f(x|a|a_1)$ die erste $f(x|a)$ wieder erhalten werden kann.

Dazu sind ja nur die immer zu erfüllenden Bedingungen für die Punkte $c$ nöthig, daß nämlich $|c_1 - a_1| < \frac{r}{2}$, $|c_2 - c_1| < \frac{r-d}{2}$, …, $|a_1 - c_n| < \frac{r-d}{2}$.

Coincidieren also zwei Potenzreihen für die Punkte, die in beider Convergenz-kreis liegen, ist also die eine eine Fortsetzung der andern, so läßt sich die eine aus der andern in folgender Weise herleiten:

Ist $c$ ein Punkt, für welchen die Potenzreihen coincidieren, so bilde man die eine (als gegeben zu betrachtende) Reihe $f(x|a)$ in $f(x|a|c)$ um, und aus letzterer kann man dann nach dem Vorhergehenden die andere Reihe $g(x|b)$ herleiten.

Nun folgt sofort, daß das ganze "Heer" der Funktionenelemente in dieser Weise, das eine aus dem andern, abgeleitet werden kann. Wenn aus $f(x|a)$ $g(x|b)$ durch Vermittlung der Stellen $c_1, c_2 \ldots c_n$ abgeleitet wird, so kann $g(x|b)$ nur abhängen von den Werthen von $c$ und den Constanten des ursprünglichen Funktionenelementes $f(x|a)$.

Es findet nun der folgende wichtige Satz statt: "Entweder $g(x|b)$ ist vollkommen unabhängig von den vermittelnden Stellen $c_1, c_2 \ldots c_n$ oder doch nur verschieden für eine endliche Anzahl von Werthsystemen $c_1, c_2 \ldots c_n$."

Wenn $x'$ dem Gebiete der durch $f(x|a)$ definierten analytischen Funktion angehören soll, so muß sich aus $f(x|a)$ ableiten lassen $f(x|a|a'|a''\ldots|a^{(n)}|x')$; das Anfangsglied der Entwicklung dieser letzteren Reihe ist der Werth der Funktion an der Stelle $x'$.

Die Gesammtheit derjenigen Stellen $x$, die man als Argument einer analytischen Funktion annehmen kann, bildet ein ganz bestimmtes Continuum, von dem wir zeigen werden, daß es immer ein begrenztes ist.

Läßt sich für einen Punkt nur ein einziges Funktionenelement aufstellen, so heißt die Funktion "eindeutig", in entgegengesetzten Falle "mehrdeutig".

Eine unbeschränkt für jeden Werth der Variabeln convergente Potenzreihe ist eine eindeutige Funktion.

Wenn an der Stelle $a$ eine Funktion als Potenzreihe darstellbar ist, so soll gesagt werden, sie besitze an dieser Stelle den Charakter einer ganzen Funktion. Soll eine Funktion eine analytische Funktion sein, so muß sie sich also mit Ausnahme gewisser Stellen an jeder Stelle als den Charakter einer ganzen Funktion besitzend erweisen. Wenn wir eine rationale Funktion betrachten, so verliert dieselbe den Charakter einer ganzen Funktion, wenn der Nenner, nicht aber zugleich der Zähler, verschwindet.

# Kapitel 11

# Singuläre Punkte

Eine eindeutige Funktion habe ein begrenztes Gebiet. Jeder Punkt an der Grenze hat benachbarte, die im Gebiet liegen und für welche daher die Funktion einen bestimmten Werth annimmt; wir werden dann die Frage behandeln, ob es nicht möglich ist, die Definition der Funktion auch auf die Punkte an der Grenze des Gebietes auszudehnen, indem man diejenigen Werthe zu den Funktionswerthen rechnet, die entstehn, wenn man einen Punkt des Gebietes in einen an der Grenze übergehen läßt (Grenzbildung).

## 11.1 Cauchysche Ungleichungen für Taylorkoeffizienten

Wir betrachten $f(x) = A_0 + A_1 x^{m_1} + A_2 x^{m_2} + \cdots + A_\varrho x^{m_\varrho}$, wo $m_1, m_2 \ldots m_\varrho$ positive oder negative ganze Zahlen sind.[1] Wir legen jetzt dem $x$ nur solche Werthe bei, deren absoluter Betrag gleich $r$ ist, so muß $\left| f(x) \right|$ einen größten Werth $g$ annehmen. Ist nämlich $x = u + iv$ und also $u^2 + v^2 = r^2$, so ist $\left| f(x) \right|$ eine stetige Funktion von $u$ und $v$ und muß also ein Maximum $g$ haben. Wir wollen nun zeigen, daß immer $|A_0| \leq g$ sein muß.

Wir setzen $x = r\xi$ und geben $\xi$ alle Werthe, für welche $|\xi| = 1$ ist; dann ist auch $|\xi^m| = 1$. Ich setze $x = r \cdot \xi^\nu$, was ja ein solcher Werth ist, für den $|\xi^\nu| = 1$, also $|x| = r$ ist. Es wird nun:

$$f(r \cdot \xi^\nu) = A_0 + A_1 r^{m_1} \cdot \xi^{m_1 \nu} + A_2 r^{m_2} \xi^{m_2 \nu} + \cdots + A_\varrho r^{m_\varrho} \xi^{m_\varrho \nu},$$

$$\frac{1}{n} \sum_{\nu=0}^{n-1} f(r \cdot \xi^\nu) = A_0 + \frac{1}{n} A_1 r^{m_1} \cdot \frac{1 - \xi^{m_1 n}}{1 - \xi^m} + \cdots + \frac{1}{n} A_\varrho r^{m_\varrho} \cdot \frac{1 - \xi^{m_\varrho n}}{1 - \xi^{m_\varrho}}.$$

---

[1] Zum folgenden Beweis der Cauchyschen Ungleichungen für Taylorkoeffizienten vergleiche man WEIERSTRASS: Zur Theorie der Potenzreihen, Münster 1841, veröffentlicht in WEIERSTRASS: Mathematische Werke 1, S. 67–74, oder auch WEIERSTRASS: Zur Functionenlehre, Aus den Monatsber. Königl. Akad. Wiss., Berlin 1880, in WEIERSTRASS: Mathematische Werke 2, S. 201–233, insb. S. 224–226.

$\xi$ muß, was immer möglich ist, so gewählt werden, daß keine der Potenzen $\xi^{m_1}, \xi^{m_2}$, $\xi^{m_3} \ldots \xi^{m_\varrho}$ gleich 1 wird. Lassen wir nun $n$ ohne Ende wachsen, so wird der Ausdruck auf der linken Seite absolut nie größer als $g$, da $\left|f(r \cdot \xi^\nu)\right|$ für kein $\nu$ größer als $g$ wird. Jedes Glied auf der rechten Seite, mit Ausnahme des ersten, wird aber mit $\frac{1}{n}$ unendlich klein, denn die Zähler $|1 - \xi^m|$ können nicht größer als 2 werden, da $|\xi^m| = 1$ ist. Bezeichnen wir den absoluten Betrag der rechten Seite mit $|A_0| + \delta$, so kann, durch genügend groß gewähltes $n$, $\delta$ beliebig klein gemacht werden. Es ist aber $|A_0| + \delta \leq g$, also kann $|A_0|$ nie größer als $g$ sein. ($\delta$ kann negativ sein, deshalb darf nicht $|A_0| < g$ geschlossen werden, sondern $|A_0| \leq g$, da $\delta$ beliebig klein gemacht werden kann.)

Diesen Satz können wir sofort auf Potenzreihen ausdehnen. Es sei $f(x) = a_0 + a_1 x + \ldots$, so ist

$$x^{-m} f(x) = a_0 x^{-m} + a_1 x^{-m+1} + \cdots + a_{m-1} x^{-1}$$
$$+ a_m + a_{m+1} x + \cdots + a_{m+s} x^s + \sum_{\kappa = s+1}^{\infty} a_{m+\kappa} x^\kappa.$$

Nimmt man $\varepsilon$ beliebig klein an, so lassen sich $s$ Glieder immer so absondern, daß der absolute Betrag der übrigen Glieder kleiner als $\varepsilon$ wird. Ist nun $g$ der größte Werth, den $|f(x)|$ annimmt für alle Werthe von $x$, deren absoluter Betrag gleich $r$ ist, so kann $s$ so gewählt werden, daß

$$\left| x^{-m} f(x) - \sum_{\kappa = s+1}^{\infty} a_{m+\kappa} x^\kappa \right| < g \cdot r^{-m} + \varepsilon.$$

Der Ausdruck $\left| x^{-m} f(x) - \sum a_{m+\kappa} x^\kappa \right|$ ist aber ein solcher, wie wir ihn eben betrachtet haben. Der Werth von $|a_m|$ kann also, nach dem, was wir oben bewiesen haben, niemals größer werden als der größte Werth, den der Ausdruck annehmen kann. Also haben wir $|a_m| \leq g \cdot r^{-m} + \varepsilon$ und, da $\varepsilon$ so klein gemacht werden kann, als man will: $|a_m| \leq g \cdot r^{-m}$, oder auch $|a_m \cdot x^m| \leq g$ .

"Ist eine Potenzreihe $f(x)$ für (alle) $|x| = r$ convergent, und ist $g$ der größte Werth, den $|f(x)|$ annehmen kann, wenn man $x$ auf solche Werthe beschränkt, deren absoluter Betrag gleich $r$ ist, oder auch $g$ größer als irgend ein Werth, den $|f(x)|$ bei dieser Beschränkung annehmen kann, so kann der absolute Betrag eines beliebigen Gliedes von $f(x)$ nie größer als $g$ werden." —

## 11.2   Existenz singulärer Punkte auf dem Rand des Konvergenzkreises

Wir wollen jetzt annehmen, man wisse genau, daß eine Potenzreihe für $|x| < r$ convergiert. Dann convergiert $f(x + h) = \sum_{\nu=0}^{\infty} \frac{f^{(\nu)}(x)}{\nu!} h^\nu$ sicher, wenn $|x| + |h| < r$ ist. Der Convergenzbezirk von $\sum \frac{f^{(\nu)}(x)}{\nu!} h^\nu$ kann sich aber noch weiter erstrecken als für Werthe von $h$, für welche $|h| < r - |x|$ ist. Bezeichnen wir den Radius des wahren

Convergenzbezirks von $\sum \frac{f^{(\nu)}(x)}{\nu!} h^\nu$, als Reihe von $h$ betrachtet, mit $H$, so giebt es zu jedem bestimmten Werth von $x$ $(|x| < r)$ ein solches $H$. Wir wollen nun zeigen, daß, wenn $H$ für keinen Werth von $x$ im Innern des mit dem Radius $r$ beschriebenen Kreises unter eine von 0 verschiedene Größe $\varrho$ sinkt, der Convergenzbezirk von $f(x)$ sich noch über den Kreis mit dem Radius $r$ hinaus erstreckt.

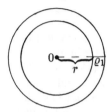

Wir beschreiben zwei Kreise $0(r)$ und $0(r+\varrho_1)$, wo $\varrho_1 < \varrho$ ist. $f(x)$ convergiert sicher für die Punkte im Innern von $0(r)$. Wir bestimmen jetzt eine andere Funktion, die mit $f(x)$ innerhalb des Kreises $0(r)$ übereinstimmt und auch gültig ist für <u>alle</u> Punkte im Innern und auf der Peripherie des Kreises $0(r+\varrho_1)$.

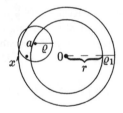

$x'$ sei ein Punkt im zweiten Kreise $0(r+\varrho_1)$; $a$ kann dann so im Innern von $0(r)$ angenommen werden, daß $|a - x'| < \varrho$ ist. $x'$ kann auch noch auf der Peripherie von $0(r+\varrho_1)$ angenommen werden, da $\varrho_1 < \varrho$ gemacht ist.

Wir bezeichnen durch $F(x|a)$ die Potenzreihe $\sum_{\nu=0}^{\infty} \frac{f^{(\nu)}(a)}{\nu!}(x-a)^\nu$, die jedenfalls eine Bedeutung hat für solche $x$, für welche $|x - a| < \varrho$; die Grenze $H$ sollte ja nie kleiner als $\varrho$ werden. $x$ kann also auch, wie z.B. $x'$, außerhalb von $0(r)$ liegen. Für jeden Werth von $x$ innerhalb $0(r)$ und eines um $a$ mit dem Radius $\varrho$ beschriebenen Kreises ist $F(x|a)$ unabhängig von $a$, nämlich identisch mit der gegebenen Reihe $f(x)$, nach der Taylorschen Entwicklung von $f(a + (x - a))$.

Wir werden jetzt zeigen, daß dieses (nämlich die Unabhängigkeit von $F(x|a)$ von $a$) auch für die Punkte außerhalb von $0(r)$ (natürlich innerhalb des Kreises um $a$) statt findet.

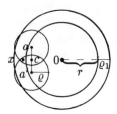

$x$ sei eine Stelle zwischen den Kreisen $0(r)$ und $0(r + \varrho_1)$, $a$ und $a'$ zwei Stellen im Innern von $0(r)$, so daß $|x - a| < \varrho$ und $|x - a'| < \varrho$, also $|a - a'| < 2\varrho$. Dann coincidieren die beiden Reihen $F(x|a)$ und $F(x|a')$ für jede Stelle $x$, welche im Innern von $0(r)$ und der beiden um $a$ und $a'$ mit $\varrho$ beschriebenen Kreise liegt, also etwa für die Mitte $c$ zwischen $a$ und $a'$; folglich coincidieren sie für jede Stelle im Innern der Kreise um $a$ und $a'$, also auch für die Stelle $x$, so daß $F(x|a) \equiv F(x|a')$, daher unabhängig von $a$, also etwa gleich $F(x)$.

Diese Funktion $F(x)$ wird, wenn wir $x$ nur solche Werthe beilegen, für welche $|x - a| = \varrho_1$ ist, $\varrho_1 < \varrho$, einen größten Werth $G$ haben, und es wird nach dem oben abgeleiteten Satze p. 100 $\left| \frac{f^{(\nu)}(x_1)}{\nu!} \right| \leq G \cdot \varrho_1^{-\nu}$, also gewiß $\left| \frac{f^{(\nu)}(x_1)}{\nu!} \right| < G \cdot \varrho_2^{-\nu}$, $\varrho_2 < \varrho_1$.

War nun die ursprüngliche Potenzreihe $f(x) = a_0 + a_1 x + a_2 x^2 + \ldots$, so können wir jetzt zeigen, daß $|a_n|(r + \varrho_1)^n$ kleiner als eine angebbare Größe bleibt, daß also $f(x)$ auch für die Punkte im Innern des Kreises $0(r + \varrho_1)$ convergiert. In $\sum \frac{f^{(\nu)}(x_1)}{\nu!} h^\nu$ setzen wir $h = \varepsilon x_1$; $\varepsilon$ muß dabei so gewählt werden, daß $\varepsilon|x_1| < \varrho$ wird, da ja nur solche Werthe für $h$ überall für $|x_1| < r$ zulässig sind. Wir setzen $h = \frac{\varrho_0}{r} x$, wo $\varrho_0 < \varrho_2 < \varrho_1 < \varrho$; es ist dann $x_1 + h = x_1\left(1 + \frac{\varrho_0}{r}\right)$. Dieser Werth von $h$ $\left(h = \frac{\varrho_0}{r} x\right)$ ist jedenfalls zulässig.

Wir bilden nun $\sum_{\nu=0}^{n-1} \frac{f^{(\nu)}(x_1)}{\nu!} \left(\frac{\varrho_0}{r}\right)^\nu \cdot x_1^\nu = \left(\sum\right)$. Dieselbe liegt unterhalb einer angebbaren Grenze: Es ist nämlich: $\left| \frac{f^{(\nu)}(x_1)}{\nu!} \right| < G \cdot \varrho_2^{-\nu}$ und $|x_1|^\nu \left(\frac{\varrho_0}{r}\right)^\nu \leq \varrho_0^\nu$, folglich $\left|\sum\right| < \sum_{\nu=0}^{n-1} G \varrho_2^{-\nu} \varrho_0^\nu$, $\left|\sum\right| < G \cdot \frac{1 - (\varrho_0/\varrho_2)^n}{1 - \varrho_0/\varrho_2}$ und um so mehr $\left|\sum\right| < G \cdot \frac{1}{1 - \varrho_0/\varrho_2}$.

$\sum_{\nu=0}^{n-1} \frac{f^{(\nu)}(x)}{\nu!} x^\nu \left(\frac{\varrho_0}{r}\right)^\nu$ kann in eine nach Potenzen von $x$ fortschreitende Reihe verwandelt werden. $A_n$ sei der Coefficient von $x^n$, so ist $|A_n x_1^n| < \frac{G}{1 - \varrho_0/\varrho_2}$. Andererseits ist aber $\sum_{\nu=0}^{n-1} \frac{f^{(\nu)}(x_1)}{\nu!} x_1^\nu \left(\frac{\varrho_0}{r}\right)^\nu$ gleich der Summe der ersten $n$ Glieder der Entwicklung von $f\left(x_1 + \frac{\varrho_0}{r} x_1\right)$. Daher ist

$$A_n = a_n\left(1 + \frac{\varrho_0}{r}\right)^n, \qquad |a_n|(r + \varrho_0)^n \left|\frac{x}{r}\right|^n < \frac{G}{1 - \varrho_0/\varrho_2},$$

also

$$|a_n|(r + \varrho_0)^n < \frac{G}{1 - \varrho_0/\varrho_2} \left|\frac{r}{x_1}\right|^n.$$

$f(x) = \sum a_n x^n$ convergiert also auch noch für $\left(|x| > r \text{ und}\right)$ $|x| < (r + \varrho_0)$. $\varrho_0$ kann aber der Grenze $\varrho$ beliebig nahe gebracht werden. Also convergiert $f(x)$ für jedes $|x| < (r + \varrho)$.

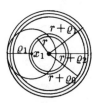

Eine Reihe sei convergent für alle Werthe von $x$, für welche $|x| < r$ ist. $r$ sei der Radius des wirklichen Convergenzbezirks. Wir wollen untersuchen, wie sich die Potenzreihe an der Grenze verhält. Jedem bestimmten Werth von $x$ entspricht ein $H$, d.h. $f(x + h)$ convergiert für $|h| < H$. Diese Größe $H$ ändert sich und muß unendlich klein werden können, denn sonst würde sich nach Obigem die Convergenz der Reihe noch über den Kreis mit dem Radius $r$ hinaus erstrecken.

"Im Umfange des Convergenzkreises von $f(x)$ muß es mindestens Eine Stelle $x_0$ geben, so daß in jeder Umgebung derselben, letztere sei noch so klein, die Größe $H$ unendlich klein werden kann."

Wir setzen $x = u + vi$. Dann entspricht jedem Werthepaar $(u, v)$ im Convergenzbezirk eine Größe $H$. Den Bereich der Größe $x$ theilen wir in Theilbereiche (durch Rechtecke). Unter $\left(\frac{\mu}{a}, \frac{\mu'}{a}\right)$ verstehen wir die Gesammtheit der Werthe von $x$, für welche $u$ liegt zwischen $\frac{\mu}{a}$ und $\frac{\mu+1}{a}$ und $v$ zwischen $\frac{\mu'}{a}$ und $\frac{\mu'+1}{a}$. ($\mu$ und $\mu'$ sind ganze Zahlen, $a$ eine ganze und positive Zahl.) Von diesen Bereichen behalten wir nur diejenigen bei, die ganz oder theilweise im Convergenzkreis von $f(x)$ liegen: Da nun innerhalb des Bezirks $H$ unendlich klein werden soll, so muß das auch in einem der Theilbereiche statt finden. Solcher Theilbezirke erhält man unendlich viele, wenn man $a$ variiert (etwa die natürliche Zahlenreihe durchlaufen läßt). Mithin muß es eine Stelle $(u_0, v_0)$ geben, die so liegt, daß in jeder Nähe derselben solche Stellen $\left(\frac{\mu}{a}, \frac{\mu'}{a}\right)$ sind, in deren Bereich $H$ unendlich klein wird. Zu den Intervallen $u_0 - \delta \ldots u_0 + \delta$, $v_0 - \delta \ldots v_0 + \delta$, wo $\delta$ beliebig klein sein kann, können wir immer andere Intervalle $\frac{\mu}{a} \ldots \frac{\mu+1}{a}$, $\frac{\mu'}{a} \ldots \frac{\mu'+1}{a}$ annehmen (durch hinreichend groß gewähltes $a$), die ganz in den Intervallen $u_0 - \delta \ldots u_0 + \delta$, $v_0 - \delta \ldots v_0 + \delta$ liegen und in welchen $H$ unendlich klein werden kann. Die Stelle $(u_0, v_0)$ muß aber auf dem Umfange des Convergenzkreises liegen, denn sie kann nicht außerhalb liegen, denn sonst würden, für hinreichend große $a$, Intervalle $\left(\frac{\mu}{a}, \frac{\mu'}{a}\right)$ existieren, die ganz außerhalb des Convergenzbezirks liegen, und läge $(u_0 + iv_0) = x_0$ im Innern des Convergenzbezirks, so würde $f(x_0 + h)$ einen Convergenzbezirk haben, so daß $H$ in einer noch so klein gewählten Umgebung von $x_0$ nicht gleich 0 werden kann, denn $H$ kann nicht kleiner als $r - |x_0|$ sein. $x_0 = (u_0 + iv_0)$ liegt also in der That an der Grenze.

Liegt ein Punkt $x_1$ im Umfange des Convergenzkreises, so kann entweder aus $f(x)$ eine Potenzreihe $f(x|x')$ abgeleitet werden, so daß $x_1$ im Convergenzbezirk der letztern liegt, oder es ist unmöglich, eine solche Potenzreihe $f(x|x')$ herzustellen. Dieses letztere findet bei einem Punkte $x_0$ statt.

Dies wird bewiesen sein, wenn gezeigt ist, daß, sobald $x_1$ im Convergenzbezirk von $f(x|x')$ liegt, $H$ nicht unter eine angebbare Grenze sinkt, wenn $x$ sich dem $x_1$

nähert.

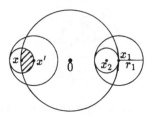

Es kann $f(x)$ umgebildet werden in $f(x|x')$ und, da $x_1$ im Convergenzbezirk von $f(x|x')$ liegen soll, $f(x|x')$ in $f(x|x'|x_1)$. $f(x)$ coincidiert mit $f(x|x')$ an den Stellen, die in beider Reihen Convergenzkreise liegen, $f(x|x')$ mit $f(x|x'|x_1)$ in dem gemeinschaftlichen Theile der Convergenzbezirke beider Reihen, also auch $f(x|x'|x_1)$ mit $f(x)$ in dem gemeinschaftlichen Theile der Convergenzkreise aller drei Reihen (in dem schraffierten Theile der Figur). Soll nun für einen Punkt $x_2$ im Innern des Convergenzkreises von $f(x|x_1)$ $f(x|x_2)$ abgeleitet werden, so kann dies so geschehn, daß man erst $f(x|x_1)$ und daraus $f(x|x_1|x_2)$ herleitet. Letztere Reihe $f(x|x_1|x_2)$ convergiert aber, wenn $|x - x_2| < r_1 - |x_2 - x_1|$ ist, wo $r_1$ den Radius des Convergenzkreises von $f(x|x_1)$ bedeutet. Nähert sich nun $x_2$ dem Punkte $x_1$, so kann der Convergenzradius $|x - x_2|$ nicht unendlich klein werden. $x_1$ ist also kein Punkt, der die Eigenschaft hat, daß in jeder Umgebung desselben $H$ unendlich klein werden könnte. Ist jedoch $x_0$ ein solcher Punkt, so können wir nach den vorhergehenden Betrachtungen von ihm sagen: Wenn $x'$ auch noch so nahe dem Punkte $x_0$ liegt, so kann $f(x|x')$ nicht für $x = x_0$ convergieren. $f(x|x_0)$ läßt sich also nicht bilden.

Und wir können daher auch sagen: es giebt an der Grenze des Convergenzbezirks mindestens eine Stelle $x_0$, in deren Nähe die Potenzreihe den Charakter einer ganzen Funktion verliert. Folgendes ist außerdem unmittelbar klar: Ist $x_1$ nicht ein solcher ausgezeichneter Punkt wie $x_0$, so kann eine so kleine Umgebung von $x_1$ auf der Peripherie des Convergenzkreises angegeben werden, daß in dieser Umgebung sich kein Punkt $x_0$ findet. —

## 11.3  Quotient zweier Potenzreihen; Satz von LIOUVILLE

Wir wollen jetzt die gefundenen Resultate auf ein Beispiel anwenden. Es sei

$$f(x) = \frac{a_0 + a_1 x + \ldots \text{in inf.}}{b_0 + b_1 x + \ldots \text{in inf.}} \equiv \frac{\varphi(x)}{\psi(x)} \, .$$

Wir wollen untersuchen, unter welchen Umständen sich dieser Quotient durch eine Potenzreihe ausdrücken läßt und welches der Convergenzbezirk der letztern ist. Von beiden Reihen $\varphi(x)$ und $\psi(x)$ müssen wir natürlich voraussetzen, daß sie beide (je einen) Convergenzbezirk haben, und können in $f(x)$ $x$ nur solche Werthe beilegen, für welche sowohl $\varphi(x)$ als auch $\psi(x)$ convergiert. Wir setzen zunächst voraus, daß

$b_0 \neq 0$ ist, $a_0$ beliebig, oder daß $a_0 = b_0 = 0$ ist, so daß Zähler und Nenner von $f(x)$ durch $x$ dividiert werden kann.

Liegt $x_0$ im Innern des Convergenzbezirks von $\varphi(x)$ und $\psi(x)$, so können wir den Quotienten umwandeln in

$$\frac{\varphi(x|x_0)}{\psi(x|x_0)} = \frac{A_0 + A_1(x - x_0) + \ldots}{B_0 + B_1(x - x_0) + \ldots}.$$

Ist $A_0 \neq 0$ und $B_0 = 0$, so wird der Bruch unendlich groß, wenn $|x - x_0|$ unendlich klein wird. Sind $A_0 = A_1 = \ldots = A_{n-1} = 0$, $B_0 = B_1 = \ldots = B_{n-1} = 0$, so dividieren wir Zähler und Nenner durch $(x - x_0)^n$ und nennen $\frac{A_n}{B_n}$ den Werth des Bruches für $x = x_0$. Wir beweisen nun Folgendes:

1) "Wenn für keinen Werth von $x$ im gemeinschaftlichen Convergenzbereiche des Zählers und des Nenners der Quotient unendlich groß wird, so wird die (etwa nach der Methode der unbestimmten Coefficienten) resultierende (formell dem Quotienten gleiche) Potenzreihe $(= f(x))$ sicher für diesen gemeinschaftlichen Convergenzbereich ebenfalls convergieren."

2) "Wenn der Quotient innerhalb des gemeinschaftlichen Convergenzbereichs für bestimmte Werthe unendlich groß wird, so geht der Convergenzkreis der (formell) dem Quotienten gleichen Potenzreihe durch denjenigen dieser bestimmten Werthe, dessen absoluter Betrag der kleinste unter allen ist."

Es ist zu bemerken, daß, wenn formell gefunden wurde $\frac{\varphi(x)}{\psi(x)} = P(x)$, diese formelle Gleichung für $x = x_0$ eine wirkliche wird, sobald $\varphi(x_0)$, $\psi(x_0)$ und $P(x_0)$ convergieren. Wir nehmen $b_0$ von 0 verschieden an.

Beweis von 1). Der Kreis mit dem Radius $\varrho$ möge den gemeinschaftlichen Convergenzbezirk von $\varphi(x)$ und $\psi(x)$ einschließen (den Convergenzbezirk derjenigen der beiden Reihen, die den kleinsten Convergenzbezirk besitzt), und es werde angenommen, daß die Reihe $P(x)$, die, wenn $\varphi(x)$, $\psi(x)$ und $P(x)$ convergieren, den Quotienten darstellt, einen Convergenzkreis vom Radius $r < \varrho$ besitze. Wir werden nun zeigen, daß unter dieser Voraussetzung $(r < \varrho)$ auf der Peripherie des Kreises $0(r)$ kein Punkt existiert, an dem sich die Potenzreihe $P(x)$ nicht wie eine ganze Funktion verhält (nicht den Charakter einer ganzen Funktion hat, nicht als Potenzreihe fortsetzen läßt). Damit ist dann, nach dem oben hergeleiteten Satze, bewiesen, daß der Convergenzbezirk von $P(x)$ sich über den Kreis $0(r)$ hinauserstreckt, also der Kreis $0(\varrho)$ selber ist, wie in 1) behauptet wurde.

Ist nun $x_0$ ein Punkt der Peripherie von $0(r)$, so läßt sich, da für ihn $\varphi(x)$ und $\psi(x)$ convergieren, $\varphi(x)$ umwandeln in $\varphi(x|x_0)$, $\psi(x)$ in $\psi(x|x_0)$, so daß unser Quotient wird:

$$\frac{\varphi(x|x_0)}{\psi(x|x_0)} = \frac{A_0 + A_1(x - x_0) + A_2(x - x_0)^2 + \ldots}{B_0 + B_1(x - x_0) + B_2(x - x_0)^2 + \ldots};$$

diesen Quotienten können wir (formell) verwandeln in eine Potenzreihe

$$C_0 + C_1(x - x_0) + C_2(x - x_0)^2 + \ldots = \overline{P}(x|x_0),$$

und wir können sicher sein, daß diese Potenzreihe $\overline{P}(x|x_0)$ einen Convergenzbezirk besitzt (siehe p. 68); es sei dieses der kleinste um $x_0$ beschriebene Kreis. Da aber $\overline{P}(x|x_0)$ für die Punkte, die im Innern des kleinsten Kreises um $x_0$ und des Kreises $0(r)$ liegen (in der Figur schraffiert), mit $P(x)$ coincidiert (beide Reihen stellen ja für diese Punkte den Quotienten $\frac{\varphi(x)}{\psi(x)}$ dar), so ist $\overline{P}(x|x_0)$ eine Fortsetzung von $P(x)$. Es existiert also an jedem Punkte $x_0$ der Peripherie von $0(r)$ eine Fortsetzung von $P(x)$, womit nach dem, was oben bemerkt worden ist, der Satz 1) erhärtet wäre.

   Beweis zu 2). Wir nehmen nun an, daß an einigen Stellen es eintritt, daß $\frac{\varphi(x)}{\psi(x)}$ unendlich groß wird. $x_1$ sei diejenige Stelle unter ihnen, deren absoluter Betrag der kleinste ist, so kann sich die Convergenz von $P(x)$ natürlich nicht über $x_1$ hinausstrecken. Es muß also nur noch gezeigt werden, daß der Convergenzkreis von $P(x)$ wirklich durch $x_1$ hindurchgeht. Wir wollen annehmen, $P(x)$ convergiere für alle Werthe $|x| < r$. Für Punkte innerhalb des Kreises $0(r)$ wird also die Convergenz statt finden.

   Da dieselbe aber aufhört, wenn man über $0(r)$ hinausgeht, so muß es eine Stelle $x_0$ auf der Peripherie geben, so daß sich $P(x)$ nicht in $P(x|x_0)$ umwandeln läßt. Es darf also für $x_0$ keine Potenzreihe geben, welche den Quotienten darstellt. Dies kann aber nur der Fall sein, wenn der Quotient für $x = x_0$ unendlich groß wird, da in jedem andern Falle die Darstellung durch $P(x|x_0)$ möglich ist. —
   Wir wollen nun besonders den Fall betrachten, wo der Quotient eine rationale Funktion ist.

$$f(x) = \frac{a_0 + a_1 x + \cdots + a_n x^n}{b_0 + b_1 x + \cdots + b_m x^m} \quad \text{sei gleich} \quad c_0 + c_1 x + \ldots \text{in inf.}.$$

Die resultierende Potenzreihe $c_0 + c_1 x + \ldots$ muß nothwendig einen <u>beschränkten</u> Convergenzbezirk haben. Nehmen wir nämlich an, sie sei <u>beständig</u> convergent, so können wir zunächst zeigen, daß dann ihr Werth beliebig groß gemacht werden kann. (Dies gilt von jeder Potenzreihe.) Legen wir $x$ alle Werthe bei, deren absoluter Betrag $= r$ ist, so hat die Potenzreihe $\left| \sum c_\nu x^\nu \right|$ eine obere Grenze $g$. (Es giebt einen Werth von $|x| = r$, der, in $\left| \sum c_\nu x^\nu \right|$ eingesetzt, einen größern Werth $g_0$ ergiebt, als wenn man in $\left| \sum c_\nu x^\nu \right|$ irgend ein anderes $x$, für welches ebenfalls $|x| = r$ ist, einsetzt. Und $g$ ist größer oder gleich $g_0$.)

Dann ist nach einem früheren Satze $|c_n| < g \cdot r^{-n}$. Wenn nun der Werth der Reihe $\sum c_\nu x^\nu$ immer unterhalb einer gewissen Größe $G$ liegen würde, so würde, da $G \geq g$ ist, auch $|c_n| < G \cdot r^{-n}$ sein, oder $|c_n| < \frac{G}{r^n}$. Es würde also $|c_n| = 0$ sein, da $c_n$ durch genügend groß gewähltes $r$ so klein gemacht werden kann, als man nur will. $\sum c_\nu x^\nu$ müßte also nothwendig abbrechen und zwar schon beim zweiten Gliede, da schon $|c_1| < \frac{G}{r}$ so klein gemacht werden kann, als man will. Damit sind also folgende Sätze bewiesen:

"Bleibt eine Potenzreihe für jeden Werth der Variabeln beständig kleiner als eine angebbare Größe, so hat sie nothwendig einen beschränkten Convergenzbezirk."
Und:

"Kann man von einer Potenzreihe zeigen, daß sie beständig convergiert und eine angebbare Größe nie überschreitet, so reducirt sie sich auf eine Constante."

Wir können nun von unserer Potenzreihe

$$c_0 + c_1 x + \ldots = \frac{a_0 + a_1 x + \cdots + a_n x^n}{b_0 + b_1 x + \cdots + b_m x^m}$$

nachweisen, daß sie eine angebbare Größe nicht überschreiten kann, und, da wir voraussetzen, daß $b_0 + b_1 x + \cdots + b_m x^m$ nicht in $a_0 + a_1 x + \cdots + a_n x^n$ aufgeht, so können wir schließen, daß $c_0 + c_1 x + \ldots$ einen beschränkten Convergenzbezirk besitzt. Nehmen wir zunächst an $n \leq m$, so können wir den Quotienten in folgender Form schreiben:

$$x^{n-m} \frac{a_n + a_{n-1} x^{-1} + \cdots + a_0 x^{-n}}{b_m + b_{m-1} x^{-1} + \cdots + b_0 x^{-m}} \, ;$$

da $n - m \leq 0$ ist, so wird der Quotient mit wachsendem $x$ kleiner und kleiner, bleibt also gewiß beständig kleiner als eine angebbare Größe, also auch die Potenzreihe. Dasselbe ist aber auch der Fall, wenn $n > m$. Denn dann ist

$$\frac{a_n + a_{n-1} x^{-1} + \cdots}{b_m + b_{m-1} x^{-1} + \cdots} = c_0 x^{m-n} + c_1 x^{m-n+1} + \cdots .$$

Die ersten Glieder dieser Reihe haben negative Exponenten und nähern sich also dem Werthe 0, wenn $x$ ohne Ende wächst. Die übrigen Glieder der Reihe können nicht ins Unbegrenzte wachsen, da die linke Seite der Gleichung unterhalb einer angebbaren Größe bleibt.

Wir sind also sicher, daß die Potenzreihe $c_0 + c_1 x + \ldots$ einen beschränkten Convergenzbezirk hat. Auf dem Umfange des denselben einschließenden Kreises muß es nun eine Stelle $x_0$ geben, für welche der Quotient unendlich groß wird.

# 11.4  Fundamentalsatz der Algebra

Nimmt man also etwa den Zähler des Quotienten gleich 1 an und den Nenner als eine ganze Funktion $m^{\text{ten}}$ Grades, so ist man sicher, daß die Gleichung

$$b_0 + b_1 x + b_2 x^2 + \cdots + b_m x^m = 0$$

mindestens Eine Wurzel hat. Wir können aber sofort zeigen, daß sie deren $m$ haben muß.

Wir betrachten $\frac{f'(x)}{f(x)}$. Wir wissen, daß $f(x)$ für Einen Werth von $x$, sagen wir $x_1$, verschwindet, $f'(x)$ und $f(x)$ mögen nun einen gemeinschaftlichen Theiler haben oder nicht. Entwickle ich nun $f(x)$ in der Nähe von $x_1$, und nehme ich an, $x_1$ sei eine $\lambda_1$-fache Wurzel der Gleichung $f(x) = 0$, so wird $f(x) = c_{\lambda_1}(x - x_1)^{\lambda_1} + \ldots$ sein, also $f'(x) = \lambda_1 c_{\lambda_1}(x - x_1)^{\lambda_1 - 1} + \ldots$. $\frac{f'(x)}{f(x)}$ wird

$$= \frac{\lambda_1 c_{\lambda_1} + \ldots}{c_{\lambda_1}(x - x_1) + \ldots} = \frac{\lambda_1}{x - x_1} + P(x - x_1).$$

Nehmen wir nun an, $f(x) = 0$ habe $n$ Wurzeln $x_1, x_2 \ldots x_n$, welche resp. $\lambda_1$-, $\lambda_2$- $\ldots \lambda_n$-fache Wurzeln seien! Bilden wir dann (den Ausdruck) die Funktion

$$\frac{f'(x)}{f(x)} - \frac{\lambda_1}{x - x_1} - \frac{\lambda_2}{x - x_2} - \cdots - \frac{\lambda_n}{x - x_n},$$

so wird dieselbe für keinen Werth von $x$ unendlich groß. Dieses könnte nämlich nur der Fall sein, wenn einer der Nenner verschwindet, letzteres wieder nur für $x = x_1$ oder $x_2 \ldots$ oder $x_n$. Aber für $x = x_1$ wird sie $\underline{\text{nicht}}$ unendlich groß, da $\frac{f'(x)}{f(x)} - \frac{\lambda_1}{x - x_1} = P(x - x_1)$ ist. Damit folgt nun, daß sich $\frac{f'(x)}{f(x)} - \frac{\lambda_1}{x - x_1} - \frac{\lambda_2}{x - x_2} - \cdots - \frac{\lambda_n}{x - x_n}$ in eine beständig convergierende Reihe entwickeln läßt (siehe p. 104), etwa in $P(x)$. Andererseits wissen wir aber, daß $P(x)$ $\underline{\text{nicht}}$ ins Unbegrenzte wachsen kann. $\underline{\text{Folglich}}$ muß $P(x)$ abbrechen (p. 107), und zwar muß $P(x) = 0$ sein, da es so klein $\underline{\text{gemacht}}$ werden kann, wie man will, durch hinreichend groß gewähltes $x$. Wir haben also :

$$\frac{f'(x)}{f(x)} = \frac{\lambda_1}{x - x_1} + \frac{\lambda_2}{x - x_2} + \cdots + \frac{\lambda_n}{x - x_n},$$

$$\frac{f'(x)}{f(x)} = \frac{m a_m x^{m-1} + (m-1) a_{m-1} x^{m-2} + \ldots}{a_m x^m + a_{m-1} x^{m-1} + \ldots}$$

$$= \frac{m + (m-1) \frac{a_{m-1}}{a_m} x^{-1} + \ldots}{1 + \frac{a_{m-1}}{a_m} x^{-1} + \ldots} x^{-1} = m x^{-1} + P\left(\tfrac{1}{x}\right),$$

$$\frac{\lambda_1}{x - x_1} + \frac{\lambda_2}{x - x_2} + \cdots + \frac{\lambda_n}{x - x_n} = \lambda_1 x^{-1} + \lambda_2 x^{-1} + \cdots + \lambda_n x^{-1} + P\left(\tfrac{1}{x}\right),$$

also:

$$m = \lambda_1 + \lambda_2 + \lambda_3 + \cdots + \lambda_n.$$

Damit ist folgender fundamentale Satz bewiesen:

"Jede Gleichung hat so viel Wurzeln, als ihr Grad anzeigt, jede Wurzel so oft gerechnet, wie oft sie die Gleichung befriedigt."

Entwickelt man die Reihe $P\left(\frac{1}{x}\right)$, das eine Mal aus dem Quotienten $\frac{f'(x)}{f(x)}$, das andere Mal aus $\sum \frac{\lambda_i}{x-x_i}$, und vergleicht dann die Coefficienten der gleich hohen Potenzen in beiden Entwicklungen, so erhält man sofort die Summen $\sum_{i=1}^{i=n} \lambda_i x_i^d$ ausgedrückt durch die Coefficienten $a_\nu$ der Gleichung $f(x) = 0$.

# Kapitel 12

# Unendliche Summen und Produkte analytischer Funktionen

Von den elementaren Rechnungsoperationen ausgehend, kamen wir zu den rationalen Funktionen und, durch Ausdehnung der Rechnung auf unendlich viele Glieder, zu den Potenzreihen. Wenden wir auf eine endliche Anzahl von Potenzreihen dieselben Rechnungsarten an, so erhalten wir wieder Potenzreihen; verknüpfen wir aber unendlich viele Potenzreihen mit einander, so erhalten wir Ausdrücke, die wir zunächst für transcendentere als die Potenzreihen halten werden. Mit diesen Ausdrücken kann man wieder verfahren wie mit den Potenzreihen, indem man unendlich viele derselben durch die Grundoperationen verknüpft. Fährt man so fort, so erhält man immer complicierte Zusammensetzungen, und es frägt sich, ob alle so erhaltenen Ausdrücke — vorausgesetzt, daß sie überhaupt für bestimmte Werthe der Variabeln bestimmte Werthe annehmen — unter die Kategorie der analytischen Funktionen gehören, oder nicht. Wir werden zeigen, daß sie in der That wieder analytische Funktionen sind.

## 12.1 Weierstraßscher Doppelreihensatz

Wir betrachten zunächst eine Summe von unendlich vielen Potenzreihen : $\varphi_0(x) + \varphi_1(x) + \dots$. Damit diese Summe für bestimmte Werthe von $x$ einen Werth haben kann, ist nöthig, daß es einen Bezirk giebt, innerhalb dessen sämmtliche Potenzreihen $\varphi_\nu(x)$ convergieren; daß es ferner innerhalb dieses Bezirks Stellen $x'$ giebt, so daß die Summe $\varphi_0(x') + \varphi_1(x') + \dots$ einen endlichen Werth hat. Wir werden nun nachweisen, daß, wenn $\sum_{\nu=0}^{\infty} \varphi_\nu(x)$ innerhalb gewisser Grenzen von $x$ gleichmäßig convergent ist, $\sum \varphi_\nu(x)$ sich in eine Potenzreihe $P(x)$ ordnen läßt.

(Hier soll etwas über die gleichmäßige Convergenz eingeschaltet werden. Eine Potenzreihe von $x$ oder eine Reihe von unendlich vielen Rechnungsausdrücken von

$x$ heißt gleichmäßig convergent, wenn sich für ein beliebig klein angenommenes $\delta$ eine Zahl $N$ so bestimmen läßt, daß für $n \geq N$ $|s - s_n| < \delta$ für jeden Werth von $x$, für welchen die Reihe einen endlichen Werth hat. Dabei ist unter $s$ die Summe der Reihe, unter $s_n$ die Summe der $n$ ersten Glieder (Rechnungsausdrücke) der Reihe verstanden. Ein Beispiel einer nicht gleichmäßig convergenten Reihe ist folgendes:

$$\tfrac{x}{2} = \sin x - \tfrac{1}{2}\sin 2x + \tfrac{1}{3}\sin 3x - + \dots .$$

Diese Reihe convergiert für $-\pi < x < +\pi$. Wird $x = a\pi$ gesetzt, so wird der Werth der Reihe gleich 0. Legt man daher dem $x$ einen Werth bei, der der Zahl $\pi$ sehr nahe kommt, so müssen sehr viele Glieder zusammen genommen werden, damit eine vorgeschriebene Annäherung erreicht wird, damit also $|s - s_n| < \delta$ wird. Man kann durch Wahl von $x$ (genügend nahe bei $+\pi$) erreichen, daß $n$ größer wird als jede noch so groß angenommene Zahl $N$.

Ist $-\pi < x_1 < x < x_2 < +\pi$, und man beschränkt die Variable $x$ auf das Intervall $x_1 \dots x_2$, so ist für dieses auch die obige Reihe gleichmäßig convergent. — Zu bemerken ist, daß die Reihe nur für reelle Argumente gilt und daß sie z.B. zwischen $\pi$ und $3\pi$ eine ganz andere Funktion als $\tfrac{x}{2}$ darstellt. Setzen wir sie nämlich gleich $\varphi(x)$ und $x = 2\pi - x_1$, so wird $\varphi(x) = -\varphi(x_1) = -\tfrac{x_1}{2}$, also $\varphi(x) = -\tfrac{2\pi - x}{2}$.)

Gehen wir nun zu unserer $\sum \varphi_\nu(x)$ zurück! Wir setzen $\varphi_\lambda(x) = a_{\lambda 0} + a_{\lambda 1}x + a_{\lambda 2}x^2 + \dots$. Die Summe $\varphi_n(x) + \varphi_{n+1}(x) + \dots + \varphi_{n+m}(x)$ ($m$ kann auch gleich 0 sein.) hat eine obere Grenze, da $x$ nur Werthe annehmen soll, für welche $|x| \leq r$ ist. $g_n$ sei diese obere Grenze, so daß

$$g_n \geq \left| \varphi_n(x) + \varphi_{n+1}(x) + \dots + \varphi_{n+m}(x) \right|,$$

und zwar gilt diese Ungleichung für jeden Werth von $m$ und jeden Werth von $x$. (Daß diese obere Grenze möglich ist für alle Werthe von $x$, ist eine Folge der gleichmäßigen Convergenz.) Der Coefficient von $x^\mu$ in obiger Summe ist: $a_{n,\mu} + a_{n+1,\mu} + \dots + a_{n+m,\mu}$. Wenn wir nun dem $x$ nur Werthe beilegen, für welche $|x| = r$ ist, so haben wir nach einem früheren Satze:

$$\text{I} \qquad \left| a_{n,\mu} + \dots + a_{n+m,\mu} \right| \leq g_n \cdot r^{-\mu}.$$

Mit $a_\mu$ bezeichnen wir nun $\sum_{\kappa=0}^\infty a_{\kappa,\mu}$, wobei wir natürlich voraussetzen müssen, daß diese Summe einen endlichen Werth hat; diese Voraussetzung ist aber in der enthalten, daß $|s_{n+m} - s_n|$ unendlich klein wird für $n$ unendlich groß. Dies ist aber der Fall, da $g_n$ für $n = \infty$ zu 0 wird.

Die Reihe $a_0 + a_1 x + a_2 x^2 + \dots + a_\mu x^\mu + \dots$ ist jetzt formell möglich, da $a_\mu$ endlich ist.

Aus I) folgt nun: $|a_{0,\mu} + a_{1,\mu} + \dots + a_{m,\mu}| \leq g_0 r^{-\mu}$. Wir setzen $|a_{m+1,\mu} + \dots \text{in inf.}| = \varepsilon_m$, so daß $|a_\mu| \leq g_0 \cdot r^{-\mu} + \varepsilon_m$. Durch Vergrößerung von $m$ kann nun $\varepsilon_m$ so klein gemacht werden, als man will. Daher ist auch $|a_\mu| \leq g_0 r^{-\mu}$. Also convergiert die Reihe $\sum_{\mu=0}^\infty a_\mu x^\mu$ für alle Werthe von $x$, deren absoluter Betrag kleiner oder gleich $r$ ist. Es bleibt noch übrig zu zeigen, daß $\sum \varphi_\nu(x) = \sum a_\mu x^\mu$ ist. Wir setzen zur Abkürzung: $a'_\mu = a_{0,\mu} + a_{1,\mu} + \dots + a_{m-1,\mu}$, $a''_\mu = a_{m,\mu} + \dots \text{in inf.}$.

$\sum_{\mu=0}^{\infty} a_\mu x^\mu$ wird dann

$$= \left\{ \begin{array}{l} a_0' + a_1' x + a_2' x^2 + \cdots \\ \quad + a_0'' + a_1'' x + a_2'' x^2 + \cdots \end{array} \right. .$$

Der erste Theil ist nichts anders als $\sum_{\nu=0}^{m-1} \varphi_\nu(x)$. Aus I) folgt: $|a_\mu''| \leq g_m r^{-\mu}$, also $|a_\mu'' x^\mu| \leq g_m \left(\frac{|x|}{r}\right)^\mu$. Also der zweite Theil $\left|\sum_{\mu=0}^{\infty} a_\mu'' x^\mu\right| \leq g_m \cdot \frac{1}{1-|x|/r}$ unter der Voraussetzung, daß $|x| < r$ ist. Unsere Potenzsumme $\sum a_\mu x^\mu$ ist daher gleich $\varphi_0(x) + \varphi_1(x) + \cdots + \varphi_{m-1}(x) + [x]$, wo $[x] \leq g_m \frac{1}{1-|x|/r}$. Lassen wir nun $m$ ohne Ende wachsen, so wird, da $[x]$ wegen $g_m$ mit wachsendem $m$ sich der 0 nähert, $\sum_{\mu=0}^{\infty} a_\mu x^\mu = \sum_{\nu=0}^{\infty} \varphi_\nu(x)$, wenn $|x| < r$. Da aber über $r$ nichts weiter vorausgesetzt war, als daß $r$ innerhalb des gemeinsamen Convergenzbezirks aller Reihen $\varphi_\nu(x)$ liegen sollte, so findet jene Gleichung $\sum a_\mu x^\mu = \sum \varphi_\nu(x)$ für $x \leq r$ statt, wenn wir jetzt unter $r$ einen etwas kleinern Werth verstehen als unter dem ursprünglichen $r$.

<u>Anwendung:</u> $\sum_\lambda \varphi_\lambda(x_1, \ldots x_\varrho)$ sei eine Summe von unendlich vielen ganzen rationalen Funktionen der Variabeln $(x_1, \ldots x_\varrho)$. Für $x_1, \ldots x_\varrho$ werden nun Potenzreihen einer einzigen Variabeln $x$ substituirt, etwa $x_\nu = f_\nu(x)$. Wir setzen voraus, daß $\sum \varphi_\lambda(x_1, \ldots x_\varrho)$ für ein bestimmtes Gebiet von $(x_1, \ldots x_\varrho)$ gleichmäßig convergiert und daß es ein Gebiet von $x$ giebt, so daß jeder in ihm liegende Werth von $x$ Werthe von $x_1, \ldots x_\varrho$ liefert, für welche $\sum_\lambda \varphi_\lambda$ gleichmäßig convergirt. Es verwandelt sich nun jedes $\varphi_\lambda(x_1, \ldots x_\varrho)$ in ein $\overline{\varphi}_\lambda(x)$, eine Potenzreihe von $x$. Für die $\sum_\lambda \overline{\varphi}_\lambda(x)$ sind nun alle Bedingungen des obigen Satzes erfüllt, und $\sum_\lambda \overline{\varphi}_\lambda(x)$ kann also in eine Potenzreihe von $x$ verwandelt werden.

## 12.2 Reihen analytischer Funktionen

Wir denken uns jetzt unter jedem $\varphi(x)$ in $\sum \varphi_\lambda(x)$ (p. 111) das Element einer analytischen Funktion und wollen zeigen, daß $\sum \varphi_\lambda(x)$ dann auch unserer Definition der analytischen Funktion genügt. — Eine eine analytische Funktion definirende Reihe $P(x)$ soll in der Umgebung $\varrho$ von $x_0$ gleichmäßig convergent heißen, wenn für $|x - x_0| \leq \varrho$ $\quad P(x|x_0)$ gleichmäßig convergent ist. Für jedes $x_0$ giebt es eine obere Grenze von $\varrho$. —

[Eine Funktion kann für getrennte Gebiete gleichmäßig convergent sein. Die Reihe

$$\tfrac{1}{2} + \frac{x}{1+x^2} + \frac{x^2}{1+x^4} + \cdots + \frac{x^n}{1+x^{2n}} + \cdots$$

ist convergent für $|x| < 1$ und zwar gleichmäßig convergent. Ihr Werth ändert sich aber nicht, wenn $\frac{1}{x}$ an Stelle von $x$ gesetzt wird; also convergirt sie auch gleichmäßig für alle $|x| > 1$. Für die Punkte im Umfange des Kreises mit dem Radius 1, der das eine Gebiet $|x| < 1$ von dem andern $|x| > 1$ trennt, findet die Convergenz nicht statt; es kann für sie z.B. $1 + x^{2n} = 0$ werden.] —

Wir nehmen nun einen Punkt $x_0$ an, für welchen alle Funktionen $\varphi(x)$ der $\sum \varphi_\lambda(x)$ definirt sind, der also im Convergenzbezirk jeder der Reihen $\varphi(x)$ liegt, und verwandeln jedes $\varphi_\lambda(x)$ um in $\varphi_\lambda(x|x_0)$. Dann wird es eine Umgebung $\varrho$ von

$x_0$ geben, für welche alle die Potenzreihen $\varphi_\lambda(x|x_0)$ gleichmäßig convergieren; man kann also $\sum \varphi_\lambda(x|x_0)$ umwandeln in eine Potenzreihe $P(x|x_0)$. (Daraus folgt sofort, daß man $\sum \varphi_\lambda(x)$ differenzieren kann, indem man jedes Glied $\varphi_\lambda(x)$ differenziert.) Es bleibt nun noch übrig nachzuweisen, daß diese Reihe $P(x|x_0)$ auch durch direkte Umbildung der Reihe $P(x) \equiv \sum \varphi_\lambda(x)$ erhalten wird.

Dazu beweisen wir folgenden allgemeinen Satz: "Bedeutet $f(x)$ irgend eine von $x$ abhängige Größe, die für jeden Werth von $x$ nur Einen Werth hat und welche die Eigenschaft besitzt, daß sie in einer gewissen Umgebung von $x_0$, für welche sie definiert ist, durch eine Potenzreihe $P(x|x_0)$ darstellbar ist, so können alle ihre Elemente $\big(P(x|x')\big)$ aus einem einzigen abgeleitet werden." (Man kann solche Funktion "monogen" nennen.)

Für die Punkte $x_0$ und $x'$ sei die Funktion $f(x)$ definiert durch zwei Potenzreihen $P(x|x_0)$ und $P'(x|x')$; es ist von $x_0$ zu $x'$ ein continuierlicher Übergang $x_0, x_1, x_2 \ldots x_n, x'$ möglich (so daß also jede Stelle dieser Reihe $x_0, x_1, x_2 \ldots x_n, x'$ in einer beliebig kleinen Umgebung der vorhergehenden liegt).

Um $x_0$ können wir einen Kreis $x_0(r)$ beschreiben, dessen Inneres ganz in dem Bereiche der Definition von $f(x)$ liegt; so behaupte ich, $P(x|x_0)$ convergiert für sämmtliche Punkte im Innern des um $x_0$ beschriebenen Kreises. Wäre dieses nämlich nicht der Fall, sondern $x_0(r_1)$ der wahre Convergenzkreis von $P(x|x_0)$, so müßte es auf dem Umfange dieses letzteren Kreises eine Stelle $x_1$ geben, für welche es unmöglich wäre, $P(x|x_0|x_1)$ zu bilden. Nun ist aber für $x_1$ die Funktion $f(x)$ gegeben durch $P_1(x|x_1)$, welche mit $P(x|x_0)$ überall übereinstimmt, wo die beiden Convergenzbezirke zusammenfallen (schraffiert in der Figur). Es kann also kein solcher Punkt $x_1$ existieren. Aus $P(x|x_0)$ kann, wenn $x_1$ im Innern des Kreises $x_0(r)$ liegt, $P(x|x_0|x_1)$ abgeleitet werden; diese letzte Reihe muß identisch sein mit der Reihe, welche $f(x)$ an der Stelle $x_1$ definiert; denn sie coincidiert mit derselben für die Punkte eines zweifach ausgedehnten Continuums.

Aus $P(x|x_0)$ kann also das Element für $x_1$, aus letzterm das für $x_2$ etc. ... aus dem für $x_n$ das Element für $x'$ abgeleitet werden, q.e.d..

Nun war die $\sum_\lambda \varphi_\lambda(x)$ eine solche Funktion $f(x)$, die für jeden Punkt, für welchen sie definiert ist, durch eine Potenzreihe gegeben ist, folglich ist $\sum_\lambda \varphi_\lambda(x)$ eine analytische Funktion.

Denken wir uns aus einer Variabeln und Constanten rationale Funktionen gebildet und aus unendlich vielen solcher rationalen Funktionen Summen gebildet, so stellt diese Summe eine analytische Funktion dar, wenn sie für die Stellen eines zweifach ausgedehnten Continuums gleichmäßig convergiert. Bilden wir aus solchen analytischen Funktionen wieder rationale Funktionen, so ergeben die wieder analytische Funktionen u.s.f..

Es ist noch nicht erwiesen, daß auch umgekehrt jede analytische Funktion durch solche Zusammensetzungen erhalten werden kann, so daß also unsere Definition der analytischen Funktion noch allgemeiner ist als eine früher erwähnte. — Für Funktionen mit mehreren Veränderlichen gilt Ähnliches.

## 12.3   Weierstraßscher Differentiationssatz

$\varphi(x)$ sei gleich $\varphi_0(x) + \varphi_1(x) + \ldots$ $x$ werde gleich $x_0$ gesetzt, so läßt sich unter den oben angegebenen Bedingungen $\varphi(x)$ in eine Potenzreihe von $x - x_0$ entwickeln, indem man jedes $\varphi_\lambda(x)$ darstellt in der Form $\sum_{\mu=0}^{\infty} \frac{\varphi_\lambda^{(\mu)}(x_0)}{\mu!}(x - x_0)^\mu$ und dann alle so erhaltene Potenzreihen zu einer einzigen vereinigt.

Es wird

$$\varphi(x) = \sum_{\mu=0}^{\infty} \frac{c_\mu (x - x_0)^\mu}{\mu!}, \quad \text{wo} \quad c_\mu = \sum_{\lambda=0}^{\infty} \varphi_\lambda^{(\mu)}(x_0) = \varphi^{(\mu)}(x_0).$$

$\varphi(x)$ hat also für $x = x_0$ alle Differentialcoefficienten und zwar werden sie gefunden, indem man jede einzelne der Funktionen $\varphi_\lambda(x)$ differenziert.

$x_0$ war beliebig: $\varphi(x)$ hat also überall, wo sie definiert ist, alle Ableitungen. (Ist $x$ auf reelle Argumente beschränkt, so läßt sich kein solch allgemeiner Satz über die Ableitungen geben.)

## 12.4   Darstellung von Funktionen durch unendliche Produkte

$\varphi(x) = \prod_{\lambda=0}^{\infty} \varphi_\lambda(x)$ sei ein Produkt von unendlich vielen Potenzreihen; wir wollen untersuchen, unter welchen Bedingungen $\varphi(x)$ wieder eine analytische Funktion darstellt.

Wir müssen nach früheren Entwicklungen über unendliche Produkte $\varphi_\lambda(x) = 1 + \psi_\lambda(x)$ setzen; dann ist das unendliche Produkt definiert als die Summe der folgenden Reihe:

$$G = \begin{vmatrix} 1, \psi_1 \\ \psi_2, \psi_1\psi_2 \\ \psi_3, \psi_1\psi_3, \psi_2\psi_3, \psi_1\psi_2\psi_3 \\ \ldots \end{vmatrix}.$$

Wir wollen nun die gleichmäßige Convergenz eines unendlichen Produktes so definieren, daß aus ihr die gleichmäßige Convergenz der Reihe $G$ folgt, für welche es hinreicht, daß $\psi_1 + \psi_2 + \psi_3 + \ldots$ in inf. gleichmäßig convergent ist. Die Definition der gleichmäßigen Convergenz eines Produktes $p$ stellen wir daher so, daß $|p - p_n| < \delta$ sein soll, wenn $\delta$ eine beliebig klein angenommene Größe ist, $p_n$ das Produkt der ersten $n$ Glieder des unendlichen Produktes, und zwar muß sich aus $\delta$ die Zahl $n$ so bestimmen lassen, daß $|p - p_n| < \delta$ für jeden Werth der Variabeln ist, für welchen $p$

einen Werth hat. $|p - p_n|$ ist aber der Rest der dem Produkt äquivalenten Reihe, der entsteht, wenn man die $2^n$ ersten Glieder fortläßt; also ist auch letztere gleichmäßig convergent unter der aufgestellten Bedingung $(|p - p_n| < \delta)$, und stellt also eine analytische Funktion dar, folglich ist also auch $\varphi(x) = \prod \varphi_\lambda(x)$ eine analytische Funktion.

"Setzen wir $\varphi_\lambda(x) = 1 + \psi_\lambda(x)$ und ist dann $\sum \psi_\lambda(x)$ innerhalb eines zweifach ausgedehnten Bereiches gleichmäßig convergent, so geht daraus die gleichmäßige Convergenz des Produktes $\prod \varphi_\lambda(x)$ und also hervor, daß dieses Produkt eine analytische Funktion darstellt."

Die Differentialformel ist für ein unendliches Produkt dieselbe wie für ein endliches, d.h.

$$\frac{d.}{dx} \prod_{\lambda=0}^{\infty} \varphi_\lambda(x) = \prod_{\lambda=0}^{\infty} \varphi_\lambda(x) \left( \frac{\varphi_0'(x)}{\varphi_0(x)} + \frac{\varphi_1'(x)}{\varphi_1(x)} + \frac{\varphi_2'(x)}{\varphi_2(x)} + \ldots \text{in inf.} \right).$$

Wir theilen die dem Produkte äquivalente Reihe in zwei Theile $f_n(x)$ und $F_n(x)$, so daß $f_n(x) = \big(1 + \psi_0(x)\big)\big(1 + \psi_1(x)\big) \cdots \big(1 + \psi_{n-1}(x)\big)$, $F_n(x)$ die Summe der übrigen Glieder. Dann ist $\varphi(x) = \prod \varphi_\lambda(x) = f_n(x) + F_n(x)$; also $\varphi'(x) = f_n'(x) + F_n'(x)$. Man erhält also die Ableitung von $\varphi(x)$, indem man die Ableitung von $f_n(x)$ bildet und dann $n$ ohne Ende wachsen läßt; denn $F_n'(x)$ nähert sich mit wachsendem $n$ der Null. $f_n(x)$ ist aber ein endliches Produkt für endliches $n$, folglich u.s.w..

# Kapitel 13

# Fortsetzung mehrdeutiger analytischer Funktionen

## 13.1 Systeme analytischer Funktionen

Unter einem System von analytischen Funktionen verstehen wir Folgendes: An einer Stelle $a$ seien $n$ Funktionenelemente gegeben: $f_1(x|a), f_2(x|a) \ldots f_n(x|a)$. Durch Fortsetzung entsteht aus jedem dieser Elemente eine analytische Funktion $f_\nu$. Ist nun $a'$ eine Stelle im Gültigkeitsbereich aller der Funktionen $f_1, f_2, \ldots f_n$, und ich leite durch Vermittlung derselben Zwischen-Stellen (die den continuierlichen Übergang von $a$ nach $a'$ bilden) aus $f_1(x|a)$ $\overline{f_1}(x|a')$, aus $f_2(x|a)$ $\overline{f_2}(x|a')$ etc. ... her, so soll die Gesammtheit der so erhaltenen Elementen-Systeme $\overline{f_1}(x|a') \ldots \overline{f_n}(x|a')$ ein System von $n$ analytischen Funktionen heißen.

Ein Punkt $a'$ gehört zu dem Bereich eines Funktionensystems, wenn er in dem gemeinschaftlichen Bereiche irgend eines abgeleiteten Systems von Funktionen-Elementen liegt.

Sind alle Funktionen, die ein System constituiren, eindeutig, so kann bei der Ableitung eines Elementensystems aus einem andern jeder beliebige Weg (vermittelnde Stellen) für jede einzelne der Funktionen benutzt werden.

## 13.2 Ableitungen bei analytischen Funktionen

Eine Funktion sei definirt durch $f(x|a)$, so hat dieses Funktionenelement Ableitungen aller Ordnungen $f'(x|a), f''(x|a) \ldots$. Leitet man nun aus $f(x|a)$ $f(x|x_0)$ her, so hat dieses Funktionenelement wieder Ableitungen $f'(x|x_0), f''(x|x_0) \ldots$.

Der Differentialquotient dieser analytischen Funktion hat aber für $x = x_0$ gerade so viele Werthe, als es an der Stelle $x_0$ Funktionenelemente $f(x|x_0)$ giebt; derselbe ist also nur dann vollkommen bestimmt, wenn man weiß, aus welchem der Funktionenelemente er abgeleitet worden ist. $\left(\text{So ist z.B. } d\left(+\sqrt{f(x)}\right) = \frac{\frac{1}{2} f'(x)\, dx}{+\sqrt{f(x)}}.\right)$

Es soll jetzt Folgendes gezeigt werden: "Wenn zu $f(x|a)$ die verschiedenen Ableitungen gebildet sind, und wir betrachten das aus den Funktionenelementen $f(x|a)$, $f'(x|a), f''(x|a)$ ... entspringende Funktionensystem, so ist bei jedem zu letzterem gehörigen System von Funktionen-Elementen, z.B. $f(x|x_0), f'(x|x_0), f''(x|x_0)$..., jedes folgende die erste Ableitung des Vorhergehenden, also $f'(x|x_0), f''(x|x_0)$ ... die sämmtlichen Ableitungen von $f(x|x_0)$."

$f(x|x_0), f'(x|x_0)$ ... werden aus $f(x|a), f'(x|a)$ ... durch Vermittlung der Stellen $(a,) a_1, a_2, a_3 \ldots a_n (, x_0)$ hergeleitet werden. Dann bildet man zunächst aus $f(x|a)$ $f(x|a|a_1)$, und zwar ist

$$f(x|a|a_1) = \sum \frac{f^{(\mu)}(a_1|a)}{\mu!} (x - a_1)^\mu,$$

und aus $f'(x|a)$

$$f'(x|a|a_1) = \sum \frac{f^{(\mu+1)}(a_1|a)}{\mu!} (x - a_1)^\mu;$$

also ist in der That $f'(x|a|a_1)$ die Ableitung von $f(x|a|a_1)$.

Bilden wir also aus $\qquad\qquad f(x|a), f'(x|a), f''(x|a)$ ...

erst $\qquad\qquad\qquad\qquad f(x|a_1), f'(x|a_1), f''(x|a_1)$ ...,

aus diesem System $\qquad\quad f(x|a_2), f'(x|a_2), f''(x|a_2)$ ...,

... $\qquad\qquad\qquad\qquad$ ...

schließlich $\qquad\qquad\quad f(x|x_0), f'(x|x_0), f''(x|x_0)$ ...,

so ist in der zweiten Horizontalreihe jedes folgende Element die Ableitung des vorhergehenden nach dem, was eben bewiesen. Es findet also auch dasselbe Verhältnis zwischen der Elementen der dritten Reihe statt u.s.f., bis schließlich auch zwischen denen der letzten Reihe, womit unsere Behauptung erwiesen ist.

Wesentlich für die Gültigkeit (des Beweises) des obigen Satzes ist es, daß es wirklich möglich ist, auf jedem Wege, auf welchem $f(x|a)$ fortgesetzt werden kann, auch die Ableitungen $f'(x|a), f''(x|a)$ ... fortzusetzen. Letztere haben nämlich denselben Convergenzbezirk wie $f(x|a)$. —

## 13.3  Fortsetzung von Funktionensystemen

"Es sei eine Reihe von Funktionenelementen gegeben $f_1(x|a), f_2(x|a)$ ..., und es möge zwischen diesen Funktionenelementen eine (zunächst algebraische) Gleichung bestehen, etwa $G(f_1, \ldots f_n) = 0$, so gilt diese Gleichung für jedes System von Funktionenelementen, welches zu dem durch $f_1, f_2 \ldots f_n$ bestimmten Systeme von analytischen Funktionen gehört." Aus $f_1(x|a)$ ... möge auf dem Wege $a, a_1, a_2 \ldots a_m, x_0$ das System $\overline{f_1}(x|x_0), \ldots \overline{f_n}(x|x_0)$ hergeleitet werden. Wenn wir nun zeigen, daß aus $G(f_1(x|a), \ldots f_n(x|a)) = 0$ folgt $G(f_1(x|a|a_1), \ldots f_n(x|a|a_1)) = 0$, so folgt sofort, daß $G(\overline{f_1}(x|x_0), \ldots \overline{f_n}(x|x_0)) = 0$ ist.

Wir denken uns zunächst eine ganze rationale Funktion (oder auch eine beständig convergierende Potenzreihe) von $f_1, \ldots f_n$, also etwa $F(f_1, \ldots f_n)$. Dann kann $F(f_1(x|a), \ldots f_n(x|a))$ entwickelt werden in $P(x|a)$, ferner $F(f_1(x|a|a_1), \ldots$

$f_n(x|a|a_1))$ in eine Potenzreihe $P(x|a_1)$, und es soll nun gezeigt werden, daß $P(x|a_1)$ $= P(x|a|a_1)$ ist.

Der Kreis um $a$ sei der Convergenzbezirk von $P(x|a)$, der größere um $a_1$ der von $P(x|a_1)$, so ist für alle Punkte, die in dem gemeinschaftlichen Stück der beiden Kreise liegen, $P(x|a) = P(x|a_1)$, denn für diese Punkte ist $f_1(x|a) = f_1(x|a|a_1)$, $f_2(x|a) = f_2(x|a|a_1)\ldots$ und also $F\big(f_1(x|a)\ldots\big) = F\big(f_1(x|a|a_1)\ldots\big)$ oder $P(x|a) = P(x|a_1)$. Nun stimmt aber $P(x|a|a_1)$ mit $P(x|a)$ für die Stellen im Innern des kleinern Kreises um $a_1$ überein, also für diese Stellen auch mit $P(x|a_1)$; daher ist $P(x|a|a_1)$ mit $P(x|a_1)$ in den Coefficienten identisch, q.e.d.. Nun folgt so fort nach dem, was vorausgeschickt wurde, daß auch

$$F\big(\overline{f_1}(x|x_0),\ldots\overline{f_n}(x|x_0)\big) \;=\; P(x|x_0) \;=\; F\big(f_1(x|a|a_1|\ldots a_n|x_0),\ldots\big)$$
$$\;=\; P(x|a|a_1\ldots|a_n|x_0)$$

ist. Wenn die Coefficienten von $F\big(f_1(x|a),\ldots f_n(x|a)\big) = P(x|a)$ sämmtlich gleich 0 sind, so ist dies offenbar auch bei $P(x|a|a_1\ldots|x_0)$ der Fall, woraus die Richtigkeit unseres Satzes folgt. (Der Satz hätte direkter daraus bewiesen werden können, daß eine ganze rationale Funktion oder eine unendliche Reihe von Potenzreihen wieder eine analytische Funktion ist.)

Ein spezieller Fall dieses Satzes ist folgender: "$G\big(x, f(x), f'(x)\ldots f^{(n)}(x)\big) = 0$ sei eine Differentialgleichung. Gelingt es dann, ein Funktionenelement herzustellen, welches dieser Differentialgleichung genügt, so genügt derselben die durch jenes Element bestimmte analytische Funktion in ihrer ganzen Ausdehnung, d.h. jedes andere Funktionen-Element der analytischen Funktion und seine Ableitungen genügen der Gleichung $G = 0$."

Anmerkung: Betrachtet man in $G = 0$ $f^{(n)}(x)$ als einzige Unbekannte, und hat dann $G = 0$ keine Doppelwurzel, wenn man $x, f(x), f'(x)\ldots f^{(n-1)}(x)$ beliebige Werthe $a, b, b'\ldots b^{(n-1)}$ beilegt, so läßt sich immer ein Funktionenelement, also auch eine analytische Funktion finden, welche die Gleichung $G = 0$ befriedigt.

# Kapitel 14

# Analytische Funktionen mehrerer Veränderlicher

## 14.1 Analytische Fortsetzung in mehreren Veränderlichen

Alle die bislang für Funktionen Einer Variabeln gegebenen Entwicklungen lassen sich ohne große Schwierigkeit auf solche mit beliebig vielen Variabeln ausdehnen. Diese Ausdehnung soll hier kurz angedeutet werden. —

Es liege eine Potenzreihe von mehreren Veränderlichen vor: $f(x, y, z \ldots | a, b, c \ldots)$. Aus dieser Potenzreihe können andere abgeleitet werden. Liegt die Stelle $a', b', c' \ldots$ in dem Convergenzbezirk der Reihe, so kann $f_1(x, y \ldots | a', b' \ldots)$ aus ihr gebildet werden. Greifen die Convergenzbezirke zweier Potenzreihen $f(x, y \ldots | a, b \ldots)$ und $f_1(x, y \ldots | a_1, b_1 \ldots)$ in einander, und ist $a', b', c' \ldots$ eine Stelle, die im gemeinschaftlichen Theile der Convergenzbezirke liegt, so können aus den beiden Potenzreihen die folgenden abgeleitet werden:

$$f(x, y \ldots | a, b \ldots | a', b' \ldots) \quad \text{und} \quad f_1(x, y \ldots | a_1, b_1 \ldots | a', b' \ldots),$$

die jetzt unmittelbar mit einander verglichen werden können. Sind sie identisch, so stimmen $f$ und $f_1$ überein an jeder Stelle, zu der man von $a', b' \ldots$ aus gelangen kann, ohne den gemeinschaftlichen Convergenzbezirk von $f$ und $f_1$ zu verlassen.

Mit Hilfe dieses Satzes wird bewiesen, daß, wenn aus $f(x, y, \ldots | a, b, \ldots)$ eine andere Potenzreihe $f(x, y \ldots | a, b \ldots | a', b' \ldots)$ hergeleitet wurde, aus der letzteren die erstere zurückgebildet werden kann. Ferner, daß, wenn zwei Potenzreihen $f$ und $f_1$ an einer Stelle "congruieren", die eine aus der andern hergeleitet werden kann; wir nennen daher die eine eine Fortsetzung der andern. —

Wir denken uns eine Potenzreihe $f$ definiert in der Umgebung der Stelle $a, b \ldots$. Dann können wir aus derselben die Fortsetzungen ableiten und aus den Fortsetzungen wieder Fortsetzungen etc.. Nennen wir nun eine an einer bestimmten Stelle definierte Reihe ein "Funktionen-Element", so können wir folgender Maßen den Begriff einer analytischen Funktion mit mehreren Variabeln aufstellen:

"Die Gesammtheit der Funktionenelemente, die durch Fortsetzung aus einem gegebenen entstehn, bilden die durch dieses bestimmte analytische Funktion. Ist $x', y' \ldots$ eine beliebige Stelle, die in dem Convergenzbezirk irgend einer der abgeleiteten Reihen — Funktionenelemente — liegt, so ist der Werth dieser letztern an der Stelle $x', y' \ldots$ ein Werth der analytischen Funktion."

Existiert nur ein Fortsetzungs-Element für eine jede Stelle $x', y' \ldots$, so heißt die Funktion eindeutig, im entgegengesetzten Falle mehrdeutig oder unendlich vieldeutig. —

Wir können nun ein System von analytischen Funktionen definieren. Sind an einer Stelle $n$ Funktionenelemente gegeben, und werden dieselben auf ein und demselben Wege fortgesetzt, so erhält man für jede andere Stelle, zu welcher von der Ausgangsstelle ein continuierlicher Übergang möglich ist im gemeinschaftlichen Bereich aller der durch die $n$ Funktionenelemente gegebenen analytischen Funktionen, eine bestimmte Gruppe von $n$ Funktionenelementen. Alle so zusammengehörigen Funktionen-Elemente constituieren das System der $n$ analytischen Funktionen.

$f_1(x, y \ldots | a, b \ldots)$, $\frac{\partial f_1(x, y \ldots | a, b \ldots)}{\partial x}$ seien die ein System von (zwei) Funktionen definierenden Elemente. Dann läßt sich leicht nachweisen, daß bei jedem andern Elementepaar, welches zu dem System gehört, auch das eine die Ableitung des andern ist, und allgemeiner: Werden die Funktionen-Elemente $f(x, y \ldots | a, b, c \ldots)$ und $\psi = \frac{\partial^{\alpha + \beta + \cdots} f}{(\partial x)^\alpha (\partial y)^\beta \cdots}$ auf $\underline{ein}$ und demselben Wege fortgesetzt, also aus ihnen etwa $\overline{f}(x, y \ldots | a_1, b_1, c_1 \ldots)$ und $\overline{\psi}$ hergeleitet, so ist auch $\overline{\psi} = \frac{\partial^{\alpha + \beta + \cdots} \overline{f}}{(\partial x)^\alpha (\partial y)^\beta \cdots}$.

Es liege nun ein System von beliebig vielen analytischen Funktionen beliebig vieler Variabeln vor, und es bestehe zwischen den zusammengehörigen Elementen derselben an Einer Stelle eine Gleichung, so läßt sich nachweisen, daß diese statt findet für jede Stelle, für welche das Funktionensystem definiert ist.

(Andeutung der Beweises: Aus $G(f_1, f_2 \ldots f_n) = 0$ soll folgen $G(\overline{f_1}, \overline{f_2} \ldots \overline{f_n}) = 0$, wenn $\overline{f_\nu}$ aus $f_\nu$ hergeleitet ist. $G(f_1 \ldots f_n)$ sei eine ganze rationale Funktion oder eine beständig convergierende Reihe von $f_1 \ldots f_n$, so ist $G(f_1 \ldots f_n) = P(x, y \ldots | a, b \ldots)$. Jetzt leitet man durch mehrmalige unmittelbare Fortsetzung aus $G(f_1 \ldots f_n)$ $G(\overline{f_1} \ldots \overline{f_n})$ ab und aus $P(x, y \ldots | a, b \ldots)$ $P(x, y \ldots | a, b \ldots | a_1, b_1 \ldots)$. Dann zeigt man, daß $G(\overline{f_1} \ldots \overline{f_n}) = P(x, y \ldots | a, b \ldots | a_1, b_1 \ldots)$ ist.)

Wenn im speziellen Falle eine partielle Differenzialgleichung vorliegt, und dieselbe besteht für ein gewisses Element einer analytischen Funktion, so bleibt sie für die ganze Ausdehnung der letztern bestehen.

## 14.2  Potenzreihen in mehreren Veränderlichen

Convergiert eine Reihe $f(x_1, x_2 \ldots x_n)$ für $x_1', x_2' \ldots x_n'$ (wo $|x_\nu'| > 0$ ist), so convergiert sie für jede Stelle $x_1, \ldots x_n$, bei welcher $|x_\nu| < |x_\nu'|$ ist.

Wir stellen nun folgende Definitionen auf. (Die $n$ Variabeln können wir uns durch die Punkte von $n$ Ebenen veranschaulichen.)

Wir sagen nun, eine Stelle $x'_1, \ldots x'_n$ liege im Innern des Convergenzbezirks einer Reihe, wenn letztere für alle Stellen in einer gewissen Umgebung von $x'_1, \ldots x'_n$ convergiert, oder, was dasselbe ist, wenn die absoluten Beträge von $x'_1, \ldots x'_n$ noch vergrößert werden können, ohne daß die Reihe für die Werthe, die man durch Vergrößerung der absoluten Beträge von $x'_1, \ldots$ erhält, aufhört zu convergieren. Eine Stelle $x_1, \ldots x_n$ liegt an der Grenze, heißt: In jeder Umgebung derselben giebt es Stellen, für welche die Reihe convergiert, aber auch solche, für welche sie divergiert. Liegt eine Stelle weder im Innern noch an der Grenze, so sagen wir, sie liegt außerhalb des Convergenzbezirks.

Nun ist wieder eine Hauptfrage die, wodurch es bedingt wird, daß die Convergenz einer Reihe aufhört. Zu der Beantwortung dieser Frage ist vor allem der folgende Satz von Wichtigkeit: "$r_1, r_2 \ldots r_n$ seien positive, von 0 verschiedene Größen, und die Stelle $(r_1, \ldots r_n)$ liege im Innern des Convergenzbezirks einer Potenzreihe $f(x_1, \ldots x_n)$. Man denke sich nun alle Werthe von $f$, welche erhalten werden, indem man für $x_1, \ldots x_n$ nur solche Werthsysteme zuläßt, bei denen $|x_\nu| = r_\nu$ ist, so wird es unter diesen Werthen ein Maximum $g$ geben. Dann ist

$$\left| A_{\lambda_1, \lambda_2 \ldots \lambda_n} \right| \leq g \cdot r_1^{-\lambda_1} \cdots r_n^{-\lambda_n},$$

wobei $A_{\lambda_1, \lambda_2 \ldots \lambda_n} x_1^{\lambda_1} x_2^{\lambda_2} \cdots x_n^{\lambda_n}$ ein in $f(x_1, \ldots x_n)$ vorkommendes Glied ist."

Der Gang des Beweises dieses Satzes ist folgender: Man nehme erst ein Aggregat von einer endlichen Anzahl von Gliedern, etwa: $A + \sum A_{l_1 \ldots l_n} x_1^{l_1} x_2^{l_2} \cdots x_n^{l_n}$, wo $l_1, l_2 \ldots l_n$ ganze positive oder negative Zahlen sind. Nun zeigt man, daß $|A| \leq G$ ist, wo $G$ der größte Werth ist, den $\left| A + \sum A_{l_1 \ldots l_n} x_1^{l_1} \cdots x_n^{l_n} \right|$ annehmen kann, wenn man den Variabeln $x_\nu$ nur solche Werthe beilegt, so daß $|x_\nu| = r_\nu$ ist. Darauf wird dann dieses von Ausdrücken mit endlich vielen Gliedern auf solche mit unendlich vielen Gliedern — auf Potenzreihen mit $n$ Variabeln — ausgedehnt. —

Man bilde jetzt $f(x_1 + h_1, x_2 + h_2 \ldots x_n + h_n)$, wenn $f(x_1, \ldots x_n)$ eine Potenzreihe ist, von der man weiß, daß sie für einen bestimmten Convergenzbezirk $C$ sicher convergiert, so wird es, wenn $x_1, x_2 \ldots x_n$ innerhalb von $C$ liegt, eine reelle positive Größe $h$ geben, so daß für $|h_1|, |h_2|, \ldots |h_n| < h$   $f(x_1 + h_1, x_2 + h_2, \ldots x_n + h_n)$ als Potenzreihe von $h_1, \ldots h_n$ betrachtet convergiert. Legt man nun $x_1, \ldots x_n$ alle möglichen Werthe bei, jedoch so, daß die Stelle $x_1, \ldots x_n$ immer innerhalb von $C$ liegt, so erhält man andere und andere Werthe von $h$. Alle diese Werthe von $h$ werden eine untere Grenze $H$ haben. Ist diese untere Grenze von 0 verschieden, wird also niemals $h < \varepsilon$, wo $\varepsilon$ eine beliebig kleine Größe ist, so war $C$ noch nicht der wahre Convergenzbezirk von $f(x_1, \ldots x_n)$, sondern er erstreckt sich noch über $C$ hinaus ($C$ bildet nur einen Theil des wahren Convergenzbezirks).

Aus diesem Satze folgert man nun Folgendes:

"Liegt die Stelle $(a_1, a_2 \ldots a_n)$ an der Grenze des Convergenzbezirks von $f(x_1, \ldots x_n)$, und es läßt sich eine Stelle $x'_1, \ldots x'_n$ im Innern des Convergenzbezirks angeben, so daß $f(x_1, \ldots x_n | x'_1, \ldots x'_n)$ eine Reihe ist, deren Convergenzbezirk die Stelle $(a_1, a_2 \ldots a_n)$ in sich faßt, so soll gesagt werden, die Funktion $f(x_1, \ldots x_n)$ hat an dieser Stelle den Charakter einer ganzen Funktion. Es muß nun immer mindestens eine Stelle $x_1^0, x_2^0 \ldots x_n^0$ an der Grenze des wahren Convergenzbezirks geben, in deren Umgebung die Funktion nicht mehr den Charakter einer ganzen Funktion besitzt."

Nehmen wir z.B. den Quotienten zweier Potenzreihen von $n$ Variabeln $\frac{f_1(x_1,\ldots x_n)}{f_2(x_1,\ldots x_n)}$. Wenn man nun eine Stelle $a_1,\ldots a_n$, im Convergenzbezirk beider Reihen liegend, ins Auge faßt, und $f_2$ verschwindet nicht für diese Stelle, so kann an derselben der Quotient $\frac{f_1}{f_2}$ dargestellt werden durch eine Potenzreihe $P(x_1,\ldots x_n|a_1,\ldots a_n)$. Findet sich <u>keine</u> Stelle, für welche $f_2 = 0$ ist, so besitzt die formell dem Quotienten gleiche Potenzreihe (z.B. durch die Methode der unbestimmten Coefficienten zu bestimmen) mindestens einen eben so großen Convergenzbezirk, wie der gemeinschaftliche von $f_1$ und $f_2$ ist. Im andern Falle sind diejenigen Stellen, in deren Nähe die dem Quotienten (formell) gleiche Potenzreihe den Charakter einer ganzen Funktion verliert, die, an denen $f_2$ verschwindet.

Im Falle der Potenzreihen von zwei und drei Variabeln können wir den Convergenzbezirk noch graphisch veranschaulichen.

Da nämlich eine Stelle $x_1, x_2 \ldots x_n$ im Innern, an der Grenze oder außerhalb des Convergenzbezirks einer Reihe $f(x_1,\ldots x_n)$ liegt, je nachdem die Stelle der absoluten Beträge $|x_1|, |x_2| \ldots |x_n|$ im Innern, an der Grenze oder außerhalb liegt, so braucht man $f(x_1,\ldots x_n)$ nur in Bezug auf reelle positive Stellen $r_1, r_2 \ldots r_n$ zu untersuchen. — Es möge nun eine Funktion von zwei Variabeln $f(x_1, x_2)$ vorliegen. Ich lege den Argumenten nur reelle positive Werthe bei.

Betrachte ich nun die $x_1$ als Abscisse und die $x_2$ als Ordinate in Bezug auf ein rechtwinkliges Coordinatensystem $0X, 0Y$, so giebt jedes Werthepaar $r_1, r_2$, welches in $f(x_1, x_2)$ eingesetzt werden kann an Stelle von $x_1, x_2$ resp., einen Punkt in dem Raume $X0Y$ der Ebene, und umgekehrt jeder solche Punkt $P$ liefert durch seine Coordinaten ein Werthepaar $r_1, r_2$. Wir wollen nun zur Abkürzung von einem Punkte $P$ sagen, er liege im Innern, an der Grenze, außerhalb des Convergenzbezirks von $f(x_1, x_2)$, wenn seine Coordinaten $r_1, r_2$ eine Stelle bilden, die im Innern, an der Grenze, außerhalb des Convergenzbezirks von $f(x_1, x_2)$ liegt. Dann können wir sagen: Auf einer durch 0 gehenden Geraden giebt es sicher Punkte, welche im Convergenzbezirk liegen; man kann ja den Punkt auf der Geraden so nahe an 0 nehmen als man will. Liegt $P$ im Innern des Convergenzbezirks, so liegen auch alle Punkte zwischen 0 und $P$ darin.

Für diejenigen Punkte einer Geraden $0A$, die im Innern des Convergenzbezirks liegen, muß es eine obere Grenze geben. Diese möge der Punkt $Q$ sein, der also an der Grenze des Convergenzbezirks liegt, da in jeder Nähe desselben sich Punkte $P$ vorfinden (nach dem Begriff der oberen Grenze). Auf jedem durch 0 gehenden Strahl (der in dem Theile der Ebene liegt, für welchen die Punkte nur positive Coordinaten haben) findet sich solch ein Punkt $Q$; und diese sämmtlichen Punkte $Q$ liegen auf einer stetigen Curve. Um letztere Behauptung zu beweisen, zeigen wir, daß, wenn der Strahl $0P'$ unendlich nahe dem Strahle $0P$ angenommen wird, auch der zu $0P'$ gehörige Punkt $Q'$ unendlich nahe dem zu $0P$ gehörigen Punkt $Q$ liegt.

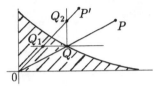

Wir legen durch $Q$ zwei Strahlen parallel den Coordinatenaxen; diese Parallelen mögen $0P'$ in $Q_1$ und $Q_2$ treffen, so können wir zeigen, daß $Q'$ nothwendig zwischen $Q_1$ und $Q_2$ liegt. $Q'$ kann nicht zwischen 0 und $Q_1$ liegen, denn jeder zwischen 0 und $Q_1$ liegende Punkt hat kleinere Ordinate und kleinere Abscisse als $Q$ und muß folglich im Innern des Convergenzbezirks liegen; ebenso wenig kann $Q'$ über $Q_2$ hinaus liegen, da dann seine Coordinaten größer sein würden als die des Punktes $Q$. $Q'$ liegt also zwischen $Q_1$ und $Q_2$, ist daher unendlich nahe dem Punkte $Q$, wenn $0P'$ unendlich nahe $0P$ ist. Alle Punkte $Q$ bilden eine stetige Aufeinander-Folge von Punkten, bilden also eine continuierliche Curve.

Diese Curve, welche keinen Wendepunkt haben kann und welche die Coordinatenaxen entweder in endlichen Punkten schneidet oder sich den Axen asymptotisch annähert, zertheilt den positiven Theil der Ebene (denjenigen Theil, dessen Punkte positive Abscisse und Ordinate haben) in zwei Gebiete. Der dem Nullpunkt zugewandte enthält nur Punkte, deren Coordinaten, in die Funktion (Reihe) eingesetzt, dieselbe convergieren machen; die Punkte der Curve liefern durch ihre Coordinaten die Werthepaare, welche an der Grenze des Convergenzbezirks liegen; die im vom Nullpunkt abgewandten Gebiete liegenden Punkte liefern die Stellen außerhalb des Convergenzbezirks der betreffenden Reihe $f(x_1, x_2)$. — Analoges läßt sich bei drei Veränderlichen durch Construktion im Raume ausführen. —

Wir können das Obige auch so auffassen: Liegt eine Potenzreihe zweier Variabeln vor, $f(x_1, x_2)$, und setzt man für $|x_1|$ eine obere Grenze $r_1$ willkürlich fest, so wird damit auch für $|x_2|$ eine obere Grenze $r_2$ festgesetzt sein, so daß $f(x_1, x_2)$ für jedes $|x_1| < r_1$ und $|x_2| < r_2$ convergiert oder, mit anderen Worten, daß jedes Werthesystem $x_1, x_2$, für welches $|x_1| = r_1, |x_2| = r_2$, an der Grenze des Convergenzbezirks liegt. Läßt man $r_1$ variieren, so wird man auch andere und andere Werthe für $r_2$ erhalten; diese Abhängigkeit $r_2$ von $r_1$ wird, $r_1$ als Abscisse, $r_2$ als Ordinate betrachtet, durch die oben angegebene Curve der Punkte $Q$ dargestellt.

# Kapitel 15

# Isolierte Singularitäten

## 15.1 Typen isolierter Singularitäten

Wir wollen uns nun näher mit eindeutigen Funktionen einer Veränderlichen beschäftigen. Zu diesen Funktionen gehören zunächst die rationalen Funktionen; bei diesen trifft ja unser Criterium für eindeutige analytische Funktionen zu, wenn wir die Stellen ausnehmen, an welchen die rationale Funktion unendlich groß wird. An letzteren Stellen kann sie dargestellt werden in der Form:

$$\frac{A_0 + A_1(x - a) + \ldots}{B_0(x - a)^m + B_1(x - a)^{m+1} + \ldots} = (x - a)^{-m}\left(\frac{A_0}{B_0} + C_1(x - a) + \ldots\right).$$

Wenn also $a$ eine solche Ausnahmestelle ist, so kann die Funktion durch Multiplikation mit einer ganzen positiven Potenz von $(x - a)$ verwandelt werden in eine solche, die bei $a$ keine Ausnahmestelle hat.

Ähnliches läßt sich sagen, wenn $x$ in der Nähe des Unendlichkeitspunktes angenommen wird. Die Funktion habe die Form

$$\frac{A_0 x^p + A_1 x^{p-1} + \ldots}{B_0 x^q + B_1 x^{q-1} + \ldots} = \left(\frac{1}{x}\right)^{q-p}\left(\frac{A_0}{B_0} + C_1\left(\frac{1}{x}\right) + \ldots\right).$$

Ist $q \geq p$, so ist die Funktion, für hinreichend große Werthe von $x$, durch eine Potenzreihe von $\left(\frac{1}{x}\right)$ darstellbar. In diesem Falle wollen wir sagen, die Funktion verhalte sich im Unendlichen regulär. Ist $q < p$, so kann durch Multiplikation mit einer positiven Potenz von $\left(\frac{1}{x}\right)$ die Funktion zu einer solchen gemacht werden, die sich im Unendlichen regulär verhält.

Verstehen wir nun unter $x - a$ für $a$ unendlich groß $\frac{1}{x}$, so können wir folgende allgemein (für jede Stelle) gültigen Definitionen aufstellen:

"Von einer eindeutigen Funktion sagen wir, sie verhalte sich bei $a$ regulär, wenn sie dort definiert ist und sich durch eine Potenzreihe von $(x - a)$ darstellen läßt. Ist Letzteres nicht der Fall, so soll gesagt werden, die Funktion verhalte sich bei $a$ singulär, und zwar "außerwesentlich" singulär, wenn die Funktion durch Multiplikation mit einer ganzen Potenz von $(x - a)$ in eine verwandelt werden kann, die sich bei $a$ regulär verhält. "Wesentlich" singulär heißt eine Stelle, wenn dies nicht der Fall ist."

Eine rationale Funktion kann zwar singuläre Stellen haben, aber immer nur außerwesentliche. Aber es gilt auch die Umkehrung dieser Eigenschaft der rationalen Funktionen. Und diese Umkehrung ist ein Fundamentalsatz der Funktionentheorie.

## 15.2  Darstellung meromorpher Funktionen

"Wenn sich von irgend einer eindeutig definierten Funktion zeigen läßt, daß sie nur außerwesentliche singuläre Stellen besitzt, so ist die Funktion nothwendig eine rationale."

Wir nehmen zunächst den Fall an, daß eine eindeutige Funktion vorliegt, die im Endlichen überhaupt keine singulären Stellen hat. Dann muß sie sich als beständig convergierende Potenzreihe von $x$ entwickeln lassen; denn hätte sie einen endlichen Convergenzkreis, so würde auf dessen Umfang nach Früherem mindestens Eine singuläre Stelle liegen müssen. Diese Potenzreihe kann entweder eine endliche oder eine unendliche Anzahl von Gliedern enthalten. Im letztern Falle ist der unendlich ferne Punkt nothwendig eine wesentlich singuläre Stelle. Denn es sei $P(x) = A_0 + A_1 x + A_2 x^2 + \ldots$ in inf., so läßt sich keine ganze Potenz von $\left(\frac{1}{x}\right)$ angeben, so daß $P(x)$, mit ihr multipliciert, sich umwandelt in eine nach Potenzen von $\left(\frac{1}{x}\right)$ fortschreitende Reihe. Wäre nämlich etwa

$$\left(\tfrac{1}{x}\right)^m P(x) = P_1\left(\tfrac{1}{x}\right)$$
$$= A_0 \left(\tfrac{1}{x}\right)^m + A_1 \left(\tfrac{1}{x}\right)^{m-1} + \ldots + A_{m-1}\left(\tfrac{1}{x}\right) + A_m + A_{m+1} x + \ldots \text{ in inf.},$$

so würde für genügend großes $x$ $\ \overline{P_1}\left(\tfrac{1}{x}\right) = A_{m+1} x + A_{m+2} x^2 + \ldots$ sein, was unmöglich ist.

Bricht die Reihe $P(x)$ ab, so ist für die durch sie definierte Funktion die Stelle im Unendlichen auch eine singuläre Stelle, aber eine außerwesentliche.

Wir werden nun noch zeigen, daß, wenn eine Funktion nur außerwesentliche singuläre Stellen hat, sie deren nur eine endliche Anzahl besitzen kann. Ist dieses bewiesen und dann $f(x)$ eine nur außerwesentliche singuläre Stellen besitzende Funktion, so können wir annehmen, daß diese Stellen sind $a_1, a_2 \ldots a_r$ und $m_1, m_2 \ldots m_r$ die zugehörigen Exponenten, so daß $\varphi(x) = (x - a_1)^{m_1} \cdot (x - a_2)^{m_2} \cdots (x - a_r)^{m_r} f(x)$ eine Funktion ist, die im Endlichen gar keine singulären Stellen hat. Im Unendlichen hat sie nach Voraussetzung auch höchstens eine außerwesentliche; also nach dem, was oben vorausgeschickt wurde, muß $\varphi(x)$ eine ganze rationale Funktion sein, daher $f(x)$ eine rationale Funktion.

Es bleibt uns noch übrig zu zeigen, daß eine nur außerwesentliche singuläre Stellen besitzende Funktion $f(x)$ nur endlich viele solcher Stellen haben kann. Gäbe es im Endlichen unendlich viele singuläre Stellen, so müßte es nach einem früheren Satze mindestens Eine Stelle $x_0$ geben, in deren Umgebung, diese sei noch so klein, sich unendlich viele singuläre Stellen finden. Dies ist aber bei außerwesentlichen Stellen nicht möglich, denn wir können zeigen, daß, wenn $a$ eine außerwesentliche singuläre Stelle ist, eine Umgebung von $a$ angegeben werden kann, in welcher sich außer $a$ kein zweiter singulärer Punkt befinden kann. An der Stelle $a$ läßt sich nämlich $f(x)$ darstellen in der Form:

$$f(x) = (x-a)^{-m}\left(C_0 + C_1(x-a) + C_2(x-a)^2 + \ldots\right) = (x-a)^{-m}P(x|a).$$

Man kann nun eine Umgebung von $a$ angeben, so daß für jeden in derselben liegenden Punkt $a_1$ $P(x|a)$ verwandelt werden kann in $P_1(x|a_1)$, also

$$f(x) = (x-a)^{-m}P_1(x|a_1) = \left[(a_1-a) + (x-a_1)\right]^{-m}P_1(x|a_1).$$

Dieser letzte Ausdruck läßt sich aber in eine nach Potenzen von $(x-a_1)$ fortschreitende Reihe verwandeln, so daß also beim Punkte $a_1$ $f(x)$ sich regulär verhält. Eben so können nicht in beliebiger Nähe des Unendlichkeitspunktes, sobald dieser eine außerwesentliche singuläre Stelle ist, unendlich viele (außerwesentliche) singuläre Stellen vorhanden sein.

Man kann sofort solche Funktionen angeben, die sich an gewissen Stellen wesentlich singulär verhalten. Ist z.B. $G_1(x)$ eine Funktion, die im Endlichen überall den Charakter einer ganzen Funktion hat, $G_2(x), G_3(x) \ldots G_n(x)$ ebenfalls solche Funktionen, so hat die Funktion

$$G_1\left(\frac{1}{x-a_1}\right) + G_2\left(\frac{1}{x-a_2}\right) + \ldots + G_n\left(\frac{1}{x-a_n}\right)$$

die Stellen $a_1, a_2 \ldots a_n$ zu wesentlich singulären Stellen.

(Es ist jetzt eine ganz bestimmte Aufgabe: "Gegeben sind eine Anzahl von Stellen. Man soll einen analytischen Ausdruck finden, für welchen diese Stellen wesentlich singulär sind.")

Ist eine Funktion eine beständig convergierende Potenzreihe, so hat sie <u>nur</u> im Unendlichen eine wesentlich singuläre Stelle. — Wir wollen im Folgenden durch $G$ immer solche Funktion bezeichnen, welche im Endlichen gar keine singuläre Stellen besitzt. Es liegt nun folgende Vermutung nahe: "Wenn eine Funktion im Endlichen <u>nur</u> außerwesentliche Stellen hat und nur im Unendlichen eine wesentlich singuläre Stelle, so läßt die Funktion sich darstellen in der Form $\frac{G_1(x)}{G_2(x)}$."

Dem Beweise dieses Satzes stellt sich jedoch eine wesentliche Schwierigkeit entgegen. Wir müssen nämlich annehmen, daß die Funktion unendlich viele außerwesentliche singuläre Stellen besitzt. Wir wissen dann aber nur, daß im Endlichen nicht unendlich viele dieser Stellen liegen können, sondern daß der Condensationspunkt dieser Stellen der Unendlichkeitspunkt ist. Sind $a_1, a_2, a_3 \ldots$ die außerwesentlichen Stellen der Funktion $f(x)$, und wir können eine ganze Funktion (Mit "ganzer Funktion" sind alle beständig convergierende, nach ganzen positiven Potenzen der Variabeln fortschreitende Potenzreihen benannt.) $G_1(x)$ finden, welche für alle Stellen $a$ verschwindet (indem sie jeden der Ausdrücke $(x-a_\nu)^{m_\nu}$ als Faktor hat), so würde $G_1(x) \cdot f(x) = G_2(x)$, einer andern ganzen Funktion, sein, also in der That $f(x) = \frac{G_2(x)}{G_1(x)}$.

Verschwindet eine Funktion $G(x)$ bei $a$ dadurch, daß $G(x) = (x-a)^m \cdot P(x)$ ist, so soll $a$ eine $m$-mal zu zählende Nullstelle von $G(x)$ heißen und $m$ die zu $a$ zugehörige Ordnungszahl.

Wir haben also die Aufgabe zu lösen (um $f(x)$ in die Form $\frac{G_1(x)}{G_2(x)}$ zu bringen): Eine ganze Funktion von $x$ herzustellen, für welche die Reihe der Nullstellen vorgeschrieben ist.

Ist $a_1, a_2 \ldots$ die Reihe der Nullstellen, so würde $G(x) = \prod(x - a_\lambda)$ eine solche Funktion sein, welche für $x = a_1, a_2, \ldots$ verschwindet, oder auch die Funktion $\frac{G(x)}{G(x_0)} = \prod \frac{x - a_\lambda}{x_0 - a_\lambda} = \prod \left(1 + \frac{x - x_0}{x_0 - a_\lambda}\right)$. Dieses Produkt hat aber nur dann einen Sinn, wenn $\sum \frac{x - x_0}{x_0 - a_\lambda} = (x_0 - x) \sum \frac{1}{a_\lambda} \cdot \frac{1}{1 - x_0/a_\lambda}$ convergiert. Diese Reihe wird, da $|a_\lambda|$ mit wachsendem $\lambda$ größer und größer wird und $x_0$ so klein als man will gemacht werden kann, convergieren mit der Reihe $\sum_\lambda \frac{1}{a_\lambda}$. Dann wird also auch die Bildung des Produktes $G(x)$ möglich sein.[1]

---

[1] Gestrichen schließt sich hier im Manuskript der Satz an: "Weierstrass kann zeigen, daß dies schon der Fall ist, wenn die Reihe $\sum_\lambda \left(\frac{1}{a_\lambda}\right)^\mu$ convergiert." Der Leser vergleiche hierzu Kapitel 19.

# Kapitel 16

# Exponentialfunktion

## 16.1 Nullstellenfreie ganze Funktionen

Eine hierher gehörige Frage ist die folgende: "Giebt es ganze Funktionen von $x$, die für keinen Werth von $x$ verschwinden?"

$g(x)$ sei eine solche Funktion. Bildet man dann $\frac{g'(x)}{g(x)}$, so ist dies eine Funktion, die für keinen Werth von $x$ unendlich groß wird, also dargestellt werden kann in der Form einer ganzen Funktion $g_1(x)$. Wir haben also die Differentialgleichung $\frac{g'(x)}{g(x)} = g_1(x)$ zu lösen. Wir betrachten zuerst den Fall, wo $g_1(x)$ eine Constante und zwar gleich 1 ist.

Dann haben wir eine Funktion zu suchen, welche ihrer ersten Ableitung gleich ist, also überhaupt allen ihren Ableitungen. Diese Funktion kann in der That für keinen Werth $x_0$ verschwinden; denn es ist $g(x) = \sum_\nu \frac{g^{(\nu)}(x_0)}{\nu!}(x-x_0)^\nu = g(x_0) \sum_\nu \frac{(x-x_0)^\nu}{\nu!}$. Verschwände also $g(x)$ für $x = x_0$, so würde sie für jeden Werth von $x$ verschwinden. $g(x)$ ist nun gleich $\sum_\nu \frac{g^{(\nu)}(0)}{\nu!} x^\nu = C \cdot \sum_\nu \frac{x^\nu}{\nu!}$. Man zeigt jetzt leicht, daß $g(x)$ beständig convergiert. $\sum_\nu \frac{x^\nu}{\nu!}$ wollen wir durch $E(x)$ bezeichnen. Wenn nun $g_2(x)$ eine beständig convergente Reihe ist, so ist $\frac{d.E(g_2(x))}{dx} = E(g_2(x))g_2'(x)$. Wird also $g_2(x)$ so bestimmt, daß $g_2'(x) = g_1(x)$ ist, so ist $g(x) = E(g_2(x))$ die Lösung obiger Differentialgleichung und der allgemeine Ausdruck für eine Funktion, die für keinen Werth von $x$ verschwindet.

## 16.2 Eigenschaften der Exponentialfunktion, Bild und Urbild

Wir sind bei dieser Untersuchung auf die Funktion $E(x) = \sum \frac{x^\nu}{\nu!}$, die Exponentialfunktion, gekommen, deren Eigenschaften wir jetzt ableiten wollen. Es ist

$$E(x + y) = \sum \frac{E^{(\nu)}(x)}{\nu!} y^\nu = E(x) \sum \frac{y^\nu}{\nu!} = E(x) \cdot E(y).$$

$$\text{I)} \quad E(x + y) = E(x) \cdot E(y).$$

Statt $x$  $x - y$ geschrieben:

$$\text{II)} \quad E(x - y) = \frac{E(x)}{E(y)}.$$

Durch mehrmalige Anwendung von Satz I):

$$\text{III)} \quad E(x_1 + x_2 + \cdots + x_n) = E(x_1) \cdot E(x_2) \cdots E(x_n).$$

Also z.B.

$$E(m_1 x_1 + m_2 x_2 + \cdots + m_\nu x_\nu) = E(x_1)^{m_1} \cdot E(x_2)^{m_2} \cdots E(x_\nu)^{m_\nu}.$$

Diese selbe Formel gilt, wenn einige der Zahlen $m_1, \ldots, m_\nu$ negativ sind.

Aus III): $E(nx) = E(x)^n$; setzen wir $x = 1$, so kommt $E(n) = E(1)^n$. $E(1) = \sum_\nu \frac{1}{\nu!}$ bezeichnen wir durch $e$. Also $E(n) = e^n$ für jedes positive ganze $n$. $E\left(n \cdot \frac{x}{n}\right) = \left(E\left(\frac{x}{n}\right)\right)^n$; also $E(1) = e = \left(E\left(\frac{1}{n}\right)\right)^n$. Daher $E\left(\frac{1}{n}\right) = \sqrt[n]{e}$, wo unter $\sqrt[n]{e}$ der positive (reelle) Wert zu verstehen ist. $E\left(\frac{m}{n}\right) = \frac{E(m)}{E(n)} = \left(\sqrt[n]{e}\right)^m$. Für rationale Argumente ist also die Funktion $E$ die Potenz der Zahl $e$. Daher ist es gerechtfertigt, auch für beliebige complexe Argumente $E(x)$ durch $e^x$ zu bezeichnen.

Bei jeder Funktion drängt sich die Frage auf, ob das Argument so gewählt werden kann, daß die Funktion einen vorgeschriebenen Wert annehmen kann. Da tritt denn der wichtige Satz auf, daß, wenn $f(x) = y$, wo $f(x)$ eine analytische Funktion ist, auch $x$ eine analytische Funktion von $y$ ist, $x = \varphi(y)$.[1]

Zunächst wollen wir für die Exponentialfunktion die bezeichnete Frage lösen.

"Giebt es zu jedem vorgeschriebenen Werthe von $y$ ein Argument $x$, so daß $e^x = y$ ist?"

Es sei $y$ reell und positiv. Betrachten wir nur reelle positive Werthe von $x$, so hat die Exponentialfunktion auch nur positive Werthe größer als 1; für negative Werthe von $x$ ist $e^{+x}$ auch positiv, denn $e^{-x} = 1/e^{+x}$. $e^0$ ist gleich 1. Giebt man in $e^x$ $x$ nur reelle positive Werthe, so kann durch Vergrößerung von $x$ $e^x$ beliebig groß gemacht werden. Ist nun $1 < y < N$, wo $N$ eine beliebige große Zahl ist, und betrachten wir $e^x - y$, so ist diese Differenz für $x = 0$ negativ, für $x = m$, wenn $m$ genügend groß gewählt ist, positiv; also muß zwischen 0 und $m$ <u>mindestens</u> ein Werth von $x$ liegen, der $e^x - y$ zu 0 macht, der also die Gleichung $e^x = y$ befriedigt. Es kann aber auch <u>nur</u> Ein solcher Werth $x_0$ existieren. Denn $e^{x_0 + h}$ ist gleich $y \cdot e^h$, also größer als $y$, und $e^{x_0 - h'} = y/e^{h'}$, also kleiner als $y$.

Ist $y < 1$, so leitet man erst $x'$ her, so daß $e^{x'} = 1/y$; dann ist der gesuchte Werth $x_0 = -x'$.

Es fragt sich nun, ob es noch andere, nicht reelle Werthe von $x$ giebt, etwa $x'$, die die Gleichung $e^{x'} = y$ befriedigen, $y$ immer noch reell und positiv vorausgesetzt. Oben fanden wir, daß es immer einen reellen Werth $x_0$ giebt, so daß $e^{x_0} = y$ ist; ist noch $e^{x'} = y$, so folgt $e^{x' - x_0} = 1$. Es ist also die Frage, ob es complexe Werthe von $x$ giebt, welche der Gleichung $e^x = 1$ Genüge leisten.

---

[1] vergleiche Kapitel 20

Angenommen, für $x = \xi + \eta i$ wäre $e^x = 1$, also $e^\xi \cdot e^{\eta i} = 1$, so müßte auch $e^{\xi - \eta i} = e^\xi \cdot e^{-\eta i} = 1$ sein, denn conjugierte Argumente in die Reihe $e^x = \sum \frac{x^\nu}{\nu!}$ eingesetzt ergeben auch conjugierte Werthe. Aus $e^\xi e^{\eta i} = 1$, $e^\xi e^{-\eta i} = 1$ folgt $e^{2\xi} = 1$. Diese Gleichung ist nach Obigem nicht anders zu erfüllen als durch $\xi = 0$.

Jetzt ist also noch die Frage zu beantworten, ob $\eta$ so bestimmt werden kann, daß $e^{\eta i} = 1$ ist. $e^{\eta i}$ ist gleich $\left(1 - \frac{\eta^2}{2!} + \frac{\eta^4}{4!} - + \ldots\right) + i\left(\eta - \frac{\eta^3}{3!} + \frac{\eta^5}{5!} - + \ldots\right)$. Ich betrachte jetzt die erste Reihe für sich: $\varphi(\eta) = 1 - \left(\frac{\eta^2}{2!} - \frac{\eta^4}{4!} + - \ldots\right)$. Für $\eta = 0$ ist $\varphi(\eta) = 1$. Das $(n+1)^{\text{ste}}$ Glied $a_{n+1}$ der in der Klammer stehenden Reihe giebt durch das $n^{\text{te}}$ Glied $a_n$ dividiert: $\frac{a_{n+1}}{a_n} = \frac{\eta^2 (2n)!}{(2n+2)!} = \frac{\eta^2}{(2n+2)(2n+1)}$. $a_{n+1}$ wird also kleiner als $a_n$, so bald $\eta^2 < 2(n+1)(2n+1)$ wird, für $\eta = 2$ schon vom ersten Gliede an. Die Differenz je zweier auf einander folgender Glieder ist positiv, also $\varphi(2) < 1 - \left(\frac{2^2}{2!} - \frac{2^4}{4!}\right)$, $\varphi(2) < -\frac{1}{3}$. Es giebt daher zwischen 0 und 2 mindestens Einen Werth von $\eta$, für welchen $\varphi(\eta)$ verschwindet. Setzen wir $e^{\eta i} = \varphi(\eta) + i\psi(\eta)$, so wird $e^{-\eta i} = \varphi(\eta) - i\psi(\eta)$, also $\big(\varphi(\eta)\big)^2 + \big(\psi(\eta)\big)^2 = 1$. Ist nun $\eta_0$ ein Werth (zwischen 0 und 2), für welchen $\varphi(\eta_0) = 0$ ist, so ist $\psi(\eta_0) = \pm 1$. Daher $e^{\eta_0 i} = \pm i$ und $e^{4\eta_0 i} = +1$. Damit ist gezeigt, daß $e^{\eta i} = 1$ eine zu befriedigende Gleichung ist.

$\eta'$ sei der kleinste Werth von $\eta$, der $e^{\eta i} = 1$ macht, $\bar{\eta}$ irgend eine andere Lösung derselben Gleichung. $\bar{\eta} = n \cdot \eta' + \eta_1$, also $e^{\bar{\eta} i} = 1 = e^{n \cdot \eta' i} \cdot e^{\eta_1 i} = 1 \cdot e^{\eta_1 i}$. Es muß folglich $\eta_1 = 0$ sein, denn $\eta_1$ ist kleiner als $\eta'$, und $\eta'$ sollte die kleinste Wurzel der Gleichung $e^{\eta i} = 1$ sein. Alle Wurzeln der Gleichung $e^{\eta i} = 1$ sind also Vielfache der kleinsten Wurzel, die man mit $2\pi$ zu bezeichnen pflegt.

$e^{2\pi i} = 1$; $e^{\pi i} = -1$, und $\pi$ ist der kleinste Werth von $\eta$, der die Gleichung $e^{\eta i} = -1$ befriedigt. $\varphi(\eta) = 1 - \frac{\eta^2}{2!} + \frac{\eta^4}{4!} - + \ldots$ ist für $\eta = 0$ gleich 1, und $\varphi(\pi)$ ist, wegen $e^{\pi i} = -1$, auch gleich $-1$. Es muß daher zwischen 0 und $\pi$ ein Werth $\eta_0$ liegen, so daß $\varphi(\eta_0) = 0$ ist. Ich behaupte nun, es giebt nur Einen solchen Werth. Aus $e^{\pi i} = -1$ folgt: $e^{\frac{\pi}{2} i} = \pm i$. $\varphi\left(\frac{\pi}{2}\right)$ muß also gleich 0 sein. Für einen Werth zwischen 0 und $\frac{\pi}{2}$ kann aber $\varphi$ nicht verschwinden; denn wäre $e^{\frac{\eta'}{2} i} = \pm i$, $\frac{\eta'}{2} < \frac{\pi}{2}$, so würde $e^{2\eta' i} = +1$. Nun sollte $\pi$ der kleinste Werth sein, für welchen $e^{2\eta i} = +1$ ist, also kann $\eta'$ nicht existieren. (Daß zwischen $\frac{\pi}{2}$ und $\pi$ kein Werth von $\eta$ liegen kann, für welchen $\varphi(\eta) = 0$, ist leicht zu erkennen.) $\psi\left(\frac{\pi}{2}\right)$ ist gleich $+1$, denn wäre $\psi\left(\frac{\pi}{2}\right) = -1$, so würde $e^{\pi i} = +1$ sein, was nach Obigem nicht angeht.

| $\eta$ | 0 | $\ldots$ | $\frac{\pi}{2}$ |
|---|---|---|---|
| $\varphi(\eta)$ | $+1$ | $\ldots$ | 0 |
| $\psi(\eta)$ | 0 | $\ldots$ | $+1$ |

Durchläuft $\eta$ die Werthe $0 \ldots \frac{\pi}{2}$, so durchläuft $\varphi(\eta)$ die von $+1$ abwärts bis 0, und $\psi(\eta)$ nimmt die Werthe von 0 bis $+1$ an.

Jetzt können wir allgemein die Gleichung $e^x = y$ lösen, wo $y$ irgend eine gegebene complexe Zahl ist, $y = u + vi$, zunächst mit der Bedingung $u^2 + v^2 = 1$. Sind $u$ und $v$ beide positiv, so liegen beide zwischen 0 und 1. Es giebt dann zwischen 0 und $\frac{\pi}{2}$ ein $\eta$, so daß $\varphi(\eta) = u$ wird und folglich $\psi(\eta) = v$. Die Gleichung $e^x = u + iv$ ist also dann zu befriedigen. Ist $y = +u + iv = i(v - ui)$, wo $u$ negativ ist, $-u$ also positiv, so kann jetzt $\eta_1$ gefunden werden, so daß $e^{\eta_1 i} = v - ui$, wegen $e^{\frac{\pi}{2} i} = +i$ also

$e^{(\eta_1 + \frac{\pi}{2})i} = u + vi$. Sind $u$ und $v$ beide negativ, so ist $u + vi = -(-u - vi)$. $\eta_2$ kann so bestimmt werden, daß $e^{\eta_2 i} = -u - vi$. $e^{\pi i}$ ist gleich $-1$, also $e^{(\eta_2 + \pi)i} = u + vi$.

Ist jetzt $y$ eine ganz beliebige imaginäre Größe, $y = u + vi$ und $u^2 + v^2 = r^2$, so ist $y = r\left(\frac{u}{r} + \frac{v}{r}i\right)$. Dann kann $\eta$ so bestimmt werden, daß $e^{\eta i} = \frac{u}{r} + \frac{v}{r}i$, ferner $\xi$ so, daß $e^{\xi} = r$; alsdann ist: $e^{\xi + \eta i} = y$. Zu dieser Lösung der Gleichung $e^x = y$ können noch beliebige Vielfache von $2\pi i$ hinzuaddiert werden, wodurch die allgemeine Lösung der Gleichung erhalten ist. Der Werth von $x$ aus $e^x = y$, dessen Existenz wir so nachgewiesen haben, heißt der Logarithmus von $y$, $x = l(y)$.

# Kapitel 17

# Logarithmusfunktion

## 17.1   Existenz lokaler Logarithmusfunktionen

Wir wollen jetzt die obige Frage, ob zu jedem $y$ ein $x$ gehört, so daß $e^x = y$ ist, in anderer, mehr funktionen-theoretischer Weise erörtern. Wir werden nämlich zeigen, daß aus $e^x = y$ folgt, daß $x$ eine analytische Funktion von $y$ ist. —

Setzen wir $e^x = 1 + z$, so ist $x + \frac{x^2}{2!} + \ldots = z$. Giebt es nun eine Potenzreihe $\lambda(z)$ von $z$, so daß die letzte Gleichung (identisch) befriedigt ist, wenn $x = \lambda(z)$ gesetzt wird?

Wir nehmen die Existenz von $\lambda(z)$ vorläufig an. Dann ist: $e^{\lambda(z)} = 1 + z$, also differenziert: $e^{\lambda(z)}\lambda'(z) = 1$; $\lambda'(z) = \frac{1}{1+z} = 1 - z + z^2 - z^3 + \ldots$, eine Reihe, die für $|z| < 1$ convergiert.

$$\lambda(z) = z - \tfrac{1}{2}z^2 + \tfrac{1}{3}z^3 \ldots = \sum_{\nu=0}^{\infty} (-1)^\nu \frac{z^{\nu+1}}{\nu+1}$$

convergiert also auch für $|z| < 1$. Nun bleibt übrig zu zeigen, daß jetzt wirklich $e^{\lambda(z)} = 1 + z$ ist. Wir setzen:

$$\sum_{\mu=0}^{\infty} \frac{\left(\lambda(z)\right)^\mu}{\mu!} = \chi(z).$$

$\chi(z)$ existiert, da $\lambda(z)$ für $|z| \le \varrho < 1$ gleichmäßig convergiert. Differenzieren wir die Gleichung, so kommt:

$$\lambda'(z) \cdot \chi(z) = \chi'(z). \quad \chi(z) = \chi'(z)(1+z) \qquad \text{B.}$$

$\chi(z)$ ist dieser Gleichung gemäß zu bestimmen. Für $z = 0$ ist $\chi(z) = 1$. Also ist zu setzen: $\chi(z) = 1 + c_1 z + c_2 z^2 + \ldots$. Aus Gleichung B folgt: $(n+1)c_{n+1} + nc_n = c_n$; also $c_{n+1} = c_n \cdot \frac{1-n}{1+n}$. Für $n = 0$ wird $c_1 = c_0 \cdot 1 = 1$. Für $n = 1$ wird $c_2 = c_1 \cdot 0 = 0$, folglich $c_n = 0$ für jedes $n > 1$. Daher ist $\chi(z) = 1 + z$. $\lambda(z)$ befriedigt also in der That die Gleichung $E\big(\lambda(z)\big) = 1 + z$. Setzen wir $1 + z = y$, so können wir das Gefundene auch so aussprechen:

"Ist $y = e^x$, wo $e^x$ definiert ist als Funktion, die ihrer Ableitung gleich ist und welche für $x = 0$ den Werth 1 annimmt, so daß die Gleichung $y = e^x$ auch ersetzt werden kann durch die Differentialgleichung: $dx = \frac{dy}{y}$ mit der Bedingung: $y = 1$ für $x = 0$, so läßt sich ein Funktionen-Element $x = L(y|1)$, nämlich

$$= (y - 1) - \tfrac{1}{2}(y - 1)^2 + \tfrac{1}{3}(y - 1)^3 - \tfrac{1}{4}(y - 1)^4 + \ldots$$

angeben, welches der Differentialgleichung $dx = \frac{dy}{y}$ genügt."

Setzen wir nun das Funktionen-Element $L(y|1)$ fort, so erhalten wir eine analytische Funktion, und für jedes der neu erhaltenen Funktionen-Elemente bleibt obige Differentialgleichung bestehen. Es frägt sich nun, ob für jede Stelle $a$ ein Funktionen-Element $L(y|a)$ hergeleitet werden kann und ob nur eines oder mehrere. Zunächst ist also immer $d.L(y|a) = \frac{dy}{y}$. Diese Gleichung giebt uns die Möglichkeit, $L(y|a)$ direkt zu finden. Nämlich:

$$d.L(y|a) = \frac{dy}{a\left(1 + \frac{y-a}{a}\right)} = dy\left(\frac{1}{a} - \frac{y-a}{a^2} + \frac{(y-a)^2}{a^3} - + \ldots\right),$$

also $L(y|a) = L(a|1) + \frac{y-a}{a} - \frac{1}{2}\frac{(y-a)^2}{a^2} + \frac{1}{3}\frac{(y-a)^3}{a^3} + - \ldots$. Diese Reihe convergiert, wenn $|y - a| < |a|$; also geht ihr Convergenzkreis durch den Null-Punkt.

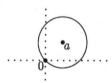

(Wir wollen unter Umgebung eines Punktes schlechthin im Folgenden das Innere des um denselben beschriebenen durch den Nullpunkt gehenden Kreises verstehen.) Es ist nun hervorzuheben, daß aus $L(y|1)$   $L(y|1|a_1), L(y|1|a_1|a_2) \ldots L(y|1|a_1|a_2 \ldots |a_n)$ nur dann hergeleitet werden kann, wenn jeder der Punkte $1, a_1, a_2 \ldots a_n$ in der Umgebung des vorhergehenden liegt. —

Jetzt wollen wir zeigen, daß für jeden Punkt unendlich viele Elemente existieren. Dazu ist Folgendes vorauszuschicken.

## 17.2 Fortsetzung analytischer Funktionen entlang Strecken und in Dreiecken

Wir sagen, ein Element $P(x|a')$ ist <u>direkt</u> aus einem andern $P(x|a)$ hergeleitet, wenn es durch Vermittlung von Stellen $a_1, \ldots, a_n$ geschehn ist, die auf der Verbindungsgeraden von $a$ und $a'$ liegen. (Die Punkte auf der Verbindungsgeraden von $a$ und $a'$ sind durch die Formel gegeben: $a_\mu = a(1 - t) + ta', t = 0 \ldots 1$.)

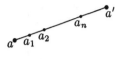

Nun gilt für jede Funktion der wichtige Satz: " Wenn es möglich ist, auf direktem Wege $f(y|a')$ aus $f(y|a)$ herzuleiten, so erhält man immer dasselbe Funktionen-Element $f(y|a')$, wie man auch die vermittelnden Stellen annehmen mag."

Beweis: $y_0, y_1, y_2$ seien drei Stellen, von denen jede in der Umgebung der beiden andern liege. (Dazu ist in unserm Falle nur nöthig, daß der Null-Punkt von allen drei Punkten weiter entfernt ist, als diese unter einander.)

0-Punkt

Dann behaupte ich, daß, wenn aus $F(y|y_0)$ $F(y|y_0|y_1)$ hergeleitet ist und aus letzterem Elemente $F(y|y_0|y_1|y_2) \equiv \overline{\overline{F}}(y|y_2)$, dieses $\overline{\overline{F}}(y|y_2)$ auch erhalten wird durch Umbildung von $F(y|y_0)$ in $F(y|y_0|y_2)$. Dies kann auch so ausgedrückt werden, daß $F(y|y_0|y_1|y_2|y_0) \equiv F(y|y_0)$ ist. $F(y|y_0|y_1|y_2)$ stimmt mit $F(y|y_0|y_1)$ an Stellen in der Umgebung von $y_1$ und also auch in einer gewissen Umgebung von $y_0$ überein. In dieser letzteren Umgebung stimmt aber auch $F(y|y_0|y_1)$ mit $F(y|y_0)$ überein, also auch dies letzte Element mit dem ersten, q.e.d..

Wir wollen jetzt zeigen, daß, wenn $y'$ hinreichend nahe bei $y''$ liegt und es möglich ist, aus einem Funktionenelement $f(y|y_0)$ bei $y_0$ auf direktem Wege $f(y|y_0|y')$ und auch $f(y|y_0|y'')$ herzuleiten, so ist letzteres Element identisch mit $f(y|y_0|y'|y'')$. Fällt $y'$ mit $y''$ zusammen, so geht dieser Satz in den oben erwähnten über, daß bei direkter Ableitung von Funktionen-Elementen die vermittelnden Stellen keinen Einfluß auf das Resultat haben.

Bei der <u>direkten</u> Ableitung eines Funktionenelements $f(y|y')$ aus einem andern $f(y|y_0)$ können zwischen den vermittelnden Stellen noch beliebig viele Stellen eingeschaltet werden, ohne daß dadurch das Endresultat $(f(y|y'))$ modificirt würde.

Zwischen $y_0$ und $y'$ sind nun eine Anzahl von Stellen gegeben zur Vermittlung der Ableitung von $f(y|y')$ aus $f(y|y_0)$; ebenso zwischen $y_0$ und $y''$ zur Ableitung von $f(y|y'')$ aus $f(y|y_0)$. Wir schalten nun noch so viele Stellen ein, daß zwischen $y_0$ und $y'$ ebenso viele vorhanden sind wie zwischen $y_0$ und $y''$ und, was immer zu erreichen ist, daß, wenn $a_1, a_2 \ldots a_n$ die Stellen (die eingeschalteten mitgerechnet) zwischen $y_0$ und $y'$, $a_1', a_2' \ldots a_n'$ die Stellen zwischen $y_0$ und $y''$ sind, je zwei Paar auf einander folgende, wie $a_\nu, a'_\nu$ und $a_{\nu+1}, a'_{\nu+1}$ oder auch $a_n, a'_n$ und $y', y''$, so liegen, daß jede Stelle solcher zwei Paare in der Umgebung jeder der drei andern Stellen sich befinde.

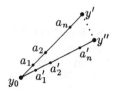

Von solchen vier Stellen $y_0, y_1, y_2, y_3$, von denen jede in der Umgebung der drei übrigen liegt, zeigt man nun in ähnlicher Weise, wie auf p. 137 der entsprechende Satz für drei Stellen $y_0, y_1, y_3$ bewiesen wurde, daß man aus dem Funktionenelement bei $y_0$ dasselbe Funktionenelement bei $y_3$ erhält, ob man letzteres auf unmittelbarem Wege oder durch Vermittelung der Stellen $y_1$ und $y_2$ herleitet. Bei dem Wege $y_0, a_1, a_2, a_3 \ldots a_n, y', y'', a'_n, a'_{n-1} \ldots a'_3, a'_2, a'_1, y_0$, auf welchem man von dem Funktionenelemente $f(y|y_0)$ ausgehend durch unmittelbare Ableitung $f(y|y_0|a_1), f(y|y_0|a_1|a_2) \ldots$ und endlich $f(y|y_0|a_1|\ldots|a'_1|y_0)$ bildet, können die Stellen $y'$ und $y''$ unbeschadet des Endresultats — nämlich des Funktionenelements $f(y|y_0|\ldots|a'_1|y_0)$ — fortgelassen werden. Denn bei der Funktionen-Elementen-Ableitung ist es nach Obigem gleich gültig, ob man von $a_n$ direkt zu $a'_n$ oder über $y', y''$ zu $a'_n$ geht.

Ebenso können auf dem Wege $a_n$ und $a'_n$ fortgelassen werden, dann $a_{n-1}$ und $a'_{n-1}$, ferner $a_{n-2}$ und $a'_{n-2}$ u.s.f.. Schließlich ist es erlaubt, von $y_0$ über $a_1$ und $a'_1$ nach $y_0$ zurückzukehren, auf welch' letzterem Wege man nach p. 137 zu dem Ausgangs-Funktionenelement zurückkommt.

Damit ist bewiesen, daß

$$f(y|y_0) \equiv f(y|y_0|a_1|a_2 \ldots a_n|y'|y''|a'_n \ldots a'_2|a'_1|y_0)$$

ist. Fallen $y'$ und $y''$ zusammen, so geht dieser Satz in den auf p. 137 über.

## 17.3   Hauptzweig des Logarithmus

Kehren wir nun zur Untersuchung des Logarithmus zurück! Bei den Funktionenelementen dieser Funktion gilt unser Satz über drei Stellen $y_0, y', y''$ dann, wenn der Null-Punkt außerhalb des Dreiecks $y_0 y' y''$ liegt, da in letzterem Falle die im Beweise gemachten Voraussetzungen erfüllt sind.

Wenn man nun aus dem Gebiete von $y$ die Gerade ausscheidet, die durch den Nullpunkt und den Punkt $-1$ geht, und verlangt, daß die Herleitung der Funktionenelemente aus $L(y|1)$ nur durch Vermittlung von Punkten geschieht, welche nicht jener ausgeschiedenen Geraden angehören, so zeigt es sich, daß unsere Funktion alsdann eindeutig wird.

Man kann nämlich zunächst von dem Elemente $L(y|1)$ ausgehend, durch direkte Ableitung, für jeden beliebigen Punkt $y_0$, der nicht zu den ausgeschlossenen gehört, ein Funktionenelement $L(y|y_0)$ herleiten. Aus unserem oben abgeleiteten Satze folgt aber, daß man auch bei jedem andern Wege dasselbe Funktionen-Element $L(y|y_0)$ erhält, wenn man nur nicht die ausgeschiedene Gerade auf dem Wege durchkreuzt. Also:

"Es giebt für die Punkte des definierten Bereichs — sämmtliche Punkte der Ebene mit Ausschluß der Punkte der ausgeschiedenen Geraden — eine eindeutige Funktion von $y$, deren Ableitung gleich $\frac{1}{y}$ ist und die für $y = 1$ den Werth 0 annimmt."

Wie verhält sich nun die Funktion in der Nähe der ausgeschlossenen Linie?

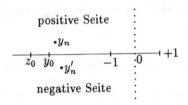

Wir unterscheiden die positive und die negative Seite der Geraden $(\overline{0, -1})$. [Jeder Punkt der Zahlenebene kann in die Form $x = a(1 - t) + a't$ gebracht werden, wo $a$ und $a'$ irgend zwei Punkte sind und $t$ alle complexen Werthe $u + vi$ annehmen kann. Wir sagen, $x$ liegt auf der positiven Seite der Geraden $\overline{aa'}$, wenn $v$ positiv ist, $x$ liegt auf der negativen Seite, wenn $v$ negativ ist. Ist $v = 0$, so liegt $x$ auf der Geraden selbst.] $y_n$ und $y'_n$ seien zwei in der Umgebung von $y_0$ — $y_0$ ein Punkt der Geraden $(0, -1)$ — liegende Stellen, $y_n$ auf der positiven, $y'_n$ auf der negativen Seite der Geraden. Bei Ausschluß der Punkte der letztern (Geraden) sind, wie oben entwickelt, für $y_n$ und $y'_n$ die Elemente $L(y|y_n)$ und $L(y|y'_n)$ eindeutig bestimmt. Es ist nun die Frage, ob die Elemente $L(y|y_n|y_0)$ und $L(y|y'_n|y_0)$ mit einander identisch sind oder nicht. —

Bezeichnen wir durch $l^+(y_0)$ und $l^-(y_0)$ die Werthe, die unsere Funktion an der Stelle $y_0$ annimmt, je nachdem wir sie (vom Punkt $+1$ ausgehend) auf der positiven oder negativen Seite der Geraden $(0, -1)$ fortsetzen, so soll zunächst gezeigt werden, daß $l^+(y_0)$ conjugiert imaginär zu $l^-(y_0)$ ist. Die die Herleitung von $l^+(y_0)$ vermittelnden Stellen seien $y_1, y_2, y_3 \ldots y_n$, die $l^-(y_0)$ vermittelnden $y'_1, y'_2, y'_3 \ldots y'_n$ und zwar seien — was wegen des Satzes p. 137 angeht — $y_r$ und $y'_r$ immer conjugierte Punkte. Dann ist aus den p. 136 für $L(y|1)$ und $L(y|a)$ hergeleiteten Reihen klar, daß die bei $y_1$ und $y'_1$ zu erhaltenden Funktionswerthe conjugiert imaginär sind, ferner die aus letztern zu erhaltenden Funktionswerthe von $y_2$ und $y'_2$ ebenfalls, ebenso die von $y_3$ und $y'_3$ u.s.f., bis schließlich auch die von $y_n$ und $y'_n$.

Daraus folgert man endlich, da $y_0$ sich selbst conjugiert ist, daß der aus dem Funktionenelemente $L(y|y_n)$ hergeleitete Werth von $l^+(y_0)$ conjugiert imaginär zu dem aus $L(y|y'_n)$ hergeleiteten Werth $l^-(y_0)$ ist.

Die Elemente $L^+(y|y_0)$ und $L^-(y|y_0)$ können sich aber nur um eine Constante unterscheiden, da ihre Ableitungen einander gleich sind (nämlich gleich $\frac{1}{y}$). Dieser Unterschied kann ferner, da $l^+(y_0)$ conjugiert zu $l^-(y_0)$ ist, nur eine rein imaginäre Größe sein. Diese Differenz ist außerdem unabhängig von der Stelle $y_0$ der Geraden

$(0, -1)$.

Denn liegt $z_0$ nahe genug bei $y_0$ (auf der betreffenden Geraden), so ist es gleich gültig, ob man von $y_n$ direkt zu $z_0$ oder über $y_0$ zu $z_0$ bei der Herleitung des Funktionenelementes von $z_0$ geht.

Wir können jetzt zur Herleitung der constanten Differenz einen beliebigen Punkt der Geraden $(\overline{0, -1})$ nehmen und wählen den Punkt $-1$. $l^-(-1) - l^+(-1)$ soll durch $2\pi i$ bezeichnet werden. (Der numerische Werth von $\pi$ wurde oben schon auf anderm Wege abgeleitet.)

## 17.4   Der Logarithmus als unendlich-vieldeutige Funktion

Aus dem Elemente $L(y|1)$ leite man auf beliebigem Wege andere Elemente her und kehre schließlich wieder zum Punkt 1 zurück. Das so bei 1 entstehende Schluß-Element sei $\overline{L}(y|1)$. Wir wollen nun zeigen, daß letzteres sich von dem Elemente $L(y|1)$ nur um ein Vielfaches von $2\pi i$ unterscheiden kann. —

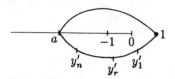

Man leite aus $L(y|1)$   $L^+(y|1|a)$ und $L^-(y|1|a)$ her ($a$ ein Punkt der Geraden $(\overline{0, -1})$). Es ist zunächst klar, daß sich $L^+(y|1|a)$ und $L^-(y|1|a)$ nur durch eine Constante unterscheiden können, da sie dieselben Ableitungen nach $y$ — nämlich $\frac{1}{y}$ — haben. Da nun $l^-(a) - l^+(a) = 2\pi i$ ist (siehe oben), so muß auch $L^-(y|1|a) - L^+(y|1|a) = 2\pi i$ sein. Betrachten wir nun das durch $L^-(y|1|a)$ und $L^+(y|1|a)$ definierte System von Funktionen und setzen dasselbe etwa auf dem Wege $a, y'_n \ldots y'_r \ldots y'_1, 1$ nach 1 fort, so müssen die so bei 1 erhaltenen neuen Elemente auch die Differenz $2\pi i$ haben. (Siehe p. 122.) Aus $L^-(y|1|a)$ erhält man aber auf diesem Wege $L(y|1)$ wieder, und aus $L^+(y|1|a)$ möge $\overline{L_1}(y|1|a)$ entstehen, so ist also $L(y|1) - \overline{L_1}(y|1) = 2\pi i$.

Daher: Geht man von 1 zu 1 zurück auf einem Wege, der die ausgeschlossene Gerade einmal trifft, so erhält man aus dem Ausgangs-Element ein neues $(\overline{L_1}(y|1))$, welches sich von ersterem um $2\pi i$ unterscheidet. Trifft jener Weg die ausgeschlossene Gerade $n$-mal, so ist der Unterschied des Ausgangs- und des Endelementes $2n\pi i$. Und endlich — wie nicht weiter ausgeführt werden soll —:

"Zieht man von irgend einem Punkte $a$ aus, zu diesem zurückkehrend, eine geschlossene Linie um den Nullpunkt, und durchläuft man diese Linie, mit dem Elemente $L(y|a)$ ausgehend, $n$-mal, so erhält man schließlich ein Element $L_{(n)}(y|a)$, welches sich von $L(y|a)$ um $2n\pi i$ unterscheidet." (Ob um $+2n\pi i$ oder $-2n\pi i$ hängt von der Richtung ab, in welcher man die Linie durchläuft.)

Der Logarithmus gab uns ein Beispiel einer unendlich-vieldeutigen Funktion. In folgender Weise erhalten wir aus ihm ein- und $n$-deutige Funktionen.

Es sei $y = e^x$ (also $x = l(y) + 2r\pi i$, $l(y)$ ein Werth, für welchen $e^{l(y)} = y$, wo $r$ alle positiven und negativen ganzen Zahlen durchlaufen kann) und $z = e^{mx}$, so ist $z$ auch eine Funktion von $y$. Nämlich $z = e^{ml(y)+2rm\pi i} = e^{ml(y)} \cdot e^{2rm\pi i}$. Ist $m$ eine ganze Zahl, so ist $e^{ml(y)+2rm\pi i} = e^{ml(y)+2r'm\pi i}$, da $e^{2rm\pi i} = e^{2r'm\pi i} = 1$ ist, also $z$ eine eindeutige Funktion von $y$. Ist aber $m$ eine gebrochene Zahl, etwa gleich $\frac{a}{n}$, so sind die Werthe

$$e^{\frac{a}{n}l(y)} + 2\frac{a}{n}\pi i, \ e^{\frac{a}{n}l(y)} + 4\frac{a}{n}\pi i, \ e^{\frac{a}{n}l(y)} + 6\frac{a}{n}\pi i \ \dots \ e^{\frac{a}{n}l(y)} + 2n \cdot \frac{a}{n}\pi i$$

von einander verschieden. Wir haben also in diesem Falle eine $n$-deutige Funktion. ($z$ ist gleich $y^m$; $y^m$ hat also nur Einen Werth, wenn $m$ eine ganze Zahl ist, aber $n$ Werthe, wenn $m$ ein Bruch mit dem Nenner $n$ ist.)

# Kapitel 18

# Zweige analytischer Funktionen

"Jede analytische Funktion läßt sich durch Beschränkung ihres Gültigkeitsbereichs zu einer eindeutigen analytischen Funktion machen."

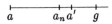

Für die Stelle $a$ sei ein Funktionenelement $f(x|a)$ definiert. Setzt man dasselbe nach $a'$ fort, indem man nur Punkte der Geraden $aa'$ zu vermittelnden Stellen nimmt, so gilt der Satz, daß das resultierende Funktionenelement $f_1(x|a')$ unabhängig von der Wahl der vermittelnden Stellen ist.

Für den Abstand $aa'$ des Punktes $a'$ von $a$ giebt es eine obere Grenze, $ag$, so daß, von dem Punkte $a$ ausgehend, für jeden zwischen $a$ und $g$ liegenden Punkt der Geraden Funktionenelemente abzuleiten möglich sind; an der Stelle $g$ und an den über $g$ hinaus liegenden Stellen der Geraden darf sie sich nicht (durch direkte Ableitung) von $a$ aus entwickeln lassen.

Auf einer jeden durch $a$ gehenden Geraden giebt es eine solche obere Grenze $g$, und alle diese Grenzpunkte bestimmen ein gewisses um $a$ herum liegendes Gebiet. Innerhalb der so definierten Umgebung von $a$ existiert eine bestimmte Größe, die an jeder Stelle $x'$ des Gebietes einen bestimmten Werth hat und durch $P(x|x')$ dargestellt werden kann; es ist daher in dieser Umgebung eine eindeutige analytische Funktion definiert. Das resultierende Funktionenelement ist für einen Punkt des Gebiets immer dasselbe, wie man es auch herleiten mag, vorausgesetzt, daß man das Gebiet (die Umgebung von $a$) nicht verläßt. Ein solches Gebiet soll ein Zweig der durch $f(x|a)$ definierten Funktion heißen. Für jeden Punkt $b$ eines solchen Zweiges $A$ (der als Ausgangsstelle den Punkt $a$ hat) giebt es Einen neuen Zweig $B$, und so erhält man unendlich viele Zweige der Funktion, indem man für jede nicht singuläre Stelle Einen erhält.

Es soll jetzt der Fall näher betrachtet werden, daß die durch $f(x|a)$ definierte analytische Funktion nur eine endliche Anzahl von Stellen $a'$ besitzt, an welchen die Entwicklung der Funktion in eine (ganze) Potenzreihe nicht möglich ist. $a_1, a_2,$ $a_3 \ldots a_n$ seien solche Stellen. $a$ sei eine Stelle, für welche die Verbindungsgeraden $aa_1, aa_2 \ldots$ ganz außer einander fallen.

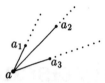

Der Zweig um $a$ wird nun nur begrenzt sein durch die Punkte $a_1, a_2 \ldots a_n$, indem man nur in einer Richtung $\overline{aa_i}$ auf eine Grenzstelle $g$ kommt; diese Stelle ist $a_i$ selbst. Die Funktion ist also eindeutig über die ganze Ebene bestimmt mit Ausnahme der über $a_1, a_2 \ldots a_n$ hinaus liegenden Punkte der Geraden $aa_1, aa_2 \ldots aa_n$. Aber auch für diese Stellen ist die Funktion definiert. Es ist nämlich klar, daß der Convergenzkreis einer jeden Stelle durch denjenigen der Punkte $a_1, a_2 \ldots a_n$ gehen muß, der ihr am nächsten liegt.

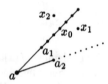

Ist $x_0$ ein Punkt einer der ausgeschlossenen Geraden, so kann man bei ihm einen Punkt $x_1$ so nahe annehmen, daß $x_0$ in dem Convergenzkreis von $x_1$ liegt, und so, daß man aus dem Funktionenelemente bei $x_1$ einen bestimmten Werth der Funktion an der Stelle $x_0$ erhält.

Man kann aus dem ursprünglich gegebenen Element $f(x|a)$ direkt $f(x|a|x_1)$, daraus $f(x|a|x_1|x_0)$ und hieraus $f(x|a|x_1|x_0|x_2)$, wo $x_2$ in dem Convergenzbezirk des Elementes bei $x_0$ liegen muß, und schließlich kann man zu $a$ zurückkehrend $f(x|a|x_1|x_0|x_2|a) \equiv f_1(x|a)$ herleiten. Dieses Funktionenelement wird im allgemeinen von $f(x|a)$ verschieden und also einen neuen Zweig um $a$ bestimmen. Man kann aber auch erst für $x_2$ das Element herleiten, dann für $x_0$, für $x_1$ und schließlich (nach $a$ direkt zurück kehrend) für $a$, wodurch man wieder ein anderes Funktionenelement $f_2(x|a)$ und mit ihm wieder einen neuen Zweig der Funktion erhält. Die beiden so erhaltenen Zweige $f_1$ und $f_2$ der Funktion sind unabhängig von der Lage des Punktes $x_0$, wie sich leicht zeigen läßt.

Man erhält also aus jedem Zweige $2n$ neue, wenn $n$ Stellen $a_1, a_2 \ldots a_n$ vorhanden sind. Aus diesen Zweigen können in derselben Weise wieder neue Zweige hergeleitet werden u.s.f..

Es ist also in jedem einzelnen Falle eine Hauptfrage, was aus einem Funktionenelemente wird, wenn man von ihm ausgehend auf einem Wege zu ihm zurückkehrt, welcher einen der $n$ Punkte $a_1, \ldots, a_n$ einschließt.

Zu den eben betrachteten Funktionen gehören die algebraischen Funktionen. Eine Gleichung $F(x,y) = 0$ vom $n^{\text{ten}}$ Grade in $y$ bestimmt $y$ als Funktion von $x$. Die Gleichung $F = 0$ wird für jedes Element der Funktion gelten, so daß sie höchstens $n$ Zweige haben kann, da die Gleichung nur $n$ Wurzeln für $y$ ergiebt.

Zu diesen Funktionen gehören auch die durch lineare Differentialgleichungen bestimmten Funktionen, also durch Gleichungen von der Form:

$$\frac{d^n y}{dx^n} + f_1(x)\frac{d^{n-1}y}{dx^{n-1}} + \cdots + f_n(x)y + f_{n+1}(x) = 0,$$

wo die $f_\nu(x)$ algebraische Funktionen von $x$ sind. Die singulären Stellen der Funktionen, die durch solche Gleichungen bestimmt sind, sind nämlich die Unendlichkeitsstellen der Funktionen $f_\nu(x)$, und deren giebt es nur in endlicher Anzahl.

# Kapitel 19

# Weierstraßscher Produktsatz

## 19.1 Beweis des Weierstraßschen Produktsatzes

Wir kehren jetzt zu der auf p. 130 gestellten Aufgabe zurück, nämlich eine ganze Funktion von $x$ zu finden, für welche die Reihe der Nullstellen vorgeschrieben ist. Diese Stellen seien: $a_1, a_2, a_3 \ldots$. Sie sind der Bedingung unterworfen, daß in einem endlichen Bereiche nur endlich viele sind. Man kann sich die Reihe der Größen $a$ so ordnen, daß jede einen größern oder gleichen absoluten Betrag als alle vorhergehenden hat. $a_n$ wird dann mit wachsendem $n$ unendlich groß.

Wir haben also jetzt eine Funktion $f(x)$ herzustellen, so daß $f(x)$ in die Form $(x-a)^m g(x)$ gebracht werden kann, wenn $a$ irgend eine unter den Zahlen(Größen) der Reihe $a_1, a_2, a_3 \ldots$ und $m$ die Zahl, wie oft $a$ in dieser Reihe vorkommt, bedeutet.

Es ist

$$\frac{1}{1-x} = \sum_{r=0}^{\infty} x^r = \frac{d}{dx} \sum_{r=0}^{\infty} \frac{x^{r+1}}{r+1}$$

für $|x| < 1$, also

$$\frac{1}{1-x} = e^{\sum_{r=0}^{\infty} \frac{x^{r+1}}{r+1}},$$

oder

$$(1-x) = e^{-\sum_{r=0}^{\infty} \frac{x^{r+1}}{r+1}}$$

für $|x| < 1$.

Wir setzen nun:[1]

$$E(x,0) = 1-x, \ E(x,1) = (1-x)\,e^x \ldots E(x,m) = (1-x)\,e^{x + \frac{x^2}{2} + \frac{x^3}{3} + \cdots + \frac{x^m}{m}}.$$

---

[1] HURWITZ schreibt in den nächsten beiden Formelzeilen noch irrtümlich "$E(x|0)$" statt "$E(x,0)$", entsprechend "$E(x|1)$" und "$E(x|m)$".

Dann ist auch, immer unter der Bedingung $|x| < 1$:

$$E(x,m) = e^{-\sum_{r=m}^{\infty} \frac{x^{r+1}}{r+1}} = e^{-\sum_{r=1}^{\infty} \frac{x^{m+r}}{m+r}}.$$

Bezeichnen wir als eindeutige Primfunktion von $x$ eine solche Funktion, die nur eine wesentlich singuläre Stelle und Eine oder keine Nullstelle hat, so können wir sagen, daß die Funktion

$$E\left(\tfrac{x}{a},m\right) = \left(1 - \tfrac{x}{a}\right) e^{\frac{x}{a} + \frac{1}{2}\left(\frac{x}{a}\right)^2 + \cdots + \frac{1}{m}\left(\frac{x}{a}\right)^m}$$

eine Primfunktion ist, welche ihre wesentlich singuläre Stelle im Unendlichen hat und an der Stelle $x = a$ verschwindet.

Bilden wir versuchsweise das Produkt

$$\prod = E\left(\tfrac{x}{a_1},m_1\right) \cdot E\left(\tfrac{x}{a_2},m_2\right) \cdots E\left(\tfrac{x}{a_n},m_n\right) \ldots \text{in inf.},$$

so wird dies, für den Fall, daß es gleichmäßig convergiert, eine Funktion sein, wie wir sie suchen.

Zunächst setze ich für $x$ eine obere Grenze fest; $x$ soll in der folgenden Betrachtung immer kleiner als $g$ sein, eine willkürlich, aber bestimmt angenommene endliche Größe.

Es wird dann unter den Quotienten $\left|\tfrac{x}{a_\nu}\right|$ nur eine endliche Anzahl geben, die größer als 1 sind, denn die Reihe $a_1, a_2 \ldots a_\nu \ldots$ soll ja ins Unbegrenzte mit $\nu$ wachsen $\left(\lim_{\nu=\infty} a_\nu = \infty\right)$. $\left|\tfrac{x}{a_\nu}\right|$ sei kleiner als 1 für $\nu \geq n$.

Nun zerlegen wir $\prod$ in folgender Weise:

$$
\begin{aligned}
\prod &= \prod_{\nu=1}^{n-1} E\left(\tfrac{x}{a_\nu},m_\nu\right) \cdot \prod_{n}^{\infty} E\left(\tfrac{x}{a_\nu},m_\nu\right)\\
&= \prod_{\nu=1}^{n-1} E\left(\tfrac{x}{a_\nu},m_\nu\right) \cdot e^{-\sum_{\nu=n}^{\infty}\sum_{r=1}^{\infty} \frac{x^{m_\nu+r}}{(m_\nu+r)a_\nu^{m_\nu+r}}}.
\end{aligned}
$$

Jetzt kommt es nur darauf an, die Größen $m_\nu$ so zu wählen, daß

$$S = \sum_{\nu=n}^{\infty}\sum_{r=1}^{\infty} \frac{x^{m_\nu+r}}{a_\nu^{m_\nu+r}(m_\nu+r)}$$

convergiert für $|x| < g$. Nun ist

$$S < \sum_{\nu=n}^{\infty}\sum_{r=1}^{\infty} \left|\frac{x}{a_\nu}\right|^{r+m_\nu},$$

also in Bezug auf $r$ summiert

$$S < \sum_{\nu=n}^{\infty} \frac{1}{1 - \left|\frac{x}{a_\nu}\right|} \left|\frac{x}{a_\nu}\right|^{m_\nu+1}.$$

Nun überschreitet $\dfrac{1}{1-\left|\frac{x}{a_\nu}\right|}$ nicht eine gewisse Grenze $k$, also

$$S < k \sum \left|\frac{x}{a_\nu}\right|^{m_\nu+1}.$$

Diese letzte Summe convergiert aber gewiß, wenn man setzt:

$$m_1 = 0, \; m_2 = 1, \ldots, m_\nu = \nu - 1, \ldots,$$

also convergiert in diesem Falle auch $S$.

Wir können nun die Doppelsumme $S$ in eine Potenzreihe $P(x,n)$ verwandeln; $e^{-P(x,n)}$ läßt sich dann weiter in eine Potenzreihe entwickeln. ($x$ muß zunächst natürlich immer kleiner als $g$ angenommen sein.)

$$e^{-P(x,n)} = 1 + B_1^{(n)} x + B_2^{(n)} x^2 + \ldots.$$

Jetzt bilden wir

$$f(x,n) = \prod_{\nu=0}^{n-1} E\left(\frac{x}{a_\nu}, m_\nu\right) e^{-P(x,n)},$$

und $f(x,n)$ läßt sich jetzt auch nach Potenzen von $x$ entwickeln. $f(x,n)$ convergiert sicher, wenn $|x| < g$ ist. Es soll nun gezeigt werden, daß $f(x,n)$ von $n$ unabhängig ist.

In der That, es ist

$$f(x,n+1) = E\left(\frac{x}{a_n}, m_n\right) e^{-P(x,n+1)+P(x,n)} f(x,n)$$

und

$$e^{-P(x,n+1)+P(x,n)} = e^{+\sum \frac{1}{r+m_n}\left(\frac{x}{a_n}\right)^{r+m_n}} = \left(E\left(\frac{x}{a_n}, m_n\right)\right)^{-1},$$

so daß

$$f(x,n+1) = f(x,n) = \ldots = f(x,1),$$

wobei $x$ der Beschränkung unterworfen war $|x| < g$.

Wir können jetzt aber schließen, daß $f(x,1) = f(x)$ beständig convergiert, denn man kann für jedes beliebige $x$ eine Zahl $n$ finden, so daß $f(x,n)$ und also auch $f(x,1)$ convergiert.

Es ist

$$f(x) = e^{-P(x,1)} = 1 + B_1 x + B_2 x^2 + \ldots = \prod_{\nu=0}^{n-1} E\left(\frac{x}{a_\nu}, m_\nu\right) e^{-P(x,n)}.$$

Aus dieser letzten Darstellung von $f(x)$ ist ersichtlich, daß $f(x)$ für jede Stelle $a_s$ verschwindet. Denn man kann $n$ so groß wählen, daß in dem Produkt $\prod_{\nu=0}^{n-1} E\left(\frac{x}{a_\nu}, m_\nu\right)$ der Faktor $E\left(\frac{x}{a_s}, m_s\right)$ vorkommt; da dieser für $x = a_s$ verschwindet und $e^{-P(x,n)}$

einen endlichen Werth für $x = a_s$ hat (wenn $n$ genügend groß gewählt wurde), so verschwindet $f(x)$ an der Stelle $x = a_s$.

Da $P(x,n)$ für unendlich großes $n$ unendlich klein wird, so können wir $f(x)$ auch so schreiben:

$$f(x) = \prod_{\nu=0}^{\infty} E\left(\tfrac{x}{a_\nu}, m_\nu\right).$$

Die wesentlich singuläre Stelle von $f(x)$ ist die Unendlichkeitsstelle; ihre Nullstellen bilden die vorgeschriebene Reihe: $a_1, a_2, a_3 \dots$.

Kommt in der Reihe der $a$ der Werth 0 $\mu$-mal vor, so setze man jedes $E\left(\tfrac{x}{0}, m_\nu\right) = x$ selber. Dann hat also die gesuchte Funktion die Form

$$f(x) = x^\mu \prod_{\nu=0}^{\infty} E\left(\tfrac{x}{a_\nu}, m_\nu\right).$$

Übrigens befriedigt nicht nur $f(x)$ die gegebenen Bedingungen, sondern auch $f(x) \cdot e^{g(x)}$, wo $g(x)$ irgend eine ganze (und beständig convergierende) Funktion ist. Indem aber $g(x)$ in unendlich vielfacher Weise zerlegt werden kann in

$$g_0(x) + g_1(x) + g_2(x) + \dots \text{in inf.},$$

so können wir $f(x)e^{g(x)}$ wieder in die Form von $f(x)$ bringen, nämlich

$$f(x) \cdot e^{g(x)} = x^\mu \prod_{\nu=0}^{\infty} \left\{ E\left(\tfrac{x}{a_\nu}, m_\nu\right) e^{g_\nu(x)} \right\}.$$

Die allgemeinste Form einer Primfunktion ist $(\alpha + \beta x)e^{g(x)}$, wo $g(x)$ eine rationale und ganze Funktion ist. Wir können daher sagen, jede ganze Funktion läßt sich in Primfunktionen zerlegen.

## 19.2   Beispiel

$$\frac{\sin(x\pi)}{\pi} = x \prod_{\nu=-\infty}^{+\infty}{}' \left\{ \left(1 - \tfrac{x}{\nu}\right) e^{\tfrac{x}{\nu}} \right\}.$$

(Das Komma deutet an, daß der Werth $\nu = 0$ ausgeschlossen ist.) Die Nullstellen von $\sin(x\pi)$ sind nämlich $\pm 1, \pm 2, \dots$, und die $\sum_\nu \left|\tfrac{x}{a_\nu}\right|^{m_\nu + 1}$ convergiert schon, wenn $m_\nu = 1$ gesetzt wird (siehe p. 149). Das Produkt für $\frac{\sin(x\pi)}{\pi}$ convergiert unbedingt; wir können also je zwei Glieder, etwa die, für welche $\nu$ gleichen, aber entgegengesetzten Werth hat, zusammenfassen. Thut man dies, so erhält man die bekannte Formel

$$\frac{\sin(x\pi)}{\pi} = x \prod_{\nu=1}^{\infty} \left(1 - \frac{x^2}{\nu^2}\right).$$

Die Funktion $P = x \prod \left\{ \left(1 + \frac{x}{\nu}\right) e^{-\frac{x}{\nu}} \right\}$ ist beständig convergent und von $\frac{1}{\Gamma(x)}$ nur um eine Constante verschieden. $\frac{1}{\Gamma(x)}$ ist nämlich definiert als

$$x \prod \left(1 + \frac{x}{\nu}\right) \left(\frac{\nu}{\nu-1}\right)^{-x} = x \prod \left(1 + \frac{x}{\nu}\right) e^{-x \, l\left(\frac{\nu}{\nu-1}\right)} = x \prod \left(1 + \frac{x}{\nu}\right) e^{x \, l\left(1 - \frac{1}{\nu}\right)}.$$

Entwickelt man nun $l\left(1 - \frac{1}{\nu}\right)$ nach Potenzen von $\frac{1}{\nu}$, so sieht man, daß $P$ in der That nur um eine Constante von $\frac{1}{\Gamma(x)}$ verschieden ist.[2]

## 19.3 Umkehrung des Konvergenzkriteriums für das Produkt

"Ist $\prod \left(1 - \frac{x}{a_\nu}\right) e^{G_\nu(x)}$ convergent und $G_\nu(x)$ eine ganze rationale Funktion, deren Grad die Zahl $\lambda$ nicht überschreitet[3], so muß $\sum \left|\frac{1}{a_\nu}\right|^\lambda$ convergent sein."

Nimmt man nämlich die logarithmische Ableitung von $f(x) = \prod \left(1 - \frac{x}{a_\nu}\right) e^{G_\nu(x)}$, so kommt

$$\frac{f'(x)}{f(x)} = \sum \left(\frac{1}{x - a_\nu} + G'_\nu(x)\right).$$

Differentiert man jetzt noch $(\lambda - 1)$-mal, so fallen die Funktionen $G(x)$ alle fort, und man sieht, daß $\sum \left|\frac{1}{a_\nu}\right|^\lambda$ convergieren muß.

## 19.4 Darstellung meromorpher Funktionen

"Allgemeiner Ausdruck einer eindeutigen Funktion, die nur eine wesentlich singuläre Stelle im Unendlichen besitzt und eine unendliche Anzahl von außerwesentlichen Stellen, von denen nur eine endliche Anzahl in einem endlichen Bereiche liegt."

Man stelle eine Funktion $f_1(x)$ her, die an allen außerwesentlichen Stellen der gesuchten Funktion $f(x)$ verschwindet; dann ist $f(x) \cdot f_1(x) = f_2(x)$ eine Funktion, die keine außerwesentliche Stelle mehr besitzt. Also $f(x) = \frac{f_1(x)}{f_2(x)}$ ist der gesuchte Ausdruck.

$G_1\left(\frac{1}{x-a}\right) / G_2\left(\frac{1}{x-a}\right)$ ist eine Funktion, die nur eine wesentlich singuläre Stelle, nämlich $a$, besitzt.

Eine Funktion, die eine geschlossene Anzahl von singulären Stellen $c_\nu$ hat, ist

$$\frac{\sum_\nu G_\nu\left(\frac{1}{x-c_\nu}\right)}{\sum_\nu \overline{G_\nu}\left(\frac{1}{x-c_\nu}\right)}$$

---

[2]Die Bedeutung, die damals dieser Darstellung der Gammafunktion zugemessen wurde, wird deutlich durch den Auszug aus dem Brief von HERMITE an LIPSCHITZ vom 31. Dezember 1878, der abgedruckt ist auf den Seiten 139–140 von Band 2 der Reihe "Dokumente zur Geschichte der Mathematik".

[3]gemeint ist offenbar: "deren Grad echt kleiner als die (ganze) Zahl $\lambda$ ist"

(Ist $c_\nu$ unendlich groß, so ist $\frac{1}{x-c_\nu}$ als $x$ aufzufassen.), oder in anderer Form

$$\frac{\prod G_\nu(\frac{1}{x-c_\nu})}{\prod \overline{G_\nu}(\frac{1}{x-c_\nu})} \, R^*(x),$$

wo $R^*(x)$ eine rationale Funktion ist, die nur an den Stellen $c_\nu$ verschwindet und nur an solchen Stellen unendlich groß wird.

(Siehe Weierstraß, Eindeutige analytische Funktionen.[4])

---

[4]In diesem Artikel ("Zur Theorie der eindeutigen analytischen Functionen", Aus den Abhandlungen der Königl. Akademie der Wissenschaften vom Jahre 1876, in WEIERSTRASS: Mathematische Werke, Band 2, S. 77–124) beweist WEIERSTRASS den Produktsatz und zieht, ausführlicher als in dieser Vorlesung, die sich daraus ergebenden Folgerungen für die Darstellung analytischer Funktionen mit (isolierten) singulären Stellen.

# Kapitel 20

# Über die Umkehrbarkeit analytischer Funktionen

## 20.1 Satz über implizite Funktionen für Potenzreihen in mehreren Veränderlichen

Es sei

$$y - b = f(x|a) = A_1(x - a) + A_2(x - a)^2 + \ldots \qquad 1.$$

Es fragt sich, ob durch diese Gleichung nicht nur $y$ als Funktion von $x$, sondern auch umgekehrt $x$ als Funktion von $y$ definiert ist. Formell kann man, nach der Methode der unbestimmten Coefficienten, eine Reihe $P(y - b)$ finden, welche, an Stelle von $(x - a)$ in (1) eingesetzt, diese zu einer identischen macht. Es bleibt dann noch nachzuweisen, daß die so erhaltene Potenzreihe einen Convergenzbezirk besitzt.

Wir wollen sämmtliche Werthsysteme $(x, y)$, welche die Gleichung (1) befriedigen, ein analytisches Gebilde im Gebiete der Größen $(x, y)$ nennen; dann werden wir nachweisen, daß die Gleichung $y - b = f(x|a)$ dasselbe analytische Gebilde darstellt wie die Gleichung $(x - a) = P(y - b)$. —

Sind, allgemeiner, die Variabeln $x_1, x_2 \ldots x_n$ alle Funktionen einer, $x_\nu$, unter ihnen, so nennen wir die durch jene Funktionen definierten Werthesysteme ein analytisches Gebilde im Gebiete jener Variabeln.

Wir werden zeigen, daß alle obige Variabele dann als Funktionen einer einzigen willkürlich unter ihnen ausgewählten dargestellt werden können, ohne aufzuhören, dasselbe analytische Gebilde darzustellen.

"Es sei

$$F(x, u_1, u_2, \ldots u_n) = 0,$$

wo $F$ eine Potenzreihe der Größen $x, u_1, \ldots u_n$ bedeute, die für $x = u_1 = u_2 = \ldots = u_n = 0$ verschwinde. Man soll $x$ als Potenzreihe von $u_1, \ldots u_n$ darstellen."

Wir zerlegen $F$ in das von den $u$ unabhängige Glied und das von diesen Größen abhängige:

$$F = F_0(x, 0, 0 \ldots 0) + F_1.$$

$F_0$ wird jetzt die Form haben

$$F_0 = x^\mu(a_0 + a_1 x + \ldots),$$

wo $\mu \geq 1$ ist, da $F_0$ für $x = 0$ verschwinden soll.

In dem Falle nun, daß $\mu = 1$ ist, kann man zeigen, daß es eine und nur eine Potenzreihe von $u_1, u_2 \ldots u_n$ giebt, die für $x$ in $F(x, u_1, u_2 \ldots u_n)$ substituiert diese Potenzreihe zu Null macht, wobei für die Größen $u$ gewisse Grenzen festgesetzt worden sind.

Dazu führt folgende Betrachtung:

Es sei $f(x) = a_0 + a_1 x + a_2 x^2 + \ldots$ in inf., und $f(x)$ verschwinde für $x = x_1, x_2, x_3 \ldots$. Diejenigen unter diesen Wurzeln von $f(x) = 0$, deren absoluter Betrag kleiner als $r$ ist, seien $x_1, x_2, \ldots x_\varrho$. In der Nähe des Punktes $x_1$ wird sich $f(x)$ so darstellen lassen:

$$f(x) = (x - x_1)^{\lambda_1} \left(a_0' + a_1'(x - x_1) + \ldots\right), \quad |a_0'| \neq 0,$$

also

$$\frac{f'(x)}{f(x)} = \frac{\lambda_1}{x - x_1} + P(x|x_1).$$

$\lambda_1$ heißt die zu der Wurzel $x_1$ von $f(x) = 0$ gehörige Ordnungszahl. $\lambda_2, \lambda_3 \ldots \lambda_\varrho$ seien die zu $x_2, x_3 \ldots x_\varrho$ gehörigen Ordnungszahlen, dann ist

$$\frac{f'(x)}{f(x)} - \frac{\lambda_1}{x - x_1} - \frac{\lambda_2}{x - x_2} - \cdots - \frac{\lambda_\varrho}{x - x_\varrho}$$

eine Funktion von $x$, die für $|x| < r$ nicht unendlich groß werden kann, sich also in eine Potenzreihe $P(x)$ entwickeln läßt. Nun liegen in jedem endlichen Bereich nur eine endliche Anzahl von Wurzeln einer Potenzreihe $f(x)$; denn lägen unendlich viele darin, so würde es eine Stelle $a$ geben, in deren Umgebung, sie sei noch so klein, sich Nullstellen von $f(x)$ finden, so daß alle Coefficienten von $f(x|a)$ gleich 0 sein würden.

Man wird also $r$ so wählen können, daß es eine Größe $R > r$ giebt, so daß für keinen Wert von $x$, für welchen $R > |x| > r$ ist, $f(x)$ verschwindet. Dann wird

$$P(x) = \frac{f'(x)}{f(x)} - \frac{\lambda_1}{x - x_1} - \cdots - \frac{\lambda_\varrho}{x - x_\varrho} \qquad \text{I}$$

mindestens für alle $x < R$ convergieren.

Für Werthe von $x$, für die $R > |x| > r$ ist, kann daher die rechte Seite von I) nach Potenzen von $x$ entwickelt werden, indem man jedes einzelne Glied entwickelt. Dann wird

$$\frac{f'(x)}{f(x)} = \lambda x^{-1} + s_1 x^{-2} + s_2 x^{-3} + \cdots + P(x).$$

Jetzt können wir zeigen, daß eine Funktion

$$\varphi(x) = \left\{ \begin{array}{l} c_0 + c_1 x + c_2 x^2 + \dots \\ \quad + c_{-1} x^{-1} + c_{-2} x^{-2} + \dots \end{array} \right\},$$

welche definiert ist für $|x|$ zwischen $R$ und $r$, wenn sie für alle diese Werthe von $|x|$ verschwindet, jeder ihrer Coefficienten $c$ verschwinden muß. Es gilt nämlich der früher bewiesene Satz: Ist $g$ der größte Werth, den $\varphi(x)$ für alle $|x| = \xi$ annimmt, so ist $|c_\nu| < g \cdot \xi^{-\nu}$ $(|c_{-\nu}| < g \cdot \xi^\nu)$. Ist also $\varphi(x)$ für alle $|x| = \xi$ gleich 0, so müssen alle $c_\nu$ gleich 0 sein.

Hieraus folgt nun, daß $\frac{f'(x)}{f(x)}$ sich nur in <u>einer</u> Weise in die Form wie oben bringen läßt.

Gehen wir jetzt zu unserer Potenzreihe $F$ zurück!

$$F(x, u_1 \dots u_n) = F_0(x, 0, 0 \dots 0) + F_1(x, u_1, u_2 \dots u_n) = x^\mu f_0 + F_1.$$

Wir können jetzt für $x$ eine Grenze $r_1$ feststellen, so daß für kein $|x| \leq r_1$ $f_0$ verschwindet.

Für die $us$ können außerdem Grenzen festgesetzt werden $|u_1| \leq \varrho_1, \dots |u_n| \leq \varrho_n$, so daß $F_1$ beliebig klein wird. Dieses geht, da in $F_1$ alle Glieder mit den $us$ multiplicirt sind.

Diese Grenzen für die $u$ sollen so bestimmt werden, daß $|x^\mu f_0| > |F_1|$ ist für alle Werthe von $|x|$ zwischen $r_1$ und $r$, wo $r < r_1$ ist. Dieses ist möglich, weil $|x^\mu f_0|$ zwischen $r$ und $r_1$ eine untere von Null verschiedene Grenze hat. Es ist nun

$$\frac{1}{F_0 + F_1} = \frac{1}{F_0} - \frac{F_1}{F_0^2} + \frac{F_1^2}{F_0^3} - + \dots,$$

wenn für $x$ und die $us$ die angegebenen Grenzen eingehalten werden. Ferner ist

$$\frac{F'(x)}{F(x)} = \frac{F_0'(x) + F_1'(x)}{F_0(x) + F_1(x)} = F'(x) \left\{ \frac{1}{F_0} - \frac{F_1}{F_0^2} + \dots \right\}$$

eine Reihe, die gleichmäßig convergent ist, da $\left| \frac{F_1}{F_0} \right| < 1$ ist.

$$\frac{F'(x)}{F(x)} = x^{-\mu} \cdot \frac{F'(x)}{f_0} \left\{ 1 - x^{-\mu} \frac{F_1}{f_0} + x^{-2\mu} \frac{F_1^2}{f_0^2} + \dots \right\}.$$

$\frac{F_1}{f_0}$ läßt sich nun nach Potenzen der $x$ und $u$ entwickeln, da $f_0$ für alle $|x| \leq r_1$ nicht verschwindet; außerdem kann man in $\left\{1 - x^{-\mu} \frac{F_1}{f_0} + \ldots\right\}$, nachdem für $\frac{F_1^{m-1}}{f_0^m}$ die Reihenentwicklung nach $x$ und $u_1, \ldots u_n$ eingesetzt ist, die Glieder willkürlich anordnen. Der Quotient $\frac{F'(x)}{F(x)}$ läßt sich also in die Form bringen $P\left(x, \frac{1}{x}, u_1 \ldots u_n\right)$.

Nach dem, was nun p. 154–155 entwickelt wurde, ergiebt der Coefficient von $x^{-1}$ in der Entwicklung von $P\left(x, \frac{1}{x}, u_1 \ldots u_n\right)$ die Zahl, wie oft $F(x)$ zwischen den Grenzen 0 und $r_1$ $\left(|x| < r_1\right)$ verschwindet.

Um diesen Coefficienten nun wirklich zu berechnen, verfahren wir so: Es ist

$$\log(F_0 + F_1) = \log F_0 + \log\left(1 + \frac{F_1}{F_0}\right) = \log F_0 + \sum_{\nu=1}^{\infty} \frac{(-1)^{\nu}}{\nu} \frac{F_1^{\nu}}{F_0^{\nu}},$$

differentiert:

$$\begin{aligned}
\frac{F'(x)}{F(x)} &= \frac{F_0'(x)}{F_0(x)} + \frac{d}{dx} \sum_{\nu=1}^{\infty} \frac{(-1)^{\nu}}{\nu} \left(\frac{F_1}{F_0}\right)^{\nu} \\
&= \frac{F_0'}{F_0} + \frac{d}{dx} \sum_{\nu=1}^{\infty} \frac{(-1)^{\nu}}{\nu} \left(\frac{F_1}{f_0}\right)^{\nu} x^{-\mu\nu} \\
&= \mu x^{-1} + \frac{f_0'}{f_0} + \frac{d}{dx}\left\{-s_1 x^{-1} + \frac{s_2}{2} x^{-2} + \cdots + P(x)\right\}.
\end{aligned}$$

$\frac{f_0'}{f_0}$ läßt sich nach Potenzen von $x$ entwickeln; also wird schließlich

$$\frac{F'(x)}{F(x)} = \mu x^{-1} + s_1 x^{-2} + s_2 x^{-3} + \cdots + \overline{P}(x).$$

Diese Form zeigt nun:

"Haben die $u_1, u_2 \ldots u_n$ Werthe, welche der Art gegebene Grenzen $\varrho_1, \varrho_2 \ldots \varrho_n$ nicht überschreiten, daß $|F_0| > |F_1|$ für alle Werthe von $|x|$ zwischen den Grenzen $r$ und $r_1$, so hat $F(x, u_1, u_2 \ldots u_n) = 0$ genau $\mu$ Wurzeln unterhalb $r_1$, $F = 0$ als Gleichung für $x$ betrachtet."

Ist $\mu = 1$, so stellt $s_1$ die Wurzel selbst vor. (Die $s_1, s_2 \ldots$ sind Potenzreihen der $u$.)

$s_1$ ist negativ genommen der Coefficient von $x^{-1}$ in $\log\left(1 + \frac{F_1}{F_0}\right)$ oder die Summe der Coefficienten von $x^{-1}$ in der Summe $\sum_{\nu=1}^{\infty} \frac{(-1)^{\nu}}{\nu} \left(\frac{F_1}{f_0}\right)^{\nu} x^{-\mu\nu}$.

Die obere Grenze $g$ von $\log\left(1 + \frac{F_1}{F_0}\right)$ wird für $|x| = r$ mit $u_1, u_2 \ldots u_n$ unendlich klein, da $F_0$ eine von 0 verschiedene untere Grenze hat.

Da nun der Coefficient von $x^{-1}$ in $\log\left(1 + \frac{F_1}{F_0}\right)$ der Ungleichung genügen muß $|s_1| < g \cdot r$, so folgt, daß auch $s_1$ mit den $u_1, u_2 \ldots u_n$ gleichzeitig unendlich klein wird, wie es sein muß. —

## 20.2  Umkehrung analytischer Funktionen

Wenden wir den soeben hergeleiteten allgemeinen Satz auf den Fall an, von dem
wir ausgingen! Es sei also

$$y - b = c_\mu (x - a)^\mu + \dots .$$

$y - b = u$, $x - a = \xi$ gesetzt, wird

$$(c_\mu \cdot \xi^\mu + c_{\mu+1} \xi^{\mu+1} + \dots) - u = 0$$

oder

$$\xi^\mu \varphi(\xi) - u = 0.$$

Nach dem, was oben gefunden wurde, entsprechen also kleinen Werthen von $u$ $\mu$
Werthe von $\xi$.

$$\log \left( 1 - \frac{u}{\xi^\mu \varphi(\xi)} \right) = - \sum \left\{ \frac{u^\nu}{\nu} \xi^{-\mu\nu} \left( \varphi(\xi) \right)^{-\nu} \right\}.$$

Der Coefficient von $\xi^{-1}$ in dieser Summe ergiebt die Summe sämmtlicher Wurzeln
von $\xi^\mu \varphi(\xi) - u = 0$, als Gleichung für $\xi$ betrachtet.

Ist $\mu = 1$, also

$$y - b = c_1(x - a) + c_2(x - a)^2 + \dots, \qquad \xi \cdot \varphi(\xi) - u = 0,$$

so ist

$$(s_1) = \xi_1 = \sum_{\nu=1}^\infty \frac{u^\nu}{\nu} \left[ \xi^{-\nu} \varphi(\xi)^{-\nu} \right]_{\xi^{-1}}$$

diejenige Reihe von $u$, welche an Stelle von $\xi$ eingesetzt $\xi \varphi(\xi) - u$ identisch verschwinden macht. Unter $\left[ \xi^{-\nu} \varphi(\xi)^{-\nu} \right]_{\xi^{-1}}$ ist dabei der Coefficient von $\xi^{-1}$ in der
Entwicklung von $\xi^{-\nu} \varphi(\xi)^{-\nu}$ zu verstehen. Es ist, in anderer Schreibweise, auch

$$\xi_1 = \sum_{\nu=0}^\infty \frac{u^{\nu+1}}{\nu+1} \left[ \left( \xi \varphi(\xi) \right)^{-(\nu+1)} \right]_{\xi^{-1}}.$$

Es folgt also aus $y - b = f(x|a)$ immer

$$x - a = \psi(y|b).$$

Wir sind jetzt auch im Stande, folgende Aufgabe zu lösen:
"Es sei

$$
\begin{array}{llll}
f(x) & = & c_1 x + c_2 x^2 + \dots & = u \qquad 1, \\
F(x) & = & A_0 + A_1 x + A_2 x^2 + \dots & \qquad 2.
\end{array}
$$

Man soll $F(x)$ als Potenzreihe von $f(x)$ darstellen."

Aus 1) folgt zunächst:

$$x^m = \sum_{\nu=1}^{\infty} \frac{u^\nu}{\nu} \left[ f(x)^{-\nu} \right]_{x^{-m}} = \left[ \frac{f'(x)}{f(x) - u} \right]_{x^{-m-1}}.$$

Die Richtigkeit dieser Formeln erhellen daraus, daß der Coefficient $s_m$ in der Entwicklung p. 156 die Summe der $m^{\text{ten}}$ Potenzen der Wurzeln von

$$F(x_1, u_1, u_2 \ldots u_n) = 0$$

ist. —

Setzt man nun in den Ausdruck (2) von $F(x)$ für jede Potenz von $x$ die durch die soeben angegebenen Werthe von $x^m$ angezeigten Ausdrücke in $u$ und ordnet dann nach Potenzen von $u$, so erhält man, wie verlangt, $F(x)$ entwickelt nach Potenzen von $u$ oder $f(x)$. Es wird, da

$$x^m = \left[ \frac{f'(x)}{f(x) - u} \right]_{x^{-m-1}} = \left[ \frac{x^m f'(x)}{f(x) - u} \right]_{x^{-1}},$$

$$F(x) = \sum_m \left[ \frac{A_m x^m f'(x)}{f(x) - u} \right]_{x^{-1}} = \left[ \frac{F(x) \cdot f'(x)}{f(x) - u} \right]_{x^{-1}} = \left[ F(x_1) \frac{f'(x_1)}{f(x_1) - f(x)} \right]_{x_1^{-1}}.$$

# Kapitel 21

# Über analytische Gebilde

## 21.1 Analytische Gebilde erster Stufe zweier Veränderlicher

Es sei $y - b = f(x|a)$, wo $b$ und $a$ auch unendlich groß sein können, in welchem Falle unter $x - a$ und $y - b$ resp. $\frac{1}{x}$, $\frac{1}{y}$ zu verstehen ist.

Nun kann man unzählig viele Paare von Potenzreihen $\varphi(t), \psi(t)$ finden, die für $t = 0$ verschwinden, und so, daß die beiden Gleichungen:

$$\left\{ \begin{array}{rcl} x - a &=& \varphi(t) \\ y - b &=& \psi(t) \end{array} \right\}$$

die Gleichung $(y - b) = f(x|a)$ ersetzen.

Denn setzt man $x - a = \varphi(t) = c_1 t + c_2 t^2 + \ldots$, so wird $y - b = f(x - a) = f(c_1 t + c_2 t^2 + \ldots) = \psi(t)$. Dann entspricht jedem Werthe von $t$ ein Werth von $x - a$ und einer von $y - b$; aber auch umgekehrt entspricht — wenn, wie wir es zuvörderst voraussetzen, $c_1 \neq 0$ — jedem Werth von $(x - a)$ nur Ein Werth von $t$ und also nur ein Werth von $(y - b)$. — Der Bereich von $t$ ist allerdings dabei ein beschränkter.

Definition des analytischen Gebildes: "Wenn $\varphi(t)$ und $\psi(t)$ eindeutige Funktionen von $t$ sind, welche für $t = 0$ verschwinden, und man setzt

$$\begin{array}{rcl} x - a &=& \varphi(t) \\ y - b &=& \psi(t) \end{array} \Bigg\} ,$$

so soll die Gesammtheit der dadurch definierten Stellenpaare $(x, y)$ ein analytisches Gebilde erster Stufe heißen."

Diese Erklärung soll auch dann noch gelten, wenn $\varphi(t)$ und $\psi(t)$ mit höheren als der ersten Potenz von $t$ beginnen.

In diesem Falle ist noch folgende Beschränkung zu machen: "Es sollen $\varphi(t)$ und $\psi(t)$ so beschaffen sein, daß nicht nur zu jedem $t$ ein Werthepaar $(x, y)$ gehört, sondern daß auch zu verschiedenen Werthen von $t$ verschiedene Werthepaare $(x, y)$ gehören."

Wäre dieses nicht der Fall, so würde jedes Stellenpaar $(x, y)$ des Gebildes mehrfach auftreten.

Ist

$$\left\{ \begin{array}{ccc} x - a & = & \varphi_1(s) \\ y - b & = & \psi_1(s) \end{array} \right\}$$

ein Gebilde, welches die Bedingung erfüllt, zu verschiedenen Werthen von $s$ verschiedene Stellenpaare zu liefern, und man setzt $s = c_1 t^\lambda + c_2 t^{\lambda+1} + \ldots$, so erhält man dadurch ein Gebilde

$$\left\{ \begin{array}{ccc} x - a & = & \overline{\varphi}(t) \\ y - b & = & \overline{\psi}(t) \end{array} \right\},$$

welches diese Bedingung nicht mehr erfüllt. Es giebt nämlich nach dem, was oben entwickelt wurde, $\lambda$ im Allgemeinen theilweise von einander verschiedene Werthe von $t$, zu denen dasselbe $s$, also auch dieselben Stellen $(x, y)$ gehören.

Umgekehrt erfüllen zwei Funktionen $\overline{\varphi}(t)$, $\overline{\psi}(t)$ die auferlegte Beschränkung, wenn sie nicht aus zwei Funktionen $\varphi_1(s)$ und $\psi_1(s)$ in der angegebenen Weise entspringen.

Wir beschränken den Werth von $t$ ausdrücklich so, daß er eine bestimmte Grenze nicht überschreitet, da wir das Gebilde nur in der Nähe der Stelle $(a, b)$ betrachten wollen.

Fängt $\varphi(t)$ mit der ersten Potenz von $t$ an, so läßt sich $y - b = f(x - a)$ setzen, indem jedem Werthe von $t$ nur Ein Werth von $x - a$ entspricht.

Ist

$$\mathrm{G} \quad \left\{ \begin{array}{ccc} x - a & = & \varphi(t) \\ y - b & = & \psi(t) \end{array} \right\},$$

und setzen wir

$$t = c_1 t_1 + c_2 t_1^2 + \ldots \quad (c_1 \neq 0),$$

so geht G) über in

$$\mathrm{G}' \quad \left\{ \begin{array}{ccc} x - a & = & \varphi_1(t_1) \\ y - b & = & \psi_1(t_1) \end{array} \right\}.$$

Es ist klar, daß G' dasselbe Gebilde darstellt wie G. Innerhalb gewisser Grenzen entspricht nämlich jedem Werthe von $t$ ein Werth von $t_1$ und umgekehrt, und je zwei entsprechende Werthe $t$ und $t_1$ liefern dieselbe Stelle $(x, y)$. —

Wir betrachten jetzt zwei Gebilde, von denen das eine bei $(a, b)$, das andere bei $(a_1, b_1)$ definiert sei.

$$(1) \left\{ \begin{array}{ccc} x - a & = & \varphi(t) \\ y - b & = & \psi(t) \end{array} \right\}, \qquad (2) \left\{ \begin{array}{ccc} x - a_1 & = & \varphi_1(s) \\ y - b_1 & = & \psi_1(s) \end{array} \right\}.$$

Wir nehmen nun an, daß (1) und (2) eine Stelle $(a', b')$ gemeinschaftlich haben. Und zwar sei

$$\left\{ \begin{array}{ccc} a' - a & = & \varphi(t_0) \\ b' - b & = & \psi(t_0) \end{array} \right\}, \qquad \left\{ \begin{array}{ccc} a' - a_1 & = & \varphi_1(s_0) \\ b' - b_1 & = & \psi_1(s_0) \end{array} \right\}.$$

Es kann nun vorkommen, daß (1) und (2) in der Umgebung der Stelle $(a', b')$ identisch sind.

Um dieses zu untersuchen, betrachte ich:

$$(\overline{1}) \left\{ \begin{array}{rcl} x-a & = & \varphi(t_0+\tau) \\ y-b & = & \psi(t_0+\tau) \end{array} \right\} \qquad (\overline{2}) \left\{ \begin{array}{rcl} x-a_1 & = & \varphi_1(s_0+\sigma) \\ y-b_1 & = & \psi_1(s_0+\sigma) \end{array} \right\},$$

oder

$$(\overline{1}) \left\{ \begin{array}{rcl} x-a' & = & \varphi'(t_0)\tau + \frac{1}{2}\varphi''(t_0)\tau^2 + \ldots \\ y-b' & = & \psi'(t_0)\tau + \frac{1}{2}\psi''(t_0)\tau^2 + \ldots \end{array} \right\}$$

$$(\overline{2}) \left\{ \begin{array}{rcl} x-a' & = & \varphi_1'(s_0)\sigma + \frac{1}{2}\varphi_1''(s_0)\sigma^2 + \ldots \\ y-b' & = & \psi_1'(s_0)\sigma + \frac{1}{2}\psi_1''(s_0)\sigma^2 + \ldots \end{array} \right\}.$$

Damit beide Gebilde (1) und (2) in der Nähe von $(a', b')$ zusammenfallen, ist nothwendig, daß durch eine Substitution von der Form

$$\tau = c_1\sigma + c_2\sigma^2 + \ldots$$

die Gleichungen $(\overline{1})$ in die Gleichungen $(\overline{2})$ übergeführt werden können. Wir sagen, wenn dieses eintrifft, die Gebilde coincidieren an der Stelle $(a', b')$. $(\overline{1})$ ist eine unmittelbare "Fortsetzung" des Gebildes (1), $(\overline{2})$ eine solche des Gebildes (2); wir nennen daher auch — wenn $(\overline{1})$ und $(\overline{2})$ coincidieren — das Gebilde (2) eine (mittelbare) Fortsetzung des Gebildes (1).

Die Umformung $(\overline{1})$ und $(\overline{2})$ ist auch noch möglich, wenn von den Größen $a, b, a_1, b_1$ einige unendlich groß werden. Man würde z.B. haben $\frac{1}{x} = \varphi(t_0+\tau)$, $\varphi(t_0)$ muß dann gleich 0 sein; es bleiben die Bedingungen des Coincidierens zweier solcher Gebilde dieselben wie die oben aufgestellten.

Wir können nun in Bezug auf das analytische Gebilde dieselben Bemerkungen machen wie bei der Definition der analytischen Funktion.

Von einem Gleichungspaar

$$\left\{ \begin{array}{rcl} x-a & = & \varphi(t) \\ y-b & = & \psi(t) \end{array} \right\}$$

ausgehend erhält man durch Fortsetzung andere und andere Gleichungspaare, von denen wir jetzt jedes ein Element des analytischen Gebildes nennen, indem wir dieses selbst — die auf p. 159 gegebene Definition zertificierend — als aus der Gesammtheit der Stellen $(x, y)$ bestehend ansehn wollen, die aus irgend einem der "Elemente" (der Gleichungspaare) hervorgehen.

## 21.2 Interpretation analytischer Funktionen mittels analytischer Gebilde

Wir können jetzt eine neue Definition der analytischen Funktion geben, die ein besonders helles Licht auf die singulären Stellen wirft.

Haben wir im Gebiete zweier Größen $x, y$ irgend ein analytisches Gebilde, und fassen wir sämmtliche Stellen $(x, y)$ des Gebildes ins Auge, bei welchen $x$ einen bestimmten Werth $x'$ hat, so kann es deren eine, mehrere oder unendlich viele geben. Die Werthe von $y$, die zu diesen bestimmten Stellen des Gebildes gehören, nennen wir Werthe der analytischen Funktion von $x$ (die durch jenes Gebilde bestimmt ist). — Man beachte die Analogie dieser Definition mit der analytisch-geometrischen Definition von Curven. —

Ein Gebilde sei definiert durch das Element

$$\left\{ \begin{array}{rcl} (x-a) &=& \varphi(t) \\ (y-b) &=& \psi(t) \end{array} \right\}.$$

Um dieses Element fortzusetzen, setzen wir $t_0 + \tau$ an Stelle von $t$, dann wird

$$\begin{array}{rcl} x - a' &=& A_0\tau^\lambda + A_1\tau^{\lambda+1} + \ldots \\ y - b' &=& B_0\tau^\mu + B_1\tau^{\mu+1} + \ldots \end{array}.$$

Wir wollen von der Stelle $(a', b')$ sagen, sie verhalte sich regulär, wenn $\lambda = \mu = 1$ ist. Von einer solchen Stelle wissen wir, daß in ihrer Nähe $(y - b') = f(x|a')$ und $(x - a') = f_1(y|b')$ dargestellt werden kann. Also: Es giebt nur Einen Werth von $x$ in der Umgebung einer regulären Stelle $(a', b')$, zu dem ein vorgeschriebener Werth von $y$ gehört, und umgekehrt zu einem vorgeschriebenen Werth von $x$ gehört nur Ein Werth von $y$.

Sind $\lambda$ und $\mu$ von 1 verschieden, so schreibe man die Gleichungen des Elements bei $(a', b')$ in der Form

$$\text{I} \quad \left\{ \begin{array}{rcl} \frac{x-a'}{A} &=& \tau^\lambda\left(1 + \frac{A'}{A}\tau + \ldots\right) \\ \frac{y-b'}{B} &=& \tau^\mu\left(1 + \frac{B'}{B}\tau + \ldots\right) \end{array} \right\}.$$

Nun läßt sich immer (etwa mittelst der Methode der unbestimmten Coefficienten) zu einer Reihe $1 + a_1\tau + a_2\tau^2 + \ldots$ eine andere, $1 + \alpha_1\tau + \alpha_2\tau^2 + \ldots$, finden, so daß $(1 + \alpha_1\tau + \alpha_2\tau^2 + \ldots)^\lambda = 1 + a_1\tau + a_2\tau^2 + \ldots$ ist. Daher folgt aus I):

$$\left(\frac{x-a'}{A}\right)^{\frac{1}{\lambda}} = \tau + c_2\tau^2 + c_3\tau^3 + \ldots,$$

$$\left(\frac{y-b'}{B}\right)^{\frac{1}{\mu}} = \tau + c_2'\tau^2 + c_3'\tau^3 + \ldots.$$

Aus diesen ergiebt sich weiter:

$$\tau = P\left[\left(\tfrac{x-a'}{A}\right)^{\frac{1}{\lambda}}\right], \quad \tau = \overline{P}\left[\left(\tfrac{y-b'}{B}\right)^{\frac{1}{\mu}}\right],$$

und diese Werthe von $\tau$, in I) eingesetzt, liefern:

$$\begin{array}{rcl} y - b' &=& P_1\left[\left(\tfrac{x-a'}{A}\right)^{\frac{1}{\lambda}}\right], \\ x - a' &=& \overline{P_1}\left[\left(\tfrac{y-b'}{B}\right)^{\frac{1}{\mu}}\right]. \end{array}$$

Jedem Werthe von $(x - a')$ entsprechen also $\lambda$ Werthe von $(y - b')$ und jedem Werthe von $(y - b')$ $\mu$ Werthe von $(x - a')$.

Zu diesen Stellen sind wir bei Betrachtung der analytischen Funktionen nicht gelangt; wir wollen sie irreguläre Stellen nennen.

Ein Element bei $(a)$ des Gebildes verhalte sich in Bezug auf $x$ irregulär, d.h. es sei

$$x - a = At^\lambda + \ldots = \varphi(t),$$

während wir über die Entwicklung von $y$ nichts voraussetzen wollen.

Betrachtet man nun eine Stelle in der Umgebung von $a$, setzt man also $t = t_0 + \tau$, so wird

$$x - a = \varphi(t_0) + \varphi'(t_0)\tau + \ldots .$$

Man kann nun eine Grenze für $t_0$ festsetzen, so daß $\varphi'(t_0)$ nicht gleich Null ist. In einer genügend klein gewählten Umgebung von $a$ liegt also keine Stelle, die auch irregulär in Beziehung auf $x$ wäre. D.h.: Die Stellen, die irregulär in Bezug auf $x$ (ebenso in Bezug auf $y$) sind, bilden kein Continuum.

Die Betrachtung der Fortsetzung eines ein analytisches Gebilde definierenden Elementes wird uns nun zu einer wesentlichen Erweiterung der Definition der analytischen Funktion führen — nämlich dazu, den Werthen der Funktion diejenigen Werthe noch zu adjungieren, die sie an gewissen bis jetzt nicht berücksichtigten Stellen annimmt.

An der Stelle $(a, b)$ möge sich ein bestimmtes analytisches Gebilde in Bezug auf $x$ regulär verhalten.

$$\overset{\bullet}{a'} \qquad b'\bullet$$

$$\bullet a \qquad \underset{\bullet}{b}$$

Wir nehmen nun irgend eine andere Stelle $(a', b')$ an, die ebenfalls zu dem Gebilde gehört. Es muß nun möglich sein, von $(a, b)$ zu der Stelle $(a', b')$ überzugehen durch Vermittlung einer endlichen Anzahl von Stellen $(a_1, b_1), (a_2, b_2) \ldots (a_n, b_n)$. Man hat dann

$$\left.\begin{array}{rclcrcl}
y - b &=& \psi(t) &,& x - a &=& \varphi(t) \\
y - b_1 &=& \psi_1(t_1) &,& x - a_1 &=& \varphi_1(t_1) \\
y - b_2 &=& \psi_2(t_2) &,& x - a_2 &=& \varphi_2(t_2) \\
&\vdots& & & &\vdots& \\
y - b_n &=& \psi_n(t_n) &,& x - a_n &=& \varphi_n(t_n) \\
y - b' &=& \psi_{n+1}(t') &,& x - a' &=& \varphi_{n+1}(t').
\end{array}\right\} F$$

Sind die vermittelnden Stellen $(a_1, b_1), \ldots (a_n, b_n)$ ganz willkürlich gewählt — jedoch selbstverständlich so, daß man von jeder dieser Stellen zu der unmittelbar folgenden durch unmittelbare Fortsetzung gelangen kann —, und sind unter ihnen einige, an denen sich das Gebilde irregulär in Bezug auf $x$ verhält, so kann man diese Stellen durch andere, ihnen unendlich benachbarte, ersetzen, welche in Bezug auf $x$ ein reguläres Verhalten zeigen — denn in der Nähe einer irregulären Stelle liegen nur reguläre Stellen.

Definiert man nun durch die sich aus der ersten der Gleichungen F ergebende Gleichung

$$y - b = f(x|a)$$

eine analytische Funktion, so zeigt man leicht, daß, wenn die übrigen Gleichungen F ergeben

$$A \quad \begin{cases} y - b_1 = f_1(x|a_1) \\ y - b_2 = f_2(x|a_2) \\ \quad\vdots \\ y - b_n = f_n(x|a_n), \end{cases}$$

jedes dieser Funktionenelemente eine Fortsetzung des vorhergehenden ist, also alle zu der durch $y - b = f(x|a)$ definierten Funktion gehören.

(Damit die Gleichungen A bestehen, ist nöthig — was wie oben bewiesen zulässig —, daß $a_1, a_2 \ldots a_n$ sich in Bezug auf $x$ regulär verhalten.)

Coincidieren nämlich die beiden Gebilde-Elemente

$$\begin{aligned} (x - a) &= \varphi(t) &,& \quad (y - b) &= \psi(t) \\ \text{und} \quad (x - a_1) &= \varphi_1(t_1) &,& \quad (y - b_1) &= \psi_1(t_1) \end{aligned}$$

an der Stelle $t = c$, $t_1 = c_1$, so ist

$$x - a = \varphi(c) + \varphi'(c)(t - c) + \ldots .$$

Nun kann $(t - c)$ entwickelt werden nach Potenzen von $x - \bar{a}$, wo $\bar{a}$ der Werth ist, den $x$ für $t = c$ annimmt.

Dann ergiebt sich also

$$(y - \bar{b}) = \overline{f}(x|\bar{a}) ,$$

welches mit $y - b = f(x|a)$ an der Stelle $t = c$ coincidiert. Ebenso ergiebt sich aus

$$x - a_1 = \varphi_1(c_1) + \varphi_1'(c_1)(t_1 - c_1) + \ldots$$

$y - \bar{b} = \overline{f_1}(x|\bar{a})$, mit $y - b_1 = f(x|a_1)$ für $t_1 = c_1$ zusammenfallend. Nun coincidieren $\overline{f}(x|\bar{a})$ und $\overline{f_1}(x|\bar{a})$ an der Stelle $\bar{a}$, folglich ist auch $f(x|a_1)$ eine Fortsetzung von $f(x|a)$, ebenso $f(x|a_2)$ eine solche von $f(x|a_1)$ und so fort, $y - b_n = f(x|a_n)$ eine Fortsetzung von $y - b = f(x|a)$.

Verhält sich nun das Gebilde bei $(a', b')$ in Bezug auf $x$ regulär, so kann entwickelt werden $y - b' = f_{n+1}(x|a')$ als Fortsetzung von $y - b = f(x|a)$. Werden also die Stellen ausgeschlossen, in denen sich das Gebilde in Bezug auf $x$ irregulär verhält, so ist $y$ eine analytische Funktion von $x$ im früheren Sinne.

Das analytische Gebilde führt uns nun dazu, die Definition der Funktion so zu erweitern: "Setzt man in dem eine analytische Funktion definierenden Elemente $y - b = f(x|a)$

$$y - b = \psi(t), \quad x - a = \varphi(t),$$

und gehört eine in Bezug auf $x$ irreguläre Stelle $(a', b')$ zu dem so definierten analytischen Gebilde, so soll $b'$ ein Werth der ursprünglichen Funktion sein, der zu $x = a'$ gehört."

Die Stellen $x = a'$ sind Verzweigungspunkte im Riemannschen Sinne der analytischen Funktion.[1]

# 21.3 Analytische Gebilde mehrerer Veränderlicher und von höherer Stufe

Diese Definitionen können wir sofort auf Systeme von Funktionen ausdehnen. Es sei

$$\begin{aligned} x_1 - a_1 &= f_1(x|a) \\ x_2 - a_2 &= f_2(x|a) \\ \vdots \qquad &\quad \vdots \end{aligned}\ .$$

Werden diese Funktionenelemente sämmtlich auf demselben Wege fortgesetzt, so erhält man ein System analytischer Funktionen von $x$.

Jetzt können wir alle diese Gleichungen ersetzen durch:

$$\left\{ \begin{aligned} x - a &= \varphi(t) \\ x_1 - a_1 &= \varphi_1(t) \\ \vdots \qquad &\quad \vdots \end{aligned} \right.\ .$$

Diese Funktionen müssen so genommen werden, daß $\varphi(t)$ mit $t^1$ anfängt. Verschiedenen Werthen von $t$ sollen auch verschiedene Werthe von $x, x_1, x_2 \ldots$ entsprechen. — Man zeigt nun sofort, daß dieses "Gebilde erster Stufe von $n+1$ Veränderlichen" auch dargestellt werden kann durch Potenzreihen einer andern Variabeln $s$, wenn gesetzt wird

$$t = P(s) = c_1 s + c_2 s^2 + \ldots \quad (c_1 \neq 0).$$

Zwei Gebilde

$$\left\{ \begin{aligned} x - a &= \varphi(t) \\ x_1 - a_1 &= \varphi_1(t) \\ \vdots \qquad &\quad \vdots \end{aligned} \right. \qquad \text{und} \qquad \left\{ \begin{aligned} x - a' &= \psi(s) \\ x_1 - a_1' &= \psi_1(s) \\ \vdots \qquad &\quad \vdots \end{aligned} \right.$$

coincidieren an einer Stelle, wenn sämmtliche Gleichungen

$$\varphi_\kappa(t_0 + \tau) = \psi_\kappa(s_0 + \sigma)$$

durch eine Potenzreihe $\tau = c_1 \sigma + c_2 \sigma^2 + \ldots$, die man an Stelle von $\tau$ substituiert, befriedigt werden. — Betrachtet man in einem solchen Gebilde die Gesammtheit der Stellen, in denen $x = x'$ ist, so bilden die zugehörigen Werthe von $x_1, \ldots x_n$ die Werthe eines Systems analytischer Funktionen.

Hieraus sieht man sofort, daß es gleich gültig ist, welche Größe man als unabhängige Variable ansieht.

---

[1] Dieser Satz ist in der Mitschrift durch einen Strich am Rande hervorgehoben.

$$
\left.\begin{array}{rcl}
x_1 - a_1 &=& \varphi_1(u_1, u_2 \ldots u_\varrho) \\
x_2 - a_2 &=& \varphi_2(u_1, u_2 \ldots u_\varrho) \\
\vdots & & \vdots \\
x_n - a_n &=& \varphi_n(u_1, u_2 \ldots u_\varrho)
\end{array}\right\}
$$

definieren ein Gebilde $\varrho^{\text{ter}}$ Stufe im Gebiete der Veränderlichen $x$ $(\varrho < n)$. — Jede der Größen $x$ ist analytische Funktion von $\varrho$ willkürlich unter den $x$ auszuwählenden Variabeln.

# Anhänge

# Anhang A

# Briefe

## A.1 Brief von Adolf HURWITZ an Felix KLEIN vom 24.10.1878

Berlin, den 24/10.78 Abends

Verehrter Herr Professor!

Heute Morgen erhielt ich die Arbeit und Ihren werthen Brief beiliegend.

Erst durch Ihre Bemerkungen sind mir die Mängel meiner Arbeit klar geworden, von denen ich vorher nur ein ungewisses Gefühl hatte. Diese Mängel werde ich auszumerzen suchen.

Der Grund, weshalb ich bei den Kreisreihen nicht die in jedem Falle auftretenden Coincidenzen angegeben habe, ist der, daß die geometrische Betrachtung, welche zu ihnen führt, sehr subtil ist, indem bei ihr in äußerst freier Weise mit imaginären Punkten umgesprungen werden muß. (Die Coincidenzen sind nämlich die beiden Schnittpunkte der festen Kreise, jeder doppelt gezählt; daß die beiden imaginären unendlichfernen Kreispunkte keine Coincidenzen veranlassen, ist noch besonders zu zeigen.) Bei projectivischer Verallgemeinerung verliert der Satz seine Einfachheit, und auch die Betrachtungen der Correspondenzen werden complicierter.

Ihr Hinweis auf das Darboux'sche Buch hat mir sehr genützt. Ich habe mir dasselbe gleich geben lassen und die betreffenden Stellen nachgelesen. Seine sämmtlichen Sätze lassen sich mit Hülfe des Satzes in meiner Arbeit, den ich kurz Coincidenzprinzip nennen will, beweisen. Zu diesen Beweisen führt folgende Überlegung:

Die Darboux'schen Sätze beziehen sich auf $n$-seitige Polygone, die, wenn man die beiden Curven, denen sie resp. ein- und umbeschrieben sind, als gegeben betrachtet, überbestimmt sind.

Wähle ich nun unter den Bedingungen, welche ein $n$-seitiges Polygon erfüllen muß, um ein Darboux'sches zu sein, so viele aus, als gerade hinreichen, endlich viele $n$-seitige Polygone zu bestimmen, versuche die Anzahl der letztern durch eine Correspondenz zu finden, und erhalte ich für diese Correspondenz in dem Falle, daß Ein Darboux'sches Polygon existiert, mehr Coincidenzen als im allgemeinen

Fall, so folgere ich hieraus, daß dann gleich unendlich viele Darboux'sche Polygone existieren. (In Wirklichkeit ist die Herleitung etwas anders, aber der Gedankengang derselbe.)

Damit diese Folgerung streng wird, muß (im einzelnen Falle) noch gezeigt werden, daß jedes Element mit mehreren der ihm vermöge der Correspondenz entsprechenden Elementen zusammenfällt. Dazu bin ich genöthigt, das Coincidenzprinzip folgendermaßen zu erweitern:

"Kann man zeigen, daß eine Correspondenz $(m, n)$ mehr als $(m+n)$ Coincidenzen hat, so hat sie unendlich viele, jedes Element des Trägers der Correspondenz ist Coincidenzelement. (Die linke Seite der Correspondenz-Gleichung $\varphi(\overset{m}{x_1}, \overset{n}{x_2})$ ist dann etwa gleich $(x_1 - x_2)\,\varphi_1(\overset{m-1}{x_1}, \overset{n-1}{x_2})$.) Kann man jetzt $(m+n-1)$ Elemente aufweisen, von denen jedes mit zwei der ihm entsprechenden Elemente zusammenfällt, so hat $\varphi(x_1, x_2)$ den Faktor $(x_1 - x_2)^2$, indem $\varphi_1$ den Faktor $(x_1 - x_2)$ bekommt. Jedes Element fällt also dann mit zwei der ihm entsprechenden Elemente zusammen. Und allgemein: Weiß man, daß $(n+m-2a+3)$ Elemente vorhanden sind, von denen jedes mit $a$ der ihm entsprechenden Elemente zusammenfällt, so thun dies alle Elemente, vorausgesetzt, daß man schon gefunden hat, daß jedes Element mit $(a - 1)$ seiner entsprechenden Elemente coincidiert."

Durch diese Entwicklungen bin ich in Stand gesetzt, z.B. auch folgenden Schließungssatz (den ich schon früher einmal auf anderem Wege fand) zu beweisen:

"Existiert ein Tetraeder, welches einer Raumcurve dritter Ordnung einbeschrieben, einer andern Raumcurve derselben Ordnung umbeschrieben ist (dessen Seitenflächen Schmiegungsebenen der letztern Curve sind), so giebt es solcher Tetraeder unendlich viele."

Dieser Satz führte mich nebenbei auf eine Übertragung der Darboux'schen Methode auf den Raum, eine Übertragung, die übrigens so nahe liegt, daß man sich wundern muß, daß Darboux sie nicht selbst gemacht hat.

Wie er nämlich zu Coordinaten eines Punktes, die von letzterem an einen Fundamentalkegelschnitt gelegten Tangenten wählt, so kann man zu Coordinaten eines Punktes im Raume die drei Schmiegungsebenen annehmen, die sich von ihm aus an eine Fundamental-Raumcurve dritter Ordnung legen lassen (zu Coordinaten einer Geraden die von ihr aus an eine feste Fläche zweiter Ordnung gehenden Tangentialebenen).

Was Herrn Killing betrifft, so habe ich aus dem Adreßbuch gesehen, daß derselbe hier Realschul-Lehrer ist. Seinen Aufsatz habe ich noch nicht gelesen, werde es aber baldmöglichst thun.

Das Colleg von Kronecker höre ich in diesem Winter, werde es auch ausarbeiten. Bei Beginn der Osterferien kann ich Ihnen die Ausarbeitung dann zuschicken.

Die "analytischen Funktionen" von Weierstrass werde ich Ihnen binnen Kurzem zugehen lassen; die letzten beiden Vorlesungen habe ich noch nicht fertig, und dann möchte ich auch mein Heft noch einmal gründlich revidieren, da manche Stellen wohl zu wünschen übrig lassen.

Weierstrass hat mit den "elliptischen Funktionen" schon angefangen; die erste Vorlesung habe ich bereits ausgearbeitet.

Sie sehen, daß mir eine sehr arbeitsreiche Zeit bevorsteht, und ich bitte Sie mir aus diesem Grunde zu verzeihen, wenn die Vollendung der Note etwas länger auf sich warten läßt als Sie vielleicht wünschen.

Ich denke sie jedoch in höchstens 8–10 Tagen wieder an Sie abschicken zu können.

Wenn Sie dann wünschen, daß ich noch etwas verändern soll, so bitte ich Sie, mir nur die betreffende Stelle gefälligst angeben zu wollen, da ich die Cladde noch besitze.

Herr Dr. Franz Meyer war noch gestern Abend bei mir. Er beschäftigt sich vorzüglich mit seinem Staats-Examen; nebenbei auch mit Topologie.

Gestern erzählte er mir, daß er jetzt so vorginge: Er betrachtet zwei (ebene) topologische Curven als eine einzige, gewissermaßen zerfallene, Curve $C$. Durch Auflösung der als Doppelpunkte von $C$ aufgefaßten Schnittpunkte jener beiden Curven erhält man topologische Curven mit mehr Doppelpunkten als jede der beiden ursprünglichen Curven besaß. Z.B.

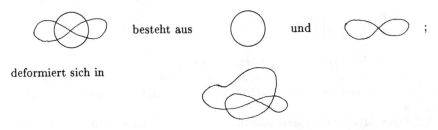

besteht aus            und            ;

deformiert sich in

So entstehen durch ein einfaches Verfahren aus topologisch einfacheren Curven compliciertere. —

Mit herzlichem Gruß für Sie und Ihre Familie verbleibe ich Ihr Sie hochschätzender und Ihnen dankbarer Schüler

Adolf Hurwitz

## A.2 Brief von Adolf HURWITZ an Felix KLEIN vom 18.7.1885

Königsberg i/Pr. 18. Juli 1885<br>Königstr. 53/II

Lieber Herr Professor!

Empfangen Sie und Ihre werthe Frau Gemahlin meinen herzlichsten Glückwunsch zu dem freudigen Familienereigniss.

Was nun unsere Reise angeht, so ist der Termin für mich sehr gelegen. Am 31. Juli schliessen wir und am 2. August werde ich nach Berlin fahren. Von dort reise ich dann so ab, dass ich mich Ihnen unterwegs anschliesse. In Bezug auf das Ziel unserer Reise würde es mir sehr gut passen, wenn wir Wyk oder Sylt aufsuchten, da ich auf der Heimreise jedenfalls noch für acht Tage meine Hamburger Verwandten und Freunde besuche.

Unser Treffpunkt würde dann Wittenberge auf der Berlin–Hamburger Bahn sein.

Sie sind wohl so freundlich, mir demnächst Ihren endgültigen Entschluß mitzutheilen; ich bitte Sie dabei ganz so zu entscheiden, als ob Sie allein reisen, da es mir Nichts ausmacht, ob ich eine etwas weitere Fahrt habe oder nicht. Gleichzeitig schreiben Sie mir doch bitte, ob Sie zweiter oder dritter Classe fahren.

Das Heft der Weierstrass'schen Vorlesung befindet sich augenblicklich in Händen von Herrn Weierstrass. Bei meinem Aufenthalt in Berlin werde ich es mir zurückerbitten; hoffentlich hat Herr Prof. Weierstrass dasselbe nicht verloren, wie das schon einmal mit einem anderen Hefte vorgekommen ist.

In der letzten Woche habe ich meine Arbeiten wieder aufgenommen und bin heute früh zu dem Beweise eines hübschen Satzes gelangt. Nämlich: "Alle Integrale dritter Gattung $n^{\text{ter}}$ Stufe, welche nur in den Ecken des Fundamentalpolygons logarithmisch unstetig werden, setzen sich aus den $\frac{n^2-1}{2}$ Integralen

$$\int \wp\left(\frac{\lambda\omega_1 + \mu\omega_2}{n}\,\middle|\,\omega_1, \omega_2\right)(\omega_1\,d\omega_2 - \omega_2\,d\omega_1)$$

und den Integralen erster Gattung linear zusammen."

Dieser Satz gilt auch für das Geschlecht Null, wo die Integrale dritter Gattung Logarithmen von algebraischen Functionen, die nur in den Ecken Null und unendlich werden, sind.

Auf diesen Satz habe ich lange gefahndet, da er für die zahlentheoretische Definition der auf der rechten Seite der Klassenzahlrelation auftretenden Größen wichtig ist; derselbe ist aber überhaupt zahlentheoretisch von der größten Fruchtbarkeit.

Mit herzlichen Grüßen für Sie und Ihre lieben Angehörigen

Ihr treuer
A. Hurwitz

# Anhang B

# Lebensdaten

## B.1 Lebensdaten von Karl WEIERSTRASS

1815: geboren am 31. Oktober in Ostenfelde/Westfalen

ab 1823: häufige Umzüge der Familie, da Vater Beamter im preussischen Steuerwesen

1829-34: Besuch des Theodorianischen Gymnasiums in Paderborn

1834-38: (auf Wunsch des Vaters) Studium der Kameralistik (= Verwaltungswissenschaft) in Bonn;

Selbststudium mathematischer Werke, etwa LAPLACE: Mécanique céleste, JACOBI: Fundamenta nova theoriae functionum ellipticarum, Mitschrift einer GUDERMANN-Vorlesung über Modulfunktionen (In einem Brief an S. LIE vom 10. April 1882 wird WEIERSTRASS die damalige Lektüre eines Briefes von ABEL an LEGENDRE (veröffentlicht in Crelles Journal 6, S.73-80 (1830)) als richtunggebend für seinen Lebensweg bezeichnen.)

1838: Abbruch des Kameralistik-Studiums (ohne Abschluß)

1839: am 22. Mai Einschreibung für das Lehramtsstudium in die "Akademische Lehranstalt in Münster" (Ausbildungsstätte für katholische Geistliche "in der Provinz Westfalen" und für Gymnasiallehrer; Promotions- und Habilitationsrecht nur für die Theologische Fakultät); einziger Hörer der GUDERMANN-Vorlesung über elliptische Funktionen

1840: Schriftliche Staatsexamensarbeit "Über die Entwicklung der Modular-Functionen" (in: Mathematische Werke, Band 1, S.1-49) (Nach späteren Äußerungen hätte WEIERSTRASS die Arbeit veröffentlicht und direkt die Universitäts-Laufbahn eingeschlagen, wenn ihm das Gutachten von GUDERMANN zu diesem Zeitpunkt vollständig bekannt gewesen wäre. Stattdessen:)

April 1841: mündliche Prüfungen

1841–42: Vorbereitungsdienst am Gymnasium Paulinum in Münster

1842–48: Lehrer am Katholischen Progymnasium Deutsch-Krone/Westpreußen

1848–55: Lehrer am Katholischen Gymnasium Braunsberg/Ostpreußen

Fächer: Mathematik, Physik, Deutsch, Botanik, Geographie, Geschichte, Turnen und Schönschreiben (vgl. das $\wp$ der WEIERSTRASSschen $\wp$-Funktion)

1854: Veröffentlichung der Arbeit "Zur Theorie der Abel'schen Functionen" in Crelles Journal 47, S.289–306 (auch in: Mathematische Werke, Band 1, S.133–152)

daraufhin am 31. März Ehrenpromotion durch die Universität Königsberg (auf Anregung von F. RICHELOT)

Beförderung zum Oberlehrer

1855: im August Bewerbung um die KUMMER-Nachfolge in Breslau

im Herbst Beurlaubung aus dem Schuldienst (geplant: für ein Jahr)

1856: Veröffentlichung der Arbeit "Theorie der Abel'schen Functionen" in Crelles Journal 52, S.285–339 (auch in: Mathematische Werke, Band 1, S.297–355)

am 14. Juni Annahme des Rufs als Professor an das Gewerbeinstitut (später: Gewerbeakademie, heute: Technische Universität) in Berlin (Erteilung des Rufs auf Intervention von A.L. CRELLE und A. von HUMBOLDT; erste feste Stelle für Mathematik am Gewerbeinstitut, vorher nur Lehraufträge)

Oktober: Extraordinarius an der Friedrich-Wilhelms-Universität zu Berlin (heute: Alexander-von-Humboldt-Universität)

19. November: Aufnahme in die Berliner Akademie als ordentliches Mitglied

1861: am 8. Mai Gründung des ersten (rein) Mathematischen Seminars in Deutschland (gemeinsam mit KUMMER)

am 16. Dezember totaler Zusammenbruch infolge Überarbeitung; Wiederaufnahme der wissenschaftlichen Arbeit erst zum Wintersemester 1862/63

1864: am 2. Juli Berufung auf einen Lehrstuhl der Universität

1873/74: Rektor der Universität

1885: anläßlich des siebzigsten Geburtstags Prägung einer Gedenkmedaille

1894: Veröffentlichung des ersten Bandes seiner Gesammelten Werke

1897: am 19. Februar gestorben

Mitglied der Akademien der Wissenschaften zu Berlin, Göttingen, München, Paris, London; Inhaber der HELMHOLTZ-Medaille der Berliner Akademie und der COPLEY-Medaille der Royal Society London; Träger der Friedensklasse des Ordens Pour le mérite

# B.2    Lebensdaten von Adolf HURWITZ

1859: geboren am 26. März in Hildesheim

Unterricht am Realgymnasium Andreanum in Hildesheim bei H.C.H. SCHU-
BERT, dem Autor von "Kalkül der abzählenden Geometrie", der 1872–76 am
Andreanum unterrichtete

1876: erste Veröffentlichung (gemeinsam mit SCHUBERT): "Über den Chasles'schen
Satz $\alpha\mu + \beta\nu''$ in den Nachrichten von der k. Gesellschaft der Wissenschaften
zu Göttingen, 1876, S.503–517 (auch in: Mathematische Werke, Band 2, S.669–
678)

SS 1877: Immatrikulation an der Technischen Hochschule München (von SCHUBERT
an F. KLEIN empfohlen)

WS 1877/78 – WS 1878/79: in Berlin, Hörer bei KRONECKER, KUMMER und WEI-
ERSTRASS, insbesondere im

SS 1878: Mitschrift der Vorlesung "Einleitung in die Theorie der analytischen Funktionen" bei WEIERSTRASS (vgl. auch den Brief an KLEIN vom 24.10.1878,
Seite 170)

1878: Veröffentlichung der Arbeit "Über unendlich-vieldeutige geometrische Aufgaben, insbesondere über die Schliessungsprobleme" in den Mathematischen
Annalen 15, S.8–15 (auch in: Mathematische Werke, Band 2, S.679–686) (vgl.
auch den Brief an KLEIN vom 24.10.1878, Seiten 169–171)

SS 1879: Wechsel zurück an die Technische Hochschule München

WS 1880/81: Wechsel nach Leipzig (KLEIN nach)

Promotion in Leipzig bei KLEIN mit der Arbeit "Grundlagen einer indepen-
denten Theorie der elliptischen Modulfunktionen und Theorie der Multipli-
kator-Gleichungen erster Stufe" (Math. Ann. 18, S.528–592 (1881), auch in:
Mathematische Werke, Band 1, S.1–66)

Ostern 1882: Habilitation in Göttingen, da sich in Leipzig Absolventen von Real-
gymnasien nach Fakultätsbeschluß nicht mehr habilitieren durften

Ostern 1884: Extraordinarius in Königsberg (auf Veranlassung von C. LINDEMANN),
Freundschaft mit D. HILBERT und H. MINKOWSKI

1892: Rufe auf die FROBENIUS-Nachfolge an das Eidgenössische Polytechnikum in
Zürich (jetzt: ETH) und die SCHWARZ-Nachfolge in Göttingen; den ersten Ruf
angenommen, noch bevor den zweiten erhalten

1919: gestorben am 18. November in Zürich

1922: posthume Veröffentlichung der "Vorlesungen über allgemeine Funktionentheorie und elliptische Funktionen", herausgegeben und ergänzt von R. COURANT

Mitglied des Gesellschaft der Wissenschaften zu Göttingen und der Academia dei Lincei in Rom; Ehrenmitglied der mathematischen Gesellschaften von Hamburg, Charkow und London

# Sach- und Namenverzeichnis

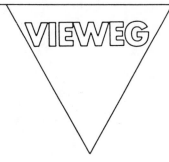

Rudolf Lipschitz

## Briefwechsel mit Cantor, Dedekind, Helmholtz, Kronecker, Weierstrass und anderen

*Bearbeitet von Winfried Scharlau. 1986. XVIII, 253 Seiten. 16,2 x 22,9 cm. (Dokumente zur Geschichte der Mathematik, Bd. 2.) Gebunden.*

Der Band enthält einen wesentlichen Teil der wissenschaftlichen Korrespondenz des Mathematikers Rudolf Lipschitz, vor allem Briefe von Cantor, Dedekind, v. Helmholtz, Hermite, Kronecker, Weber und Weierstrass aus den Jahren 1860 bis 1900. In diesen Briefen werden zahlreiche wichtige mathematische Probleme und Entwicklungen dieser Zeit angesprochen. Außerdem vermittelt der Band ein lebhaftes Bild von den Persönlichkeiten vieler bedeutender Mathematiker des 19. Jahrhunderts, von ihren Beziehungen untereinander und vom Leben an den deutschen Universitäten ganz allgemein.

Erich Hecke

## Analysis und Zahlentheorie

*Vorlesung Hamburg 1920. Bearbeitet von Peter Roquette. 1987. XXVIII, 234 Seiten. 16,2 x 22,9 cm. (Dokumente zur Geschichte der Mathematik, Bd. 3.) Gebunden.*

Die Vorlesung über Analysis und Zahlentheorie wurde im Sommersemester 1920 von Erich Hecke an der Universität Hamburg gehalten.
Wie in der Wahl des Titels schon zum Ausdruck kommt, knüpft Hecke in seiner Vorlesung ganz bewußt an eine große, von Dirichlet begründete Tradition an. In mancher Hinsicht kann sie als Vorläufer seines berühmten Buches „Vorlesungen über die Theorie der algebraischen Zahlen" angesehen werden, geht aber teilweise über jenes hinaus. Das Erscheinen dieses Buches zum 100. Geburtstag Heckes würdigt einen Mathematiker, dessen Werk in letzter Zeit wieder ganz besonders aktuell geworden ist.

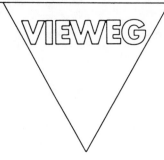

Richard Dedekind
## Vorlesung über Differential- und Integralrechnung 1861/62

*In einer Mitschrift von Heinrich Bechtold. Bearbeitet von Max-Albert Knus und Winfried Scharlau. 1985. XIV, 349 Seiten. 16,2 x 22,9 cm. (Dokumente zur Geschichte der Mathematik, Bd. 1.) Gebunden.*

Die in diesem Band abgedruckte Vorlesung über Differential- und Integralrechnung wurde im Wintersemester 1861/62 von Richard Dedekind an der damaligen eidgenössischen polytechnischen Schule in Zürich, der heutigen ETH gehalten. Sie wandte sich an Ingenieure im ersten Studienjahr und unterschied sich in ihrem Aufbau kaum von den bis heute üblichen Vorlesungen. Insbesondere können die zahlreichen von Dedekind diskutierten Beispiele noch heute mit Gewinn studiert werden.

Winfried Scharlau (Hrsg.)
## Richard Dedekind 1831 – 1981

*Eine Würdigung zu seinem 150. Geburtstag. 1981. VIII, 146 Seiten. 14,8 x 21 cm. Kartoniert.*

Dieser Band soll dazu beitragen, unsere Kenntnis vom Leben und der mathematischen Arbeit Richard Dedekinds (1831–1916) zu erweitern, und zwar hauptsächlich dadurch, daß er selbst zu Wort kommt: Es werden Auszüge aus bisher unbekannten (von seiner Großnichte Ilse Dedekind dem Verlag zur Verfügung gestellten) Briefen an Familienangehörige veröffentlicht, die viel biographisch Interessantes enthalten, aber auch sein Verhältnis zu den Mathematikern Dirichlet und Riemann erhellen. Aus seinem wissenschaftlichen Nachlaß wird eine bisher nur in Auszügen bekannte Ausarbeitung über Algebra und Galois-Theorie abgedruckt und vom Herausgeber kommentiert. Der Band enthält außerdem biographische Beiträge und einige weitere Arbeiten, die wesentliche Aspekte seines Werkes aus heutiger Sicht behandeln.